(注) 本書では K や T に下つき添字をつけた記号を次の意味で用いる．

E_i	イオン化エネルギー	K_p	圧平衡定数
E_{ea}	電子親和力	K_s	溶解度積定数
K_a	活量を用いて表した平衡定数	K_w	水のイオン積
K_a	酸解離定数	K_b	沸点
K_b	塩基解離定数，モル沸点上昇定数	K_f	融点
K_c	濃度平衡定数	K_{tr}	転移点
K_f	モル凝固点降下定数	B_m	または b でモルあたりの量を表す
K_h	加水分解定数		

基本物理定数

量	記号および等価な表現	値
真空中の光速度	c	$2.997\,924\,58 \times 10^8$ m s^{-1}
真空の誘電率	$\varepsilon_0 = (\mu_0 c^2)^{-1}$	$8.854\,187\,817\cdots \times 10^{-12}$ F m^{-1}
電気素量	e	$1.602\,176\,462(63) \times 10^{-19}$ C
プランク定数	h	$6.626\,068\,76(52) \times 10^{-34}$ J s
	$\hbar = h/2\pi$	$1.054\,571\,596(82) \times 10^{-34}$ J s
アボガドロ定数	L, N_A	$6.022\,141\,99(47) \times 10^{23}$ mol^{-1}
原子質量単位	$1u = 10^{-3}$ kg mol$^{-1}/L$	$1.660\,538\,73(13) \times 10^{-27}$ kg
電子の静止質量	m_e	$9.109\,381\,88(72) \times 10^{-31}$ kg
陽子の静止質量	m_p	$1.672\,621\,58(13) \times 10^{-27}$ kg
中性子の静止質量	m_n	$1.674\,927\,16(13) \times 10^{-27}$ kg
ファラデー定数	$F = Le$	$9.648\,534\,15(39) \times 10^4$ C mol^{-1}
リュードベリ定数	$R_\infty = \mu_0^2 m_e e^4 c^3/8h^3$	$1.097\,373\,156\,854\,8(83) \times 10^7$ m^{-1}
ボーア半径	$a_0 = \alpha/4\pi R_\infty$	$5.291\,772\,083(19) \times 10^{-11}$ m
気体定数	R	$8.314\,472(15)$ J K^{-1} mol^{-1}
セルシウス目盛りにおけるゼロ	T_0	273.15 K （厳密に）
	RT_0	$2.271\,081(70) \times 10^3$ J mol^{-1}
標準大気圧	P_0	$1.013\,25 \times 10^5$ Pa （厳密に）
理想気体の標準モル体積	$V_0 = RT_0/P_0$	$2.241\,399\,6(39) \times 10^{-2}$ m^3 mol^{-1}
ボルツマン定数	$k = R/L$	$1.380\,650\,3(24) \times 10^{-23}$ J K^{-1}

国際学術連合会議　科学技術データ委員会 (1998年) による．

各数値の後のかっこ内に示された数はその数値の標準偏差を最終けたの1を単位として表わしたものである．

セミナー
ライブラリ 化　学＝7

演習 物理化学 [新訂版]

渡辺　啓　著

サイエンス社

サイエンス社のホームページのご案内
http://www.saiensu.co.jp
ご意見・ご要望は　rikei@saiensu.co.jp　まで.

新訂版まえがき

　初版を刊行して以来，多くの読者に支持され，版を重ねることができたが，早くも10年を経過した．もとより，本書のような内容は，十数年の間に変化するものではないが，その間に寄せられた質問なども勘案して，この際に，内容を全面的に見直し，新訂版とすることとした．

　改訂にあたっては，最初に0章として，物理化学量の単位に関する事項を解説した．また，例題や問題についても検討し，若干の新問題を追加した．

　改訂にあたっては，サイエンス社の田島伸彦氏にお世話になった．また，同社の渡辺はるかさんには原稿を丁寧に検討していただき，綿密な校正もしていただいた．紙面を借りてお礼を申し上げます．

　　　平成16年6月

　　　　　　　　　　　　　　　　　　　　　　　　　　　　　　　渡辺　　啓

まえがき

本書は先にサイエンス社より刊行した「物理化学」に対応する演習書である．したがって，本書の構成は，「物理化学」と同じとなっている．

どのような名解説書や名講義によっても，どのような学問であれ，それを受動的に吸収するだけでは自分のものとすることはできない．物理化学のような理学的な対象についてはとりわけそうである．音楽やスポーツの修得と同じで，反復練習して肉体化することによって初めて学問をマスターしたことになる．すなわち，自分の武器として研究などにおいて活用できるようになる．

本書は 11 章の構成であるが，各章の初めにコンパクトな解説をおき，その後に例題と関連した問題が示してある．さらに，その章全体を補充する章末問題がある．すべての問題の詳しい解説が本書の後半にまとめてある．物理化学の完全なマスターへの道案内として本書を活用して頂きたい．

本書の執筆に当たっては，多くの既刊の演習書を参考にさせて頂いた．それらの中には，坂上・妹尾・渡辺著「演習物理化学」(共立出版)，小野・長谷川・八木著「詳解物理化学演習」(共立出版)，藤代著「新物理化学問題の解き方」(東京化学同人)，吉岡・荻野著「大学演習物理化学」(裳華房)，東京大学化学教室編「化学問題集」(東京大学出版会)，Metz 著・西訳「例題で学ぶ物理化学」(マグロウヒル社)，Metz 著・渡辺訳「例題で学ぶ量子物理化学」(マグロウヒル社) が含まれている．記して感謝の意を表する．

平成 5 年 12 月

渡辺　啓

目　　次

0　物理化学量と単位　　　　　　　　　　　　　　　　　　　　　1

1　気　　体　　　　　　　　　　　　　　　　　　　　　　　　　4
　1.1　系と物理量の単位およびその記号 4
　1.2　理想気体と理想混合気体 4
　1.3　気体分子運動論 5
　1.4　実在気体と臨界現象 7
　　　　　例題 1〜3
　　　　　演習問題

2　熱力学第 1 法則：内部エネルギーとエンタルピー　　　　　　　13
　2.1　熱と仕事とエネルギー 13
　2.2　エネルギーの単位 13
　2.3　体積変化の仕事と準静的変化 14
　2.4　理想気体の内部エネルギーと温度 15
　2.5　エンタルピー 16
　2.6　定積熱容量と定圧熱容量 16
　2.7　理想気体の断熱体積変化 17
　2.8　反応熱と生成熱 17
　　　　　例題 1〜5
　　　　　演習問題

3　熱力学第 2 法則とエントロピー　　　　　　　　　　　　　　　26
　3.1　熱機関の最大仕事効率：カルノーサイクル 26
　3.2　熱力学第 2 法則 26
　3.3　エントロピー 27

	3.4	エントロピーの計算	28
	3.5	エントロピーの分子論的意味	30
	3.6	熱力学第3法則と残留エントロピー	31
	3.7	標準エントロピー	32
	3.8	不可逆変化とエントロピー増大則	34

例題 1〜5

演習問題

4 純物質の相平衡   43

- **4.1** 自由エネルギーと束縛エネルギー … 43
- **4.2** 自然変数とマクスウェルの関係式 … 44
- **4.3** ギブズエネルギーの圧力・温度による変化 … 45
- **4.4** 純物質の液体と蒸気の平衡 … 46

例題 1〜5

演習問題

5 溶液と2成分系の相平衡   57

- **5.1** 開放系の熱力学：化学ポテンシャル … 57
- **5.2** 理想混合系と非理想混合系 … 58
- **5.3** ギブズの相律 … 60
- **5.4** 希薄溶液の束一的性質 … 60
- **5.5** 2成分系の液相-気相平衡 … 63
- **5.6** 2成分系の固相-液相および液相-液相平衡 … 66

例題 1〜5

演習問題

6 化 学 平 衡   77

- **6.1** 化学反応と反応進行度 … 77
- **6.2** 化学平衡の法則(質量作用の法則) … 77
- **6.3** 平衡定数と自由エネルギー … 78

6.4	標準生成ギブズエネルギー	79
6.5	不均一系の化学平衡	80
6.6	平衡定数の温度依存性	81
	例題 1〜6	
	演習問題	

7 電解質溶液と電池   90

7.1	電　解　質	90
7.2	弱酸・弱塩基の溶液と pH	92
7.3	溶　解　度　積	94
7.4	電　　池	95
7.5	標準電極電位	96
7.6	起電力と平衡定数	98
	例題 1〜8	
	演習問題	

8 化学反応速度   110

8.1	反　応　次　数	110
8.2	反　応　機　構	112
8.3	反応速度と温度	112
8.4	頻度因子と活性化エントロピー	114
	例題 1〜5	
	演習問題	

9 原子の構造   122

9.1	放射能と放射性元素	122
9.2	水素原子のスペクトルとエネルギー量子	122
9.3	原子構造－ボーア模型	123
9.4	物質の波動性とシュレーディンガーの波動方程式	124
9.5	水　素　原　子	125

9.6 電子配置と周期律 128
　　　例題 1〜6
　　　演習問題

10　化学結合と分子構造　139

10.1　水素分子イオン H_2^+ 139
10.2　水素分子 H_2 142
10.3　パウリの原理と波動関数の反対称性 143
10.4　分子軌道法による 2 原子分子の結合 144
10.5　異核 2 原子分子の結合と結合の極性 145
10.6　共有結合と分子の立体構造 147
10.7　π 結　合 148
10.8　配位結合と錯塩 149
10.9　水　素　結　合 152
　　　例題 1〜6
　　　演習問題

11　固体の構造と結合　162

11.1　結　晶　構　造 162
11.2　X　線　回　折 164
11.3　イオン結晶 164
11.4　共有結合結晶 165
11.5　分　子　結　晶 166
11.6　金　　　属 167
　　　例題 1〜3
　　　演習問題

問 題 解 答 173
索　　　引 245

0 物理化学量と単位

　物理化学量の名称，記号，単位などを合理的で一貫したものにし，しかも国際的にも学問分野間でも統一されたものにしようとする努力が国際的に長年にわたって続けられてきた．化学の分野では国際純正応用化学連合 IUPAC[*] という国際機関がこうした標準化を推進してきたが，1969 年に開かれたその総会において，"物理化学量および単位に関する記号と術語の手引き（Manual of Symbols and Terminology for Physicochemical Quantities and Units）" を採択し，今後，これが各国で採用されることを推奨することになった．
　この手引では物理量の単位として**国際単位系**（**SI 単位**）を全面的に採用している．本書においても，できる限りこの手引の取り決めを尊重し，単位についても SI 単位を用いることにした．ただし，従来使いなれている非 SI 単位を完全に捨て去り，すべてを SI 単位だけで記述する日常的な感覚と乖離し，かえって理解を妨げることも予想されるので，必要と思われる場合には非 SI 単位も用いた．それらの SI 単位との換算は 3 ページに示してある．
　ここでは物理量と **SI 基本単位**について簡単に述べ，次節には SI 基本単位に新たに加えられた "物質量" という物理量について述べることにする．
　SI 単位においては表 0.1 に示すように相互に独立な 7 種の基本単位を定めている．

表 0.1　SI 基本単位

物理量	SI 単位の名称	物理量の記号	SI 単位の記号
長さ	メートル (metre)	l	m
質量	キログラム (kilogramme)	m	kg
時間	秒 (second)	t	s
電流	アンペア (ampere)	I	A
熱力学的温度	ケルビン (kelvin)	T	K
物質量	モル (mole)	n	mol
光度	カンデラ (candela)	I_v	cd

　科学の分野で用いられるこれ以外の物理量の単位は，これらの基本単位の積や商として誘導され，それらは **SI 組立単位**とよばれる．組立単位のあるものは特別の名称をもつが，その例を表 0.2 に示す[**]．

---

[*]　International Union of Pure and Applied Chemistry
[**]　これはごく一部の例にすぎない．

表 0.2　特別な名称と記号をもつ SI 組立単位の例

物理量	SI 単位の名称	SI単位の記号	SI 単位の定義
エネルギー	ジュール (joule)	J	$kg\ m^2\ s^{-2}$
力	ニュートン (newton)	N	$kg\ m\ s^{-2} = J\ m^{-1}$
圧力	パスカル (pascal)	Pa	$kg\ m^{-1}\ s^{-2} = N\ m^{-2} = J\ m^{-3}$
電荷	クーロン (coulomb)	C	$A\ s$
コンダクタンス	ジーメンス (siemens)	S	$kg^{-1}\ m^{-2}\ s^3\ A^2 = \Omega^{-1}$

物理量はすべて純粋な数値と単位との積である．すなわち

$$(物理量) = (数値) \times (単位)$$

したがって，数値である測定値を表すためには

$$(物理量)/(単位) = (数値)$$

のような表現が使われる．たとえば $T = 273.15\,\mathrm{K}$，あるいは $T/\mathrm{K} = 273.15$ と表され，$T = 273.15$ とはしない．

[物質量とその単位]

7 種の SI 基本単位のうちの 1 つである**物質量**の単位としてのモルは，化学の分野でとくにしばしば用いられるので，ここに改めて説明しておく．

SI 単位では物質量の単位**モル (mole)** を次のように定義する．

"0.012 kg の炭素-12 に含まれる炭素原子と同数の**単位粒子**を含む系の物質量を 1 モルとする．単位粒子とは原子，分子，イオン，電子その他の粒子またはこれらの特定の組合せなどであり，明確に規定されていなければならない．"

この定義は次のように表すことができる．

$$n/\mathrm{mol} = \frac{(明確に規定された単位粒子の数)}{(0.012\,\mathrm{kg} の単位の炭素\text{-}12 に含まれる炭素原子と同じ数)}$$

または

$$n = \frac{(明確に規定された単位粒子の数)}{(0.012\,\mathrm{kg} の炭素\text{-}12 に含まれる炭素原子と同じ数) \times \mathrm{mol}^{-1}}$$

$(0.012\,\mathrm{kg}$ の炭素-12 に含まれる炭素原子と同じ数$) \times \mathrm{mol}^{-1}$ という物理量は L（または N_A）の記号で表され，これを**アボガドロ定数**と呼び，その推奨値は

$$L/\mathrm{mol} = 6.02214199 \times 10^{23} \pm 0.000047 \times 10^{23}$$

である．単位粒子の数を N とすると $N = nL$ の関係にある．

[諸単位の換算]

SI 単位と他の単位との換算を示す．

SI 接頭語

大きさ	接　頭　語		記号	大きさ	接　頭　語		記号
10^{-1}	デ	シ	deci	d	10	デ	カ	deca	da
10^{-2}	セ	ンチ	centi	c	10^2	ヘ	クト	hecto	h
10^{-3}	ミ	リ	milli	m	10^3	キ	ロ	kilo	k
10^{-6}	マイクロ		micro	μ	10^6	メ	ガ	mega	M
10^{-9}	ナ	ノ	nano	n	10^9	ギ	ガ	giga	G
10^{-12}	ピ	コ	pico	p	10^{12}	テ	ラ	tera	T
10^{-15}	フェムト		femto	f	10^{15}	ペ	タ	peta	P
10^{-18}	ア	ット	atto	a	10^{18}	エクサ		exa	E

圧力の単位の換算表

単　　位	Pa	atm	Torr (mmHg)*
1 Pa	1	$0.986\,92 \times 10^{-5}$	$7.500\,6 \times 10^{-3}$
1 atm	101 325	1	760
1 Torr (mmHg)*	133.322	$1.315\,79 \times 10^{-3}$	1

$1\,\text{Pa} = 1\,\text{N}\,\text{m}^{-2} = 10\,\text{dyn}\,\text{cm}^{-2} = 10^{-5}\,\text{bar}$

エネルギー単位の換算は表 2.1 と表 2.2 に示してある．また主要な物理化学量とその単位は表見返しに示してある．

---

* Torr は大気圧を水銀柱の高さで測定したトリチェリ（E.Torricelli）による．mmHg は圧力を水銀柱の高さ (mm) で表したもの．

1 気体

1.1 系と物理量の単位およびその記号

考察の対象とする物質の部分を**系**という．系の中で，温度，圧力，密度，濃度などが均一な部分を**相**といい，固体，液体，気体の相をそれぞれ**固相**，**液相**，**気相**という．単一の成分からなる相を**純相**，複数の成分からなる相を**溶相**という．溶相には，混合気体，溶液，および固溶体がある．単一の相からなる系を**均一系**，複数の相からなる系を**不均一系**という．

系の状態が時間とともに変化しないとき，系は平衡状態にある．平衡状態で一義的にきまった値を持つ物理量を**状態量**という．状態量は系の物質の量に比例する**示量性の量**と物質量に無関係の**示強性の量**とに分けられる．前者には，体積，質量，内部エネルギーなどが，後者には温度，圧力，密度などがある．密度やモル体積のように，単位体積や単位物質量（モル）あたりの量などは示強性の量になる．

平衡状態にある系において，独立に変えることのできる状態量の数をその系の**自由度**という．系の状態を指定するのに選んだ状態量を，**状態変数**という．独立な状態変数の数は系の自由度に等しい．

1.2 理想気体と理想混合気体

物質量 n mol の理想気体については，温度，圧力，体積のあいだに

$$PV = nRT, \quad PV_\mathrm{m} = RT \tag{1.1}$$

の関係がある．V_m はモル体積 (V/n)，R は**気体定数**である．T は**絶対温度**で，単位の記号は K，名称はケルビンである．セ氏温度（セルシウス温度）t とは

$$T = t + 273.15 \tag{1.2}$$

の関係にある．(1.2) 式で定義される絶対温度 T を，**理想気体温度**ともいう．

各成分について理想気体の状態式 (1.1) が成立する場合，混合気体の全圧 P は，各成分の分圧 P_i の和になる．

$$P = P_1 + P_2 + \cdots + P_i + \cdots + P_N = \sum P_i \tag{1.3}$$

分圧 P_i は，温度 T で混合気体が占める体積を同じ温度の i 成分の気体だけが占めるとしたときの圧力である．これを**ドルトンの分圧の法則**という．

1.3 気体分子運動論

理想気体の状態式を，気体を構成している分子の熱運動によって説明する気体分子運動論では，次のことを仮定する．

> (1) 気体分子の体積は無視できる．
> (2) 分子間に引力や斥力は働かない．
> (3) 分子は完全弾性体として振舞い，分子間の衝突や分子と器壁との衝突では運動エネルギーが保存される．

分子の質量を m，気体の温度を T とし，i 番目の分子の速度を u_i とすると，その運動エネルギー ε_i は

$$\varepsilon_i = m u_i^2 / 2$$

である．速度 u_i は直交座標の 3 成分 u_{ix}, u_{iy}, u_{iz} と $u_i^2 = u_{ix}^2 + u_{iy}^2 + u_{iz}^2$ の関係があるので，分子は完全弾性体で，器壁との衝突では鏡の面での光の反射のように反射されるとすると，x 方向の速度成分が $-u_{ix}$ である分子が yz 面に衝突すると，反射によって速度成分は u_{ix} になる（図 1.1）．

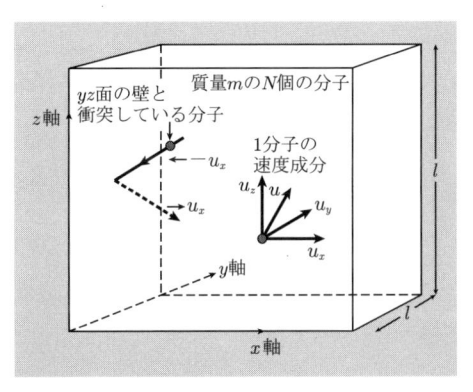

図 1.1 直交座標における速度の 3 成分および yz 面による反射と u_{ix} の変化

1 回の衝突における運動量の変化は

$$m u_{ix} - (-m u_{ix}) = 2 m u_{ix}$$

である．一辺の長さが l の立方体に N 個の気体分子があるとすると，壁の往復距離は $2l$ であるから，分子 i が単位時間に 1 つの壁に衝突する回数は $u_{ix}/2l$ である．したがって，分子 i が yz 面での衝突による単位時間あたりの運動量変化すなわち yz 面におよぼす衝

撃力 f_i は

$$f_i = 2mu_{ix} \times (u_{ix}/2l) = mu_{ix}^2/l$$

で，N 個の分子が壁に与える衝撃力 F は

$$F = \sum f_i = \sum mu_{ix}^2/l \tag{1.4}$$

となる．x 方向の速度成分の2乗平均を $\overline{u_x^2}$ とすると $\sum mu_{ix}^2/l = Nm\overline{u_x^2}/l$ である．圧力は単位時間に単位面積におよぼす衝撃力であるから，yz 面におよぼす圧力 P は，その面積が l^2 であることを考慮して

$$P = (Nm\overline{u_x^2}/l) \times (1/l^2) = Nm\overline{u_x^2}/l^3 = Nm\overline{u_x^2}/V \tag{1.5}$$

となる．ここで $V = l^3$ は容器の体積である．気体中の分子の運動は完全に無秩序であるから，方向は関係ない．したがって，(1.5) 式の圧力 P は

$$P = Nm\overline{u^2}/3V \tag{1.6}$$

となる．$\overline{u^2}$ は**平均2乗速度**と呼ばれ，$(\overline{u^2})^{1/2}$ は**根平均2乗速度**と呼ばれる．

N 個の分子全体の並進運動の運動エネルギーの総和は，$U = \sum \varepsilon_i = Nm\overline{u^2}/2$ であるから，(1.6) 式は

$$PV = Nm\overline{u^2}/3 = nLm\overline{u^2}/3 = 2U/3 = 2nU_\mathrm{m}/3 \tag{1.7}$$

となる．n は気体分子の物質量，L はアボガドロ定数，U_m はモルあたりの並進運動エネルギーである．(1.7) 式と理想気体の状態式 (1.1) とを結びつけると

$$U_\mathrm{m} = 3RT/2 \tag{1.8}$$

となる．分子1個の平均の運動エネルギーを $\overline{\varepsilon}$，その x, y, z 方向の成分を $\overline{\varepsilon_x}, \overline{\varepsilon_y}, \overline{\varepsilon_z}$ とすると，$\overline{\varepsilon_x} = \overline{\varepsilon_y} = \overline{\varepsilon_z} = \overline{\varepsilon}/3$ の関係があるので

$$\overline{\varepsilon_x} = \overline{\varepsilon_y} = \overline{\varepsilon_z} = kT/2, \quad \overline{\varepsilon} = 3kT/2 \tag{1.9}$$

の関係がある．ここで

$$k = R/L = 1.380650 \times 10^{-23} \,\mathrm{J\,K^{-1}} \tag{1.10}$$

はボルツマン定数である．

(1.10) 式は，運動の各自由度あたり平均として $kT/2$ のエネルギーが分配されることを示している．一般に，運動の各自由度あたり，平均として $kT/2$ のエネルギーが分配される．これを**エネルギー等分配則**という．

気体中の分子の速度分布はマクスウェルによって求められた（1860 年）．その結果によると，速度が u と $u+du$ の間にある分子の割合 dN/N は

$$f(u)du = \frac{dN}{N} = 4\pi \left(\frac{M}{2\pi RT}\right)^{3/2} u^2 \exp\left(-\frac{Mu^2}{2RT}\right) du \tag{1.11}$$

となる．(1.11) 式は**マクスウェル-ボルツマンの速度分布則**と呼ばれている．

同じ温度における速度の平均値は分子量 M に逆比例する．したがって，細孔からの気体の流出速度は，温度が同じなら分子量に逆比例する．これを**グレアムの法則**という．

1.4 実在気体と臨界現象

実在の気体に関する**ファン・デル・ワールス状態式**は

$$\begin{aligned}\left\{P + a\left(\frac{n}{V}\right)^2\right\}(V - nb) &= nRT \\ \left(P + \frac{a}{V_\mathrm{m}^2}\right)(V_\mathrm{m} - b) &= RT\end{aligned} \tag{1.12}$$

である．ここで，$V_\mathrm{m} = V/n$ は気体のモル体積である．また，a は分子間の引力に関する定数，b は分子が固有の体積を占めることに起因する排除体積に関する定数である（演習問題 8）．表 1.1 にファン・デル・ワールス定数が示してある．

(1.1) 式からわかるように，理想気体の等温線は双曲線になるが，実在気体では温度が低くなるほどこれから外れてくる．図 1.2 に二酸化炭素の等温線が温度の低下によってどのように変化するかが示してある．図に見られるように，31.3°C 以下の温度では，等温線に水平部が現れる．

表 1.1 ファン・デル・ワールス定数と臨界定数

気体	$a/\mathrm{dm^6\,atm\,mol^{-2}}$	$b/\mathrm{dm^3\,mol^{-1}}$	$P_\mathrm{c}/\mathrm{atm}$	$V_\mathrm{c}/\mathrm{cm^3\,mol^{-1}}$	T_c/K
He	0.034	0.0237	2.26	57.6	5.3
Ar	1.35	0.0322	48.00	77.1	150.7
H_2	0.244	0.0266	12.80	65.0	33.3
N_2	1.39	0.0391	33.5	90.0	126.1
O_2	1.36	0.0318	49.7	74.4	153.4
CO	1.49	0.0399	35.0	90.0	134.0
CO_2	3.59	0.0427	73.0	95.7	304.3
NH_3	4.17	0.0371	111.5	72.4	405.6
H_2O	5.46	0.0305	217.7	45.0	647.2
CH_4	2.25	0.0428	45.6	98.8	190.2
Cl_2	6.46	0.0562	76.1	124	144.0
SO_2	6.7	0.056	77.6	125.0	157.2

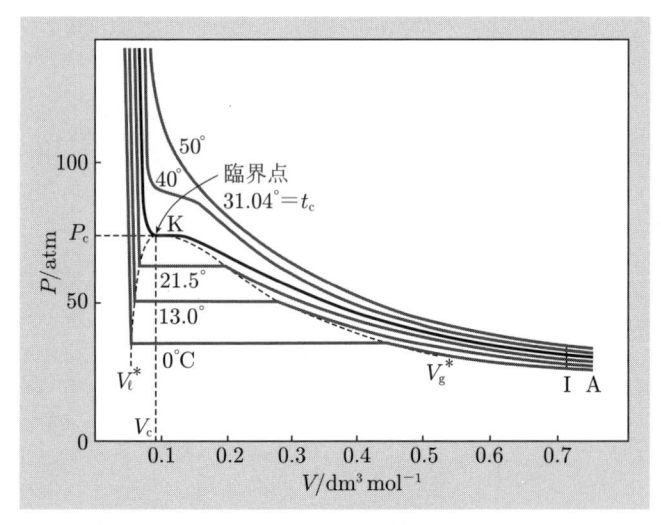

図 1.2 $P_c, V_c, t_c,$ を示す CO_2 の等温線.
飽和蒸気のモル体積 V_g^*；凝縮相のモル体積 V_ℓ^*

31.3 °C では V_g^* と V_ℓ^* が一致する．すなわち，気体と液体の区別がなくなる．この点（図中の K 点）を**臨界点**といい，その温度を**臨界温度**，圧力を**臨界圧力**，体積を**臨界体積**という．これらの定数を**臨界定数**と総称する．臨界点ではすべての気体が一時に液化する．また，臨界点にある物質は光を強く散乱するので，いちじるしい乳光を示す．これを**臨界乳光**という．すべての物質に臨界点があり，臨界点以上の温度では物質が液化しなくなる．臨界点の数学的な条件，$dP/dV = 0$ と $d^2P/dV^2 = 0$ から

$$a = 3P_c V_c^2, \quad b = \frac{V_c}{3}, \quad R = \frac{8P_c V_c}{3T_c} \tag{1.13}$$

が導かれる．臨界定数で規格化した温度，圧力，体積

$$T_r = T/T_c, \quad P_r = P/P_c, \quad V_r = V/V_c$$

を各々**換算温度**，**換算圧力**，**換算体積**という．換算変数でファン・デル・ワールスの式を表すと

$$\left(P_r + \frac{3}{V_r^2}\right)\left(V_r - \frac{1}{3}\right) = \frac{8}{3}T_r \tag{1.14}$$

となる（問題 3.4）．このように，換算変数を用いると，すべての気体にあてはまる普遍的な状態式が得られる．これを**相応状態の理論**という．

---例題 1---　　　　　　　　　　　　　　　　　　　　　　　　　　　　　　　理想気体---

(1) 標準状態における理想気体の体積は $22.414\,\mathrm{dm}^3$ である．気体定数 R を SI 単位で表せ．また，$\mathrm{dm}^3\,\mathrm{atm}\,\mathrm{K}^{-1}\,\mathrm{mol}^{-1}$ および $\mathrm{cal}\,\mathrm{K}^{-1}\,\mathrm{mol}^{-1}$ 単位で表せ (表 2.1 参照)．

(2) ヘリウムを詰めた容積 $100\,\mathrm{dm}^3$ のボンベの圧力は，$27\,°\mathrm{C}$ において $150\,\mathrm{atm}$ であった．ヘリウムの物質量と質量を求めよ．ヘリウムは理想気体とみなしてよい．

【解答】 (1) 理想気体の状態式 (1.1) 式より，$R = PV/nT = PV_\mathrm{m}/T$ である．$P = 1\,\mathrm{atm} = 1.01325 \times 10^5\,\mathrm{Pa}$, $T = 273.15\,\mathrm{K}$ のとき $V = 22.414\,\mathrm{dm}^3 = 2.2414 \times 10^{-2}\,\mathrm{m}^3$ であるから

$$R = 1 \times 22.414/273.15 = 0.082057\,\mathrm{dm}^3\,\mathrm{atm}\,\mathrm{K}^{-1}\,\mathrm{mol}^{-1}$$

$$R = 1.01325 \times 10^5 \times 2.2414 \times 10^{-2}/273.15$$

$$= 8.3145\,\mathrm{J}\,\mathrm{K}^{-1}\,\mathrm{mol}^{-1} = 1.987\,\mathrm{cal}\,\mathrm{K}^{-1}\,\mathrm{mol}^{-1}$$

(2) 理想気体の状態式 (1.1) より

$$n = PV/RT = 150 \times 100/(0.082057 \times 300) = 609\,\mathrm{mol}$$

質量は $$609 \times 4.00 = 2.44\,\mathrm{kg}$$

問　題

1.1 圧力 × 体積はエネルギーの次元を持つことを示し，$\mathrm{dm\,atm}^3$ を J および cal に換算せよ．

1.2 海底での作業は水圧と同じ気圧の大気中で行われる．$40\,\mathrm{m}$ の海底の水圧を $5\,\mathrm{atm}$ として，1 度の呼吸で吸入する酸素の量は地上のときの何倍か．

1.3 海底で作業するために，単位体積あたりの酸素分子数が地上と同じになるようにヘリウムを混合した空気を用いる．$40\,\mathrm{m}$ の海底で作業するためには，空気に対するヘリウムの割合をいかほどにすればよいか．$40\,\mathrm{m}$ の海底におけるその混合気体中のヘリウムの分圧はいくらか．

1.4 固体表面の研究は，できるだけ高真空で行うことが望ましい．$27\,°\mathrm{C}$ で，固体試料を入れた容器を $10^{-10}\,\mathrm{Torr}\,\mathrm{(mmHg)}$ まで排気した．$1\,\mathrm{dm}^3$ 中に残存している分子数はいくらか ($1\,\mathrm{Torr} = 1/760\,\mathrm{atm} = 1.3333 \times 10^2\,\mathrm{Pa}$)．

1.5 体積 $1.234\,\mathrm{dm}^3$ のコック付きのフラスコを真空にしたところ，質量は $50.107\,\mathrm{g}$ であった．このフラスコに $25.00\,°\mathrm{C}$ で $1.0133 \times 10^5\,\mathrm{Pa}\,(1\,\mathrm{atm})$ の気体をつめたところ，質量は $51.124\,\mathrm{g}$ となった．この気体の分子量を求めよ．この気体が純物質であるとすると，それは何か．

1.6 $27\,°\mathrm{C}$ で $1\,\mathrm{dm}^3$ の容器に窒素 $1.5\,\mathrm{g}$，酸素 $1.0\,\mathrm{g}$，二酸化炭素 $0.5\,\mathrm{g}$ をいれた．理想気体混合物として，各成分の分圧および全圧を求めよ．

──── 例題 2 ──────────────────────────── 気体分子運動論 ────

(1) 0 °C, 1 atm で 1 dm³ のヘリウム分子およびアルゴン分子が持つ運動エネルギーを計算せよ. また, これらの気体を体積一定で 100 °C まで加熱するのに要するエネルギーを計算せよ. 原子量は He = 4.0, Ar = 40 である.

(2) 体温 (36 °C) における酸素分子の根平均 2 乗速度を求めよ. その結果を用いて, 肺の毛細管の一方の壁から反対の壁に到達する平均時間, および 1 秒間における壁との衝突度数を求めよ. 毛細管の直径を 0.1 mm とし, 酸素分子は往復運動では血管の中心を通るものとせよ.

【解答】 (1) 標準状態で 1 dm³ を占める気体の物質量は 1/22.4 mol である. (1.8) 式より, 分子の並進運動のエネルギーは

$$U = 3RT/(2 \times 22.4) = 3 \times 8.314 \times 273/44.8$$
$$= 152 \, \text{J}$$

(1.8) 式からわかるように, 単原子分子の運動エネルギーは分子によらない. 100 °C に昇温するエネルギーも分子には無関係で

$$\Delta U = 3R(373 - 273)/(2 \times 22.4) = 55.7 \, \text{J}$$

(2) $M = 32$ (モル質量は 32×10^{-3} kg), $T = 309$ K として, $Nm = nM$ (N: 粒子数, m: 粒子の質量) であるから, (1.6) 式と理想気体の状態式 (1.1) とから

$$(\overline{u^2})^{1/2} = (3 \times 8.314 \times 309/32 \times 10^{-3})^{1/2} = 491 \, \text{m s}^{-1}$$

毛細管の直径は 10^{-4} m であるから, 通過時間は, $10^{-4}/491 = 2.04 \times 10^{-7}$ s となり, 1 秒間の衝突度数は

$$1/2.04 \times 10^{-7} = 4.91 \times 10^6 \, \text{s}^{-1}$$

|||||||||| 問 題 ||||||||||

2.1 0 °C および 100 °C におけるヘリウム分子とアルゴン分子の平均速度の比を求めよ.

2.2 $\varepsilon_i = m u_i^2/2$ と (1.7) 式から根平均 2 乗速度は $(\overline{u^2})^{1/2} = (3RT/M)^{1/2}$ となることを示し.

2.3 血液からの気体の放出速度は気体分子の平均速度に比例する. 血液からの窒素とヘリウムの放出速度の比を求め, 海底作業用の空気には酸素とヘリウムの混合気体が用いられる理由を説明せよ.

2.4 同位体を分離する方法の 1 つに, 細孔を多く持つ多孔質隔壁を通しての流出速度の差を利用するものがある. 水素中の D_2 の存在比は 0.015 % である. H_2 と D_2 の流出速度の比を計算し, D_2 を 50 % まで濃縮するのに必要な流出の反復回数を求めよ.

2.5 気体分子運動論の立場から, ドルトンの分圧の法則を証明せよ.

―― 例題 3 ――――――――――――――――――――――――――――――― 実在気体 ――

(1) 50°C で 0.500 dm³ の容器にある 1.00 mol の二酸化炭素の圧力を，(i) 理想気体とした場合，(ii) ファン・デル・ワールス状態式 (1.12) にしたがうとした場合，について計算し，両者を比較せよ．

(2) 表 1.2 のファン・デル・ワールス定数の値から，He 原子の直径を計算せよ．

【解答】 (1) (i) 理想気体とすると
$$P = RT/V = 8.314 \times 323/5 \times 10^{-4} = 5.37 \times 10^6 \text{ Pa} = 53.0 \text{ atm}$$
(ii) ファン・デル・ワールス気体とすると，(1.12) 式は
$$P = RT/(V_m - b) - a/V_m^2 \tag{a}$$
と書きなおせるから，定数 a を $m^6 \text{ Pa mol}^{-2}$ に換算して圧力を Pa 単位で求める（あるいは R を dm^3 atm 単位として圧力を atm 単位で求める）．(a) 式より
$$P = 8.314 \times 323/(0.500 - 0.0427) \times 10^{-3} - 0.364/(0.500 \times 10^{-3})^2$$
$$= 4.41 \times 10^6 \text{ Pa} = 43.5 \text{ atm}$$

(2) 原子直径を d とすると，原子 1 個の排除体積は $4 \times (4/3)\pi \times (d/2)^3 = (2/3)\pi d^3$ である．1 mol の He については，その L 倍であるから，b の単位が $dm^3 \text{ mol}^{-1}$ であることに注意して，$dm^3 = 10^3 \text{ cm}^3$ であるから $23.7 = L \times (2/3)\pi d^3$ より
$$d = \{(3 \times 23.7)/(2 \times 3.14 \times 6.02 \times 10^{-23})\}^{1/3} = 2.66 \times 10^{-8} \text{ cm} = 0.266 \text{ nm}$$

|||||||||| 問 題 ||||||||||||||||||||||||||||||||||||||||||||||||||||||||||||||||||||||||||

3.1 ファン・デル・ワールスの式を V に関する多項式の形に変形せよ．

3.2 実在気体の状態方程式は，最も一般的には V に関する多項式
$$PV_m = RT + BV_m^{-1} + CV_m^{-2} + \cdots$$
の形で表される．これを，ビリアル (virial) 展開といい，B を第 2 ビリアル係数，C を第 3 ビリアル係数などという．ファン・デル・ワールスの状態式の第 2 ビリアル係数の近似式を求めよ．

3.3 ファン・デル・ワールスの状態式における臨界定数を求めよ．

3.4 ファン・デル・ワールスの状態式に関する相応状態の式 (1.14) 式を導け．

3.5 ファン・デル・ワールス定数は臨界定数の実測値から，問題 3.3 で求めた結果の式を用いて，計算される．気体定数を R としては理想気体の値を用いる．一酸化炭素の臨界定数 $T_c = 134.0$ K, $P_c = 34.6$ atm, $V_c = 0.0900$ dm³ mol⁻¹ からファン・デル・ワールス定数 a, b および気体定数 R を計算せよ．R の値を理想気体の値 $R = 0.0821$ dm³ atm K⁻¹ mol⁻¹ を用いて，a, b を計算せよ．

1 気体

演習問題

1. 気象観測用の気球にヘリウムガスを充填していたところ，気球の気圧が 5.01×10^5 Pa となったところで気球が破裂した．そのときの気球の体積は $1.23\,\mathrm{m}^3$，気温は $27\,°\mathrm{C}$ であった．ヘリウムを理想気体として，そのとき逸散したヘリウムの物質量を求めよ．

2. ドルトンは実験によって，等温・等圧の気体を混合すると混合気体の体積は混合前の気体の体積の和になることを見いだした．この結果より，理想気体については分圧の法則 (1.3) 式が導かれることを示せ．

3. 気体分子の速度分布則に関するマクスウェル-ボルツマンの式を用いて，平均速度 $\bar{u}$ は $\sqrt{8RT/\pi M}$ となることを示せ．下の積分公式を用いよ．

$$\int_0^\infty x^{2n+1} \exp(-ax^2)dx = \frac{n!}{2a^{n+1}}$$

4. 根平均2乗速度 $(\overline{u^2})^{1/2}$ を下の積分公式を用いて計算せよ．また，同じ結果は (1.7) 式と (1.8) 式とから直ちに導かれることも示せ．

$$\int_0^\infty x^4 \exp(-ax^2)dx = \frac{3}{8a^2}\sqrt{\frac{\pi}{a}}$$

5. 速度分布曲線の極大に相当する速度 u_m は最大確率速度と呼ばれている．最大速度 u_m を，マクスウェル-ボルツマンの式の u による導関数が 0 となる u として求めよ．最大速度と根平均2乗速度および平均速度との比はいくらになるか．

6. 窒素分子の $25\,°\mathrm{C}$ および $100\,°\mathrm{C}$ における根平均2乗速度 $(\overline{u^2})^{1/2}$ を求めよ．

7. 細孔を通して流出する気体の速度は分子の平均速度に比例すると考えられる．10分間に 10^{-3} mol の H_2 が通過した細孔を，同じ温度・圧力の He 10^{-3} mol が通過するのに要する時間はいくらか．

8. n mol の気体についてファン・デル・ワールスの状態式を導け．

9. 表 1.1 の臨界定数を用いて，NH_3 のファン・デル・ワールス定数を計算し，結果を表 1.1 の右側の欄の値と比較せよ．

10. メタン 1 mol を $0\,°\mathrm{C}$ で $1\,\mathrm{dm}^3$ の容器につめたときに示す圧力を，理想気体として，またファン・デル・ワールスの状態方程式にしたがう気体として，算出せよ．

11. $z = PV/nRT$ を圧縮因子という．CH_4 がファン・デル・ワールスの状態式で近似されるとして，2 mol の CH_4 を $100\,°\mathrm{C}$ で $30\,\mathrm{dm}^3$ にしたときの圧縮因子を求めよ．

2 熱力学第1法則：内部エネルギーとエンタルピー

2.1 熱と仕事とエネルギー

熱力学第1法則（エネルギー保存則）は，熱と仕事は等価で，エネルギーの異なった現象であり，自然界におけるエネルギーの総量は一定不変に保たれることを命題として述べたものである（**第1種永久機関不可能の原理**）．

圧力 P で気体を圧縮し体積を dV だけ減少させるときに気体になされる仕事は

$$dw = -P(V)dV \tag{2.1}$$

となる．(2.1) 式で右辺の符号を − としたのは，系の仕事，熱，エネルギーなどの量が増大するときに正，減少するときに負とするためである．

熱力学第1法則により，系に出入りするエネルギーが熱と仕事だけであるとすると，**内部エネルギー** (系に含まれるエネルギー) の変化量は

$$\Delta U = q + w \tag{2.2}$$

と表される．ここで，q は系に入る熱，w は系になされる仕事である．

2.2 エネルギーの単位

エネルギーの SI 単位はジュール（記号 J）である．SI 単位系以前の熱の単位には主としてカロリー（記号 cal）が用いられており，仕事はエルグ単位（記号 erg）で表されていた．

SI 単位系では $J = N \times m$ である．1 J は 1 V の電位差の下で 1 A の電流を通じたときに毎秒発生する熱量で，10^7 erg に相当する．今日用いられているカロリーは

$$1\,\text{cal} = 4.184\,\text{J} = 4.184 \times 10^7\,\text{erg}$$

である．これを，**熱力学的カロリー**という．

エネルギーの単位としては，この他に dm^3 atm や eV (electron volt) なども用いられている．1 eV は 1 V の電位差の下で電子 1 個が移動する際に得る運動エネルギーである．L eV は 1 mol の電子が 1 V の電位差の下で移動する際に得る運動エネルギーで

$$1\,\text{L eV} = 6.022 \times 10^{23}\,\text{eV} = 9.65 \times 10^4\,\text{J}$$

である．

表 2.1　エネルギー単位の換算表 (1)

単位	J	cal	dm^3 atm
1 J	1	0.239 01	$9.869\ 2\times 10^{-3}$
1 cal	4.184	1	$4.129\ 3\times 10^{-2}$
1 dm^3 atm	101.325	24.217	1

表 2.2　エネルギー単位の換算表 (2)

単位	J	eV	L eV mol^{-1}
1 J	1	$6.241\ 5\times 10^{18}$	$1.036\ 4\times 10^{-5}$
1 eV	$1.602\ 18\times 10^{-19}$	1	$1.660\ 6\times 10^{-24}$
1 L eV mol^{-1}	$9.648\ 4\times 10^{4}$	$6.022\ 0\times 10^{23}$	1

$1\,\mathrm{J} = 1\,\mathrm{V\,C} = 10^7\,\mathrm{erg}$

2.3　体積変化の仕事と準静的変化

圧力 P で気体の体積を V_1 から V_2 まで圧縮する（または膨張させる）際に気体になされる仕事は，(2.1) 式より

$$w_\mathrm{e} = -\int_{V_1}^{V_2} P_\mathrm{e}(V)dV \tag{2.3}$$

となる．ここで，P_e の添字 e は，external を意味している．$P(V)$ は正であるから，$V_1 > V_2$ のとき $w > 0$ である．この際の気体の圧力（内圧）を P_i (i は internal) とすると，気体が受け取る仕事は

$$w_\mathrm{i} = -\int_{V_1}^{V_2} P_\mathrm{i}(V)dV \tag{2.3'}$$

である．

[**準静的変化：可逆変化と不可逆変化**]　有限の速さで気体を圧縮する場合は $P_\mathrm{e} > P_\mathrm{i}$ であるから，$w_\mathrm{e} > w_\mathrm{i}$ である．エネルギー保存則が保たれるためには，w_e と w_i の差は最終的には熱に変わることになる．$w_\mathrm{e} = w_\mathrm{i}$ であるためには，$P_\mathrm{e} = P_\mathrm{i}$ でなければならない．P_e を P_i よりも無限小だけ大きくして，無限の時間をかけて気体を圧縮するような仮想的な変化を**準静的変化**あるいは**準静的過程**という．摩擦などで仕事が熱に変わると，完全には元の状態に戻すことはできない．このような変化を**不可逆変化**（**不可逆過程**）という．準静的過程による変化では摩擦熱は発生しないので，準静的過程を逆に辿ることによって完全に元の状態に戻ることができる．このような変化を**可逆変化**（**可逆過程**）という．

n mol の理想気体を一定温度 T で体積を V_1 から V_2 まで準静的に変化させる場合は，$PV = nRT$ の関係があるので，系になされる仕事は次の式で表される．

$$w_\mathrm{r} = -\int_{V_1}^{V_2} PdV = -nRT\int_{V_1}^{V_2} \frac{dV}{V} = -nRT\ln\frac{V_2}{V_1} = nRT\ln\frac{V_1}{V_2} \tag{2.4}$$

2.4 理想気体の内部エネルギーと温度

ジュールは実験により，理想気体の自由膨張では温度は変化せず，内部エネルギーは変化しないことを見いだした（$\Delta U = 0$）．逆にいえば，理想気体の等温変化では内部エネルギーは変化しない．これを，理想気体に関する**ジュールの法則**という．これは

$$\left(\frac{\partial U}{\partial V}\right)_T = 0 \quad \text{あるいは} \quad \left(\frac{\partial U}{\partial P}\right)_T = 0 \tag{2.5}$$

と書ける．(2.5) 式の左辺は U の 2 つの独立変数 V と T のうち，T を一定として求めた U の V に関する導関数を意味している．(2.5) 式のように表した導関数を**偏導関数**という．

理想気体の等温変化を準静的に行った場合，エネルギー保存則 (2.2) 式で $\Delta U = 0$ であるから，$w = -q$ となり，(2.4) 式より

$$q_\mathrm{r} = -w_\mathrm{r} = -nRT \ln(V_1/V_2) \tag{2.6}$$

となる．すなわち，等温圧縮では熱が放出され，等温膨張では熱が吸収される．

[**状態量：完全微分量と不完全微分量**] エネルギー保存則から，系の状態が特定されれば，系のエネルギーは一義的に定まらなければならない．系のエネルギーの総和すなわち内部エネルギーのように，系の状態が定まれば一義的に決まる量を**状態量**という．内部エネルギーは物質量に比例する示量性の状態量である．微小変化について (2.2) 式を微分形で書けば

$$dU = d'q + d'w \tag{2.7}$$

となる．dU は変化の経路によらない．これを**完全微分量**という．一方，$d'q$ や $d'w$ は経路によって変わる量で，**不完全微分量**という．系を任意の経路を経て元の状態に戻すと，状態量は元の値に戻る．すなわち，状態量の微分を 1 サイクルにわたって積分すると 0 になる．これを，記号 $\oint$ を用いて次のように表す．

$$\oint dU = 0 \tag{2.8}$$

U の変数を x, y とすると，U の微分は

$$dU = \left(\frac{\partial U}{\partial x}\right)_y dx + \left(\frac{\partial U}{\partial y}\right)_x dy \tag{2.9}$$

と書ける．これを，U の**全微分**という．U が完全微分である場合，一般に

$$\left[\frac{\partial}{\partial y}\left(\frac{\partial U}{\partial x}\right)_y\right]_x = \left[\frac{\partial}{\partial x}\left(\frac{\partial U}{\partial y}\right)_x\right]_y \tag{2.10}$$

の関係が成り立つ．(2.10) 式が，U が状態量であるための数学的条件である．

2.5 エンタルピー

$$H \equiv U + PV \tag{2.11}$$

で定義される状態量を**エンタルピー**という．定圧の条件では，$dP = 0$ であるから

$$dH = d(U + PV) = dU + PdV$$

となる．(2.2) 式と $dw = -PdV$ の関係より

$$d'q_P = dH, \quad q_P = \Delta H \tag{2.12}$$

となる．q_P の添字 P は定圧を意味している．

2.6 定積熱容量と定圧熱容量

定積または定圧の条件下で物体の温度を一定値だけ上昇させるのに要する熱量は一義的に決まる．それぞれの条件に応じて，**定積熱容量**および**定圧熱容量**を次のように定義する．

$$C_V = \left(\frac{\partial U}{\partial T}\right)_V \tag{2.13}$$

$$C_P = \left(\frac{\partial H}{\partial T}\right)_P \tag{2.14}$$

物質の量としては 1 g または 1 mol をとる．物質量 1 mol の熱容量を**モル熱容量**という．

エネルギー等分配則 (1.10) 式は，量子効果が無視できる場合に成り立つ（9 章参照）．一般に，極めて低い温度でないかぎり，並進と回転については等分配則が成り立ち，各運動の自由度につき，平均として $kT/2$ のエネルギーが分配される．1 mol あたりでは，$Lk = R$ であるから，$RT/2$ のエネルギーが分配される．

分子の運動の自由度を ν すると，気体分子 1 mol あたりの内部エネルギーは

$$U = \frac{\nu}{2}RT + U_0 \tag{2.15}$$

となる．ここで，U_0 は分子に固有のエネルギーで，温度に依存しない定数である．したがって，気体の定積および定圧モル熱容量は

$$dU_0/dT = 0$$

であるから

$$C_V = \left(\frac{\partial U}{\partial T}\right)_V = \frac{\nu}{2}R, \quad C_P = C_V + R = \frac{\nu+2}{2}R \tag{2.16}$$

となる．常温では塩素 Cl_2 のような重い原子からなる分子を除けば，並進運動と回転運動の自由度だけが熱容量に寄与している．

2.7 理想気体の断熱体積変化

断熱変化の場合，内部エネルギーの変化は外界との仕事の交換によるだけで，$d'q = 0$ である．理想気体については

$$C_V \ln \frac{T_2}{T_1} = -nR \ln \frac{V_2}{V_1} = nR \ln \frac{V_1}{V_2} \tag{2.17}$$

の関係がある（演習問題 2.6）．

マイヤーの関係式 $C_P - C_V = nR$（例題 2）を用いる．$C_P/C_V = \gamma$ とおくと，$nR/C_V = (C_P - C_V)/C_V = \gamma - 1$ であるから

$$\frac{T_2}{T_1} = \left(\frac{V_1}{V_2}\right)^{\gamma-1} \tag{2.18}$$

となる（演習問題 2.6）．$V_2 > V_1$ のとき $T_2 < T_1$ であることから，理想気体の断熱膨張では温度が低下することがわかる．V_1, V_2 に相当する圧力を P_1, P_2 とすると，$T_2/T_1 = P_2V_2/P_1V_1$ であるから，(2.18) 式は

$$P_1 V_1^\gamma = P_2 V_2^\gamma \quad (= 一定) \tag{2.19}$$

とも書ける．これをポアソンの式という．

2.8 反応熱と生成熱

反応熱は，同じ温度で反応体から生成体を生成する際に反応系に出入りする熱量である．とくに，圧力一定下での反応熱を**定圧反応熱**，体積一定下での反応熱を**定積反応熱**という．定圧反応熱には，反応にともなう体積変化の仕事を補償するための熱も含まれている．定積反応熱を q_V とすると

$$q_V = U\,(生成体) - U\,(反応体) = \Delta U \tag{2.20}$$

である．$U\,(生成体) > U\,(反応体)$ のとき $q_V > 0$（吸熱）である．
定圧反応熱 q_P は

$$q_P = H\,(生成体) - H\,(反応体) = \Delta H \tag{2.21}$$

である．$H\,(生成体) > H\,(反応体)$ のとき $q_P > 0$（吸熱）である．

気体が関与する反応では，反応にともなう気体の物質量変化を Δn_g とすると，理想気体近似において，$P\Delta V = \Delta n_g RT$ の関係があるので，次の関係が成立する．

$$\Delta H = \Delta U + P\Delta V = \Delta U + \Delta n_g RT \tag{2.22}$$

表 2.3 標準生成熱 (25 °C, 1 atm)

物質	$\Delta H_f^\ominus$/kJ mol^{-1}	物質	$\Delta H_f^\ominus$/kJ mol^{-1}
CO	−110.5	エタノール	−277.0
CO_2	−393.5	エタン	−84.68
$H_2O(\ell)$	−285.83	エチレン	52.30
$H_2O(g)$	−241.82	ギ酸	−424.8
NH_3	−45.90	酢酸	−484.1
HCl	−92.31	トルエン	12.01
NO	90.25	ナフタリン	77.7
NO_2	33.18	フェノール	−165.0
NaCl	−411.12	プロパン	−104.5
SO_2	−296.83	プロピレン	20.2
アセチレン	226.73	ベンゼン (g)	82.9
アセトン	−248.1	メタン	−74.85

反応熱は出発物質と最終生成物質とだけできまり,反応の経路にはよらない.これをヘスの法則という.エンタルピー H は温度・圧力に依存する量であるから,反応のエンタルピー変化 ΔH も反応体や生成体の温度・圧力に依存する.標準状態 (1 atm, 1.013×10^5 Pa) での ΔH をとくに**標準反応熱**といい,$\Delta H^\ominus$ と記す.また,25 °C での標準反応熱を $\Delta H^\ominus_{298}$ と記す.直接に測定される反応熱は燃焼熱,水素化熱,塩素化熱,中和熱などである.

標準状態で単体から 1 mol の化合物を生成するときのエンタルピー変化 $\Delta H^\ominus$ を**標準生成熱**または**標準生成エンタルピー**といい,記号 $\Delta H_f^\ominus$ で表す.一般には 25 °C に換算した値が求められている(表 2.3).単体としては 25 °C, 1 atm で安定な同素体をとる.

化学反応は,一般に

$$\nu_A A + \nu_B B + \cdots \rightarrow \nu_L L + \nu_M M + \cdots \tag{2.23}$$

と表される.ここで A, B, … は反応体,L, M, … は生成体で,ν_A, ν_B, ν_L, ν_M, … は**化学量論係数**である.(2.23) 式で表される反応の標準反応熱は,各物質の標準生成熱を用いて

$$\Delta H^\ominus = \sum_{\text{product}} \nu_i (\Delta H_f^\ominus)_i - \sum_{\text{reactant}} \nu_j (\Delta H_f^\ominus)_i \tag{2.24}$$

と表すことができる.とくに,単体を解離してガス状の原子を生成するのに要する熱量を**原子化熱**といい,記号 Q_a で表す.原子化熱は昇華熱や解離熱から求められる.

原子化熱と標準生成熱とを組み合わせると,標準状態 (1 atm) で原子から分子を生成するときの反応熱が求められる.これを $\Delta H_a^\ominus$ とすると

$$\Delta H_{\text{a}}^{\ominus} = \Delta H_{\text{f}}^{\ominus} - \sum Q_{\text{a}} \tag{2.25}$$

である．$\Delta H_{\text{a}}^{\ominus}$ を標準原子生成熱という．

［反応熱の温度依存性］ (2.14) 式より，物質の温度を $T_1 \to T_2$ と変える際のエンタルピー変化は

$$\Delta H = \int_{T_1}^{T_2} C_P dT \tag{2.26}$$

となる．このことを用いて，25℃ 以外の反応熱を求めることができる．

一般に，生成体と反応体の熱容量の差を

$$\Delta C_P \equiv \nu_{\text{L}}(C_P)_{\text{L}} + \nu_{\text{M}}(C_P)_{\text{M}} + \cdots - [\nu_{\text{A}}(C_P)_{\text{A}} + \nu_{\text{B}}(C_P)_{\text{B}} + \cdots] \tag{2.27}$$

と表せば，温度 T_2 における反応熱は，温度 T_1 における反応熱を基準として

$$\Delta H_{T_2} = \Delta H_{T_1} + \int_{T_1}^{T_2} \Delta C_P dT \tag{2.28}$$

となる．

C_P は狭い温度範囲では一定とみなせるが，一般には温度の関数でもある．かなり広い温度の範囲において

$$C_P = a + bT + cT^{-2} \tag{2.29}$$

と近似される．ここで，a, b, c は物質に固有の定数である．

表 2.4 C_P の定数 a, b, c (1 atm)

	$C_P/\text{J K}^{-1}\,\text{mol}^{-1}$
H_2	$27.3 + 3.26 \times 10^{-3}(T/K) + 0.50 \times 10^5 (T/K)^{-2}$
O_2	$30.0 + 4.18 \times 10^{-3}(T/K) - 1.67 \times 10^5 (T/K)^{-2}$
N_2	$28.6 + 3.76 \times 10^{-3}(T/K) - 0.50 \times 10^5 (T/K)^{-2}$
CO	$28.4 + 4.10 \times 10^{-3}(T/K) - 0.46 \times 10^5 (T/K)^{-2}$
CO_2	$44.2 + 8.79 \times 10^{-3}(T/K) - 8.62 \times 10^5 (T/K)^{-2}$
H_2O	$30.5 + 10.3 \times 10^{-3}(T/K)$
NH_3	$29.7 + 25.1 \times 10^{-3}(T/K) - 1.55 \times 10^5 (T/K)^{-2}$
CH_4	$23.6 + 47.9 \times 10^{-3}(T/K) - 1.92 \times 10^5 (T/K)^{-2}$
C（黒鉛）	$16.9 + 4.77 \times 10^{-3}(T/K) - 8.54 \times 10^5 (T/K)^{-2}$

例題 1 ────────────── 内部エネルギーとエンタルピー

(1) 2mol の窒素を 1 atm (1.013×10^5 Pa) で 100°C から 0°C まで冷却する際に気体が放出する熱量を J, cal, および eV 単位で表せ．窒素は理想気体とみなしてよい．また，気体の内部エネルギー変化はいくらか．

(2) 1 atm, 100°C の窒素 2 mol を等温で体積が 2 倍になるまで準静的に膨張させるのに要する熱量を求めよ．また，気体の内部エネルギー変化はいくらか．

【解答】 (1) この温度での窒素の運動の自由度は 3（並進）+ 2（回転）= 5 であるから，$C_V = \frac{5}{2}R$, $C_P = \frac{7}{2}R$. したがって，放出する熱量は

$$-q = 2 \times C_P(373 - 273) = 700R = 5.82 \times 10^3 \text{ J}$$
$$= 1.39 \times 10^3 \text{ cal} = 3.63 \times 10^{22} \text{ eV}$$

この場合，気体の圧力は関係しない．

定圧変化であるから，$q_P = \Delta H$ である．$\Delta H = \Delta U + P\Delta V$. $\Delta V = 2 \times 22.4 \times (1 - 373/273) = -16.4 \text{ dm}^3$ であるから，$P\Delta V = 1.66 \times 10^3$ J だけの仕事を外界（大気）からもらう．

$$\Delta U = \Delta H - P\Delta V = -5.82 \times 10^3 + 1.66 \times 10^3 = -4.16 \times 10^3 \text{ J}$$

同じ結果は，$-\Delta U = 2 \times C_V(273 - 373) = 500R$ としても得られる．

(2) (2.6) 式より，$q = 2 \times R \times 373 \times \ln 2 = 4.30 \times 10^3$ J．等温変化であるから

$$\Delta U = 0$$

問題

1.1 225°C で，5 mol の水蒸気を準静的に 1 atm から 5 atm まで圧縮した．水蒸気を理想気体として，(1) 水蒸気になされる仕事，(2) 水蒸気から放出される熱量，(3) 水蒸気のエンタルピー変化を求めよ．

1.2 5mol の水蒸気を 225°C から 125°C まで，(1) 圧力一定，(2) 体積一定，の条件で冷却した．放出される熱量はそれぞれいくらか．

1.3 ベンゼンのモル蒸発熱は 31.7 kJ mol^{-1}，沸点は 80.15°C である．1 mol のベンゼンが沸点において気化する際の内部エネルギーの変化を求めよ．また，蒸発熱における体積変化の仕事の割合を求めよ．ベンゼンの蒸気は理想気体とみなしてよい．

1.4 ファン・デル・ワールス気体の等温可逆変化にともなう内部エネルギー変化，気体になされる仕事，および気体が吸収する熱量を表す式を導け．内部エネルギーの計算には，関係式 $(\partial U/\partial V)_T = T(\partial P/\partial T)_V - P$ を用いよ（4 章例題 1 参照）．

---- 例題 2 ────────────────── 理想気体の内部エネルギーとエンタルピー ────

1 mol の理想気体について,次のマイヤーの関係式が成立することを証明せよ.
$$C_P - C_V = R$$

【解答】 $H = U + PV$ であるから

$$C_P - C_V = \left(\frac{\partial H}{\partial T}\right)_P - \left(\frac{\partial U}{\partial T}\right)_V = \left(\frac{\partial U}{\partial T}\right)_P + P\left(\frac{\partial V}{\partial T}\right)_P - \left(\frac{\partial U}{\partial T}\right)_V \tag{a}$$

となる.$(\partial U/\partial T)_P$ と $(\partial U/\partial T)_V$ の関係は次のようにして求められる.V, T を変数として U の全微分をとると

$$dU = \left(\frac{\partial U}{\partial V}\right)_T dV + \left(\frac{\partial U}{\partial T}\right)_V dT \tag{b}$$

となる.$P = $ 一定,の条件で両辺を dT で割ると

$$\left(\frac{\partial U}{\partial T}\right)_P = \left(\frac{\partial U}{\partial V}\right)_T \left(\frac{\partial V}{\partial T}\right)_P + \left(\frac{\partial U}{\partial T}\right)_V \tag{c}$$

となる.これを (a) 式に代入すると,$(\partial U/\partial T)_V$ の項は相殺されるので

$$C_P - C_V = \left[\left(\frac{\partial U}{\partial V}\right)_T + P\right]\left(\frac{\partial V}{\partial T}\right)_P \tag{d}$$

となる.理想気体については $(\partial U/\partial V)_T = 0$ であるから,$V = RT/P$ より

$$C_P - C_V = P\left(\frac{\partial V}{\partial T}\right)_P = R \tag{e}$$

||||||| 問 題 |||||||||||||||||||||||||||||||||||||||||||||||||||||||||||||||||||||||||||

2.1 マイヤーは彼が提唱したエネルギー保存則(すなわち,熱と仕事の等価性)の論拠の 1 つとしてマイヤーの関係式を用いた.その論拠を説明せよ.

2.2 25 °C 下において 1 atm,3 mol の理想気体を急激に 2 atm まで圧縮して再び 25 °C に戻す際に気体になされる仕事を求めよ.その結果を,25 °C 下で準静的に変化させるときの仕事と比較し,2 atm で急激に圧縮する際の摩擦熱を計算せよ.

2.3 $(\partial U/\partial T)_P = C_P - P(\partial V/\partial T)_P$ となることを示せ.この式と $(\partial H/\partial V)_T$ の式とから,理想気体では $(\partial H/\partial V)_T = 0$ となり,エンタルピーは体積に依存しないことを示せ.

2.4 気体をエンタルピー一定の条件で圧縮する際の温度変化の係数 $\mu = (\partial T/\partial P)_H$ をジュール-トムソン係数という.

$$\mu = -\frac{1}{C_P}\left(\frac{\partial H}{\partial P}\right)_T \tag{a}$$

となることを示せ.また,理想気体については $\mu = 0$ であることも示せ.

―― 例題 3 ―――――――――――――――――――――――――――― 断熱変化 I ――

(1) 理想気体の断熱可逆変化の際の内部エネルギー変化は次式になることを示せ．
$$\Delta U = nC_V(T_2 - T_1)$$
(2) 25 °C で 2 mol の水素を $0.2\,\mathrm{m}^3$ から $0.02\,\mathrm{m}^3$ まで断熱可逆的に圧縮する際の q, w, ΔU および ΔH を計算せよ．水素は理想気体とみなしてよい．

【解答】 (1) ポアソンの式より，$PV^\gamma = P_1V_1^\gamma = P_2V_2^\gamma$ である．したがって

$$w = -\int_{V_1}^{V_2} PdV = -P_1V_1^\gamma \int_{V_1}^{V_2} \frac{dV}{V^\gamma} = -\frac{P_1V_1^\gamma}{1-\gamma}(V_2^{1-\gamma} - V_1^{1-\gamma}) \tag{a}$$
$$= \frac{1}{1-\gamma}(P_1V_1 - P_2V_2)$$

となる．マイヤーの式 $C_P - C_V = R$ と $PV = nRT$ を用いると，$1 - \gamma = 1 - C_P/C_V = (C_V - C_P)/C_V$ であるから，(a) 式は

$$w = \frac{1}{1-\gamma}(P_1V_1 - P_2V_2) = \frac{nR}{1-\gamma}(T_1 - T_2) = nC_V(T_2 - T_1) \tag{b}$$

となる．断熱変化であるから $\Delta U = w$ である．

(2) 室温での水素分子の運動の自由度は 5 であるから，$\gamma = C_P/C_V = 7/5 = 1.4$ である．(2.18) 式より，圧縮後の温度 T_2 は

$$(T_2/298) = (V_1/V_2)^{\gamma - 1} = (0.2/0.02)^{0.4} = 2.51$$
$$T_2 = 749\,\mathrm{K} = 476\,°\mathrm{C}$$

断熱であるから $q = 0$．理想気体であるから，ΔU や ΔH は温度差だけできまる〔(2.5) 式および問題 2.3 参照〕．

$$w = \Delta U = nC_V(T_2 - T_1) = 2 \times 2.5R \times (749 - 298) = 18.7 \times 10^3\,\mathrm{J}$$
$$\Delta H = nC_P(T_2 - T_1) = 2 \times 3.5R \times (749 - 298) = 26.2 \times 10^3\,\mathrm{J}$$

|||||||||| 問 題 ||||||||||||||||||||||||||||||||||||||||||||||||||||||||||||||||||||||||||||||||||||||

3.1 気体を断熱的に圧縮すると温度が上昇する．その理由を説明せよ．

3.2 電球などの封入気体にはアルゴンか窒素が用いられている．いずれの気体であるかを判定するために，25 °C の気体を断熱可逆的に膨張させて体積を 1.2 倍にしたら，温度は $-9\,°\mathrm{C}$ となった．気体は何か．

3.3 n mol の理想気体を一定の外圧 P_e の下で断熱不可逆的に変化させるときの温度変化は次式で表されることを示せ．

$$\Delta T = -P_e \Delta V / nC_V$$

上の結果を用いて，2 mol の 25 °C の水素を $0.2\,\mathrm{m}^3$ から $0.02\,\mathrm{m}^3$ まで断熱不可逆的に圧縮する際の気体の最終温度，およびその過程にともなう q, w, ΔU, ΔH を求めよ．

―― 例題 4 ――――――――――――――――――――――――――――― 断熱変化 II ――

0 °C, 1 atm のメタン 5 mol を断熱可逆的に 10 atm まで圧縮した．メタンを理想気体とみなし，(1) 系になされる仕事, (2) 圧縮後のメタンの温度, (3) 系のエンタルピー変化を求めよ．

【解答】 ポアソンの式 $PV^\gamma = $ 一定，を用いて，圧縮後の体積を求める．メタンの自由度は 6 であるから $\gamma = 8/6$ で，初めの体積を V_1 dm³，圧縮後の体積を V_2 dm³ とすると

$$1 \times (22.4 \times 5)^{4/3} = 10 \times V_2^{4/3}$$

$$V_2 = (22.4 \times 5)(1/10)^{3/4} = 112 \times 0.1778 = 19.9 \, \text{dm}^3$$

(1) 系になされる仕事は，例題 3 の (a) 式より

$$w = \frac{1}{1-\gamma}(P_1V_1 - P_2V_2) = -3(112 - 10 \times 19.9)$$

$$= 261 \, \text{dm}^3 \, \text{atm} = 264 \times 10^3 \, \text{J}$$

(2) 例題 3 の (b) 式より，$C_V = 3R$ であることを考慮して

$$T_2 - T_1 = w/(5 \times 3R) = (26.4 \times 10^3)/15R = 212 \, \text{K}$$

$$T_2 = 485 \, \text{K}$$

あるいは，(2.18) 式より

$$T_2 = T_1(V_1/V_2)^{\gamma-1} = T_1(P_2/P_1)^{\gamma-1/\gamma} = T_1 \times 10^{1/4}$$

$$273 \times 1.778 = 485 \, \text{K}$$

(3) $w = \Delta U$, $\Delta H = \Delta U + \Delta(PV)$ である．例題 2 の (e) 式と $PV = nRT$ より

$$\Delta H = \Delta U + \Delta(PV) = nC_V(T_2 - T_1) + nR(T_2 - T_1) = nC_P(T_2 - T_1)$$

となる．すなわち，圧力が変化しても理想気体の ΔH は ΔT と C_P のみで決まる〔例題 3 の (2) を参照〕．

$$\Delta H = 5 \times 4R \times 212 = 35.3 \times 10^3 \, \text{J}$$

|||||||||| 問　題 ||||||||||||||||||||||||||||||||||||||||||||||||||||||||||||||||||||||||||||||||||||||||||||

4.1 25 °C, 50 atm のボンベ中の窒素 2 mol を急激に 10 atm に減圧した．これは断熱不可逆変化と考えられる．窒素を理想気体として，最終温度を計算し，その際の ΔU と ΔH を求めよ．

4.2 富士山の山頂の気圧は 640 hPa (hPa = 10^2 Pa) である．地上で 32 °C の乾燥空気が富士山山頂まで上昇すると，気温はいくらになるか．上昇の際には気団は周囲から熱の供給は受けないものとする．

―― 例題 5 ――――――――――――――――――――――――――――――――― 熱化学 ――

(1) 生成熱の表 2.3 のデータを用いて，酢酸の標準燃焼熱を求めよ．
(2) 水素および黒鉛の標準原子生成熱は

$$\frac{1}{2}H_2(g) = H(atom); \quad \Delta H_a^\ominus = 217.9\,\text{kJ mol}^{-1} \tag{a}$$

$$C(黒鉛) = C(atom); \quad \Delta H_a^\ominus = 715.0\,\text{kJ mol}^{-1} \tag{b}$$

である．また，メタンおよびエタンの標準生成熱は，それぞれ -74.5，$-84.0\,\text{kJ mol}^{-1}$ である．C–H および C–C 結合の平均結合エネルギーを求めよ．

【解答】 (1) 酢酸の燃焼の反応式は，標準燃焼熱を $\Delta H_c^\ominus$ として

$$CH_3COOH + 2O_2 = 2CO_2 + 2H_2O(\ell); \quad \Delta H_c^\ominus \tag{a}$$

である．生成熱より

$$C + O_2 = CO_2; \quad \Delta H_f^\ominus = -393.5\,\text{kJ mol}^{-1} \tag{b}$$

$$H_2 + 1/2\,O_2 = H_2O(\ell); \quad \Delta H_f^\ominus = -285.8\,\text{kJ mol}^{-1} \tag{c}$$

$$2C + 2H_2 + O_2 = CH_3COOH; \quad \Delta H_f^\ominus = -484.1\,\text{kJ mol}^{-1} \tag{d}$$

である．(b) × 2 + (c) × 2 − (d) を計算すると，(a) 式となるので $\Delta H_c^\ominus = -(393.5 + 285.8) \times 2 + 484.1 = -874.5\,\text{kJ mol}^{-1}$．

(2) メタンの生成熱より

$$C(黒鉛) + 2H_2(g) = CH_4(g); \quad \Delta H_f^\ominus = -74.5\,\text{kJ mol}^{-1} \tag{c}$$

(c) − (a) × 4 − (b) を計算すると

$$C(atom) + 4H(atom) = CH_4(g); \quad \Delta H_f^\ominus = -1661.1\,\text{kJ mol}^{-1} \tag{d}$$

同様に，エタンの生成熱より

$$2C(黒鉛) + 3H_2(g) = C_2H_6(g); \quad \Delta H_f^\ominus = -84.0\,\text{kJ mol}^{-1} \tag{e}$$

(e) − (a) × 6 − (b) × 2 を計算すると

$$2C(atom) + 6H(atom) = C_2H_6(g); \quad \Delta H_f^\ominus = -2821.4\,\text{kJ mol}^{-1}$$

メタンは 4 本の C–H 結合から成るので，C–H 結合の平均結合エネルギーは $1661.1/4 = 415.35\,\text{kJ mol}^{-1}$．これを用いると，エタンの C–C 結合のエネルギーは $2821.4 - 415.35 \times 6 = 329.3\,\text{kJ mol}^{-1}$．

|||||||||| 問　題 ||||||||||||||||||||||||||||||||||||||||||||||||||||||||||||||||||||||||||||||||||||||||||||

5.1 ナフタレン $C_{10}H_8$ が燃焼する反応の定圧反応熱と定積反応熱（25 °C）を求めよ．

5.2 表 2.3 のデータを用いて，メタンの標準生成熱の温度依存性を表す式を導き，400 °C における標準生成熱を求めよ．

5.3 単独イオンの溶液は実現されないので，水溶液中のイオンの標準生成エンタルピーは，$H^+(aq) = 0$ を基準とする．$Cl^-(aq)$ の標準生成熱 $-167.44\,\text{kJ mol}^{-1}$ を用いて，1 mol の塩化水素ガスを大量の水に溶解する際に発生する熱量を求めよ．

演 習 問 題

1. 理想気体のエンタルピーは温度一定の条件では圧力には依存せず，$(\partial H/\partial P)_T = 0$ であることを，関係式 $(\partial H/\partial P)_T = -T(\partial V/\partial T)_P + V$ により証明せよ（問題 2.3 参照）．

2. 100°C, 1 atm で 1 mol の水が水蒸気となるときのモル蒸発熱は $40.66\,\mathrm{kJ\,mol^{-1}}$ である．蒸発熱の中で体積変化の仕事が占める割合はいくらか．水蒸気の体積に比べて水の体積は無視してもよい．

3. 定積の条件下で 1 mol の物質の内部エネルギーの圧力による変化は，熱膨張率 $\alpha = \dfrac{1}{V}\left(\dfrac{\partial V}{\partial T}\right)_P$，圧縮率 $\kappa = -\dfrac{1}{V}\left(\dfrac{\partial V}{\partial P}\right)_T$ および定積熱容量 C_V と $\left(\dfrac{\partial U}{\partial P}\right)_V = C_V\dfrac{\kappa}{\alpha}$ の関係があることを示せ．

4. 例題 2 の (d) 式と関係式 $(\partial U/\partial V)_T = T(\partial P/\partial T)_V - P$ を用いて，実在気体については，$C_P - C_V = \alpha^2 VT/\kappa$ の関係があることを示せ．

5. 25°C での水の熱膨張率は $2.57 \times 10^{-4}\,\mathrm{K^{-1}}$，圧縮率は $4.524 \times 10^{-5}\,\mathrm{bar^{-1}}$ ($1\,\mathrm{bar} = 10^5\,\mathrm{Pa}$) で，密度は $0.99708 \times 10^3\,\mathrm{kg\,m^{-3}}$ である．上問の結果を用いて，$C_P - C_V$ の値を計算せよ．また，この温度での水の C_P は $75.291\,\mathrm{J\,K^{-1}\,mol^{-1}}$ である．$C_P - C_V$ の C_P に対する割合はいくらか．

6. 理想気体の断熱変化では (2.17) 式および (2.18) 式の関係が成立することを示せ．また，$PV^\gamma = $ 一定，となることを示せ（ポアソンの式）．

7. 100°C でアンモニア 1 mol を 1 atm から 2 atm まで断熱可逆的に圧縮した．この条件ではアンモニアは理想気体として近似されるとして，圧縮後の体積および温度を求めよ．アンモニアについての測定値は $C_V = 29.82\,\mathrm{J\,K^{-1}\,mol^{-1}}$，$\gamma = 1.279$ で，その値は圧縮しても変化しないものとする．

8. 上問で行った断熱可逆的な圧縮において気体になされる仕事を求めよ．

9. フェーン現象は，山にはばまれて上昇した空気が断熱膨張によって温度が低下し，水蒸気が凝縮して雨となり，その後山を越えた空気が断熱圧縮されて気温が上昇する現象である．海水面で気温 30°C，湿度 80％の空気の温度が山頂で 10°C まで低下した後，再び平野に戻ったときの気温を求めよ．水の蒸気圧は 30°C で $4.24 \times 10^3\,\mathrm{Pa}$，10°C で $1.23 \times 10^3\,\mathrm{Pa}$，水の蒸発熱は $40.6\,\mathrm{kJ\,mol^{-1}}$ である．

10. 25°C での CO の標準生成エンタルピーは $110.57\,\mathrm{kJ\,mol^{-1}}$ である．黒鉛のモル体積は $0.0053\,\mathrm{dm^3}$ で，CO の体積に比べて無視できる．25°C での CO の標準生成内部エネルギーを求めよ．

11. アンモニアの標準生成熱は 25°C で $-45.9\,\mathrm{kJ\,mol^{-1}}$ である．表 2.4 のデータを用い，アンモニアの 400°C における標準生成熱を求めよ．

3 熱力学第2法則とエントロピー

3.1 熱機関の最大仕事効率：カルノーサイクル

熱機関の仕事率 e は外界にした仕事と高温熱源から流入した熱量の比で定義される．

$$e = \frac{-w}{q_1} = \frac{q_1 + q_2}{q_1} \tag{3.1}$$

w は機関が外部からなされる仕事 (実際は仕事をするから $w < 0$), q_1 は高温熱源から流入する熱量, q_2 は低温熱源から流入する熱量 (実際は流出するから $q_2 < 0$) で, 熱力学第1法則より

$$q_1 + q_2 + w = 0$$

の関係が用いてある．

カルノーは，準静的な過程で作動する熱機関の仕事効率が最大で，その値は高温熱源の温度 T_1 と低温熱源の温度 T_2 のみの関数であることを証明した (カルノーの原理). すなわち，

$$e_{\max} = f(T_1, T_2) \tag{3.2}$$

カルノーの原理における関数 $f(T_1, T_2)$ は，理想気体を作業物質とし，T_1 で等温膨張，T_2 で等温圧縮を行い，その間を断熱膨張と断熱圧縮で結ぶ**カルノーサイクル**によって求められる．変化はすべて準静的に行うと $e_{\max}$ が求められる (**可逆カルノーサイクル**).

$$e_{\max} = \frac{-w}{q_1} = \frac{q_1 + q_2}{q_1} = \frac{T_1 - T_2}{T_1} \tag{3.3}$$

3.2 熱力学第2法則

$T_2 > 0$ であるから，(3.3) 式は，熱機関の最大仕事効率は1よりも小さいことを示している．仕事は 100％熱に変わるが，熱を 100％仕事に変えることはできない．したがって，仕事が熱に変わる変化は不可逆変化である．これを法則として述べたものが**熱力学第2法則**である．熱力学第2法則には次のようないくつかの表現がある．

---

(1) **クラウジウスの原理**：同時にある量の仕事を熱に変えることなしに，低温熱源から高温熱源へ熱を汲み上げることはできない．

(2) **トムソンの原理**：1つの熱源だけから熱をもらい，何の影響も残さずにこれを仕事に変えることはできない．

(3) **第2種永久機関不可能の原理**：1つの熱源だけから熱を得て仕事をするだけで，それ以外の何の作用も行わず，周期的に働く機関を作ることはできない．

クラウジウスの原理とトムソンの原理が等価であることは，2つの熱機関を組み合わせることによって証明できる(演習問題6)．第2種永久機関は，海や大気などの無限量の熱を熱源として作動する機関で，熱を仕事に変えるだけであるから，エネルギー保存則には抵触しない点で第1種永久機関とは異なっている．トムソンの原理と第2種永久機関不可能の原理は実質的に同じであることは容易に理解できる．

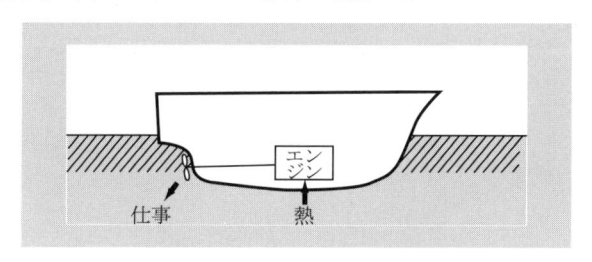

図 3.1 第2種永久機関の原理

海から熱をとって運航する船．エンジンには冷却器がつけてあり，そこへ海から熱を流し込む．第1法則の原理によりエネルギーの総量は不変に保たれる．

(3.3) 式を変形すると

$$\frac{T_1}{T_2} = -\frac{q_1}{q_2} = \frac{|q_1|}{|q_2|} \tag{3.4}$$

となる．この式で T_1, T_2 は理想気体の状態方程式によって定義された温度，すなわち理想気体温度計による絶対温度である．

(3.4) 式は，"理想気体"のような作業物質を用いなくても，可逆機関の q_1, q_2 の比として温度を定義できることを示している．これを**熱力学的温度**という．(3.4) 式は T_1 と T_2 の比を決めるだけである．温度目盛としては，水の3重点を 273.16 °C と規約すると，熱力学的温度は理想気体温度と一致する．

3.3 エントロピー

(3.4) 式は

$$\frac{q_1}{T_1} + \frac{q_2}{T_2} = 0$$

と変形できる．これは，可逆熱機関において系が1サイクルを終えて初めの状態に戻ったときには，q_i/T_i の和はゼロになることを示している．そこで，可逆変化の際に温度 T

の熱源から系に移動する熱を q_r とすると，比 q_r/T は保存されることになる．q_r/T をエントロピー (の変化) といい

$$\Delta S = \frac{q_\mathrm{r}}{T}, \quad dS = \frac{d'q_\mathrm{r}}{T} \tag{3.5}$$

と書く．この記号を用いると，(3.3) 式より

$$\Delta S_1 + \Delta S_2 = 0, \quad \sum_{i=1}^{n} \Delta S_i = 0 \tag{3.6}$$

が導かれる．(3.5) 式で変化量が定義される物理量 S は，変化の経路によらない状態量である．(3.6) 式は一般化して

$$\sum_{i=1}^{n} \Delta S_i = 0, \quad \sum_{i=1}^{n} \frac{q_{i,\mathrm{r}}}{T_i} = 0 \tag{3.7}$$

となる．$n \to \infty$ の極限について考えれば，(3.7) 式は

$$\oint dS = 0, \quad \oint \frac{d'q_\mathrm{r}}{T} = 0 \tag{3.8}$$

と書ける．これは (2.8) 式と同じで，S も U と同じく状態量であることの数学的な表現である．

(3.8) 式より，状態 I のエントロピー値が分かれば，状態 II のエントロピー値は，可逆変化の経路に沿った次の積分により求められることがわかる．

$$S(\mathrm{II}) = S(\mathrm{I}) + \int_{\mathrm{I}}^{\mathrm{II}} \frac{d'q_\mathrm{r}}{T} \tag{3.9}$$

3.4 エントロピーの計算

エントロピー変化は (3.5) 式を用いて計算される．
(1) **温度変化にともなうエントロピー変化**

定圧の条件で 1 mol の物質の温度を T_1 から T_2 まで上昇させたときの系のエントロピー変化は，物質に準静的に熱を加えるときに系に流入する熱量

$$d'q_P = dH = C_P dT \tag{3.10}$$

に基づいて計算される．したがって，系のエントロピー変化は次のようになる．

$$\Delta S = \int_{T_1}^{T_2} \frac{C_P}{T} dT = \int_{\ln T_1}^{\ln T_2} C_p d(\ln T) \tag{3.11}$$

定積変化の場合は，定圧の場合と同様にして次のようになる．

$$\Delta S = \int_{T_1}^{T_2} \frac{C_V}{T} dT = \int_{\ln T_1}^{\ln T_2} C_V d(\ln T) \tag{3.12}$$

C_P や C_V は温度の関数であるが，狭い温度範囲では一定とみなせる．その場合は，(3.11) 式と (3.12) 式は，それぞれ

$$\Delta S \fallingdotseq C_P \ln \frac{T_2}{T_1} \quad (\text{定圧})$$
$$\Delta S \fallingdotseq C_V \ln \frac{T_2}{T_1} \quad (\text{定積}) \tag{3.13}$$

となる．C_P や C_V の温度依存性が無視できない場合は，C_P の実験式を用いて計算される [例題 3(2)]．

(2) **相変化にともなうエントロピー変化**

定圧下での相変化は一定温度で起こる場合が多い．例えば，1 atm 下での水の固体と液体の相転移は 273.15 K で起こる．一定温度で起こる相転移を **1 次相転移**という．

1 次相転移は一定温度で進行するから，同じ温度の熱源と平衡を保ちながら準静的に変化させられる．このときのエントロピー変化は

$$\Delta S_{\mathrm{tr}} = \frac{\Delta H_{\mathrm{tr}}}{T_{\mathrm{tr}}} \tag{3.14}$$

となる．

(3) **理想気体の定温変化にともなうエントロピー変化**

n mol の理想気体を温度 T で体積を V_1 から V_2 まで準静的に変化させる際に気体が吸収する熱量は，(2.6) 式より

$$q_{\mathrm{r}} = nRT \ln \frac{V_2}{V_1} \tag{3.15}$$

である．定温変化であるから，エントロピー変化は

$$\Delta S = \frac{q_{\mathrm{r}}}{T} = nR \ln \frac{V_2}{V_1} = nR \ln \frac{P_1}{P_2} \tag{3.16}$$

となる．

(4) **理想気体の混合にともなうエントロピー変化**

n_1 mol の理想気体 A (体積 V_1) と n_2 mol の理想気体 B (体積 V_2) の混合過程は

(i) 気体 A, B をそれぞれ体積 $V_1 + V_2$ まで膨張させる．
(ii) 膨張した 2 つの気体を加え合わせる．

2 段階に分けて考えられる．段階 (i) では，気体 A, B のエントロピーは，それぞれ

$$\Delta S_{\mathrm{A}} = n_1 R \ln \frac{V_1 + V_2}{V_1}$$
$$\Delta S_{\mathrm{B}} = n_2 R \ln \frac{V_1 + V_2}{V_2} \tag{3.17}$$

だけ増大する．一方，段階 (ii) では熱の出入りはなく，またそれぞれの気体についてみれば体積も圧力 (分圧) も変化しないので，$\Delta S = 0$ である．

等温・等圧では理想気体の体積は物質量に比例するから

$$\frac{V_1}{V_1 + V_2} = \frac{n_1}{n_1 + n_2} = x_1$$
$$\frac{V_2}{V_1 + V_2} = \frac{n_2}{n_1 + n_2} = x_2 \tag{3.18}$$

の関係がある．ここで x_1, x_2 は**モル分率**である．したがって，理想気体の混合のエントロピー変化は

$$\Delta S = \Delta S_{\mathrm{A}} + \Delta S_{\mathrm{B}} = -R(n_1 \ln x_1 + n_2 \ln x_2)$$
$$\Delta S = -R \sum n_i \ln x_i \tag{3.19}$$

となる．

3.5 エントロピーの分子論的意味

前節の結果からわかるように，次のような変化でエントロピーが増大する．

> (1) 温度の上昇
> (2) 熱の吸収をともなう相移転
> (3) 体積の膨張 (混合も同じ)

これらの変化は，物質を構成する粒子の熱運動 (エネルギー) の増大，粒子の規則的な配列からより不規則な配列への移行，粒子が運動できる空間の増大，などをともなっている．これらをひとまとめにして，**乱雑さの増大**といえる．そこで，エントロピーは系の乱雑さの目安ともいえる．

統計力学の建設において中心的な役割を果たしたボルツマンは，統計力学的なエントロピーを，有名な公式

$$S = k \ln W \tag{3.20}$$

と定義した．ここで，k は**ボルツマン定数**，W は所与の T, P, V の条件で平衡状態にある粒子系が到達可能な配置 (微視的状態) の数である．

以上の考えを格子点が定義できない気体にも拡張することができる．そのために，気体の容器を体積 v の仮想的な細胞に分割して考える．図 3.2 のように，体積 V_1 の容器に

粒子が1個あるときの配置の数は V_1/v (細胞の数) である．それに対し，体積 V_2 の容器では配置の数は V_2/v である．V_1 に閉じ込められている N 個の粒子が V_2 に拡散する場合について考える．粒子間には相互作用がなく，また細胞に入る粒子の数にも制限がないとすると，拡散前の配置の数は $(V_1/v)^N N!^{-1}$，拡散後の配置の数は $(V_2/v)^N N!^{-1}$ となる (粒子は互いに区別できないので $N!$ で割る)．したがって，状態 (c) から状態 (d) へ気体が拡散したときのエントロピー変化は，(3.20) 式より

$$\Delta S = k \left[\ln \left(\frac{V_2}{v} \right)^N \frac{1}{N!} - \ln \left(\frac{V_1}{v} \right)^N \frac{1}{N!} \right]$$
$$= Nk \ln \frac{V_2}{V_1} = nR \ln \frac{V_2}{V_1} \tag{3.21}$$

となる．ここで $N = nL, Lk = R$ の関係を用いた．(3.21) 式は (3.16) 式と同一である．

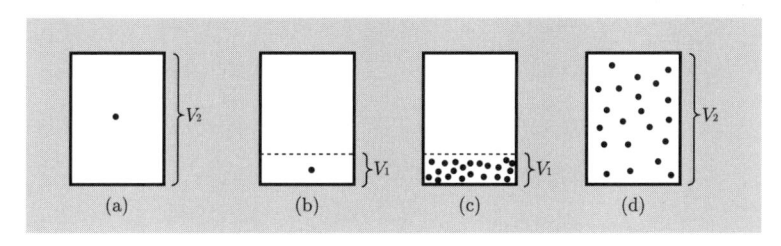

図 3.2　V_1 と V_2 の体積内の気体粒子

3.6 熱力学第3法則と残留エントロピー

0 K においては原子や分子は最低のエネルギー準位にあり，完全結晶では格子点に整然と配置されている．したがって，配置の数 W は 1 となるので，$\ln 1 = 0$ であるから，ボルツマンの定義により，エントロピーはゼロとなる．

プランクは，「すべての純物質の完全結晶のエントロピーは，0 K においてゼロである」とした．これを**熱力学第3法則**という．

結晶において分子の配向などに乱れがあれば，0 K においても $S = 0$ とはならい．0 K においてもなお残っているエントロピーを**残留エントロピー**という．残留エントロピーは，熱容量や転移熱の測定値から求めた熱力学的なエントロピー (次節参照) とスペクトルのデータなどから統計力学に基づいて求めたエントロピーの理論値の差として求められる．

例えば，一酸化炭素 CO の 298.15 K における CO の熱力学的なエントロピーは，193.3 J K^{-1} mol^{-1}，分光学的なエントロピーは 197.5 J K^{-1} mol^{-1} である．この差 4.2 J K^{-1} mol^{-1} のエントロピーは，結晶化の際に CO が図 3.3(a) のような完全結晶と

はならず, (b) のように配向に乱れを生じ, 0 K においてそのまま凍結されるためであるとして説明される. CO の配向が完全に乱雑である場合, CO の配向の自由度は 2 である. その場合, 0 K において残留しているエントロピーは, 1 mol あたり

$$S^{\text{res}} = k \ln 2^L = kL \ln 2 = R \ln 2 = 5.7 \, \text{J K}^{-1} \, \text{mol}^{-1}$$

となる.

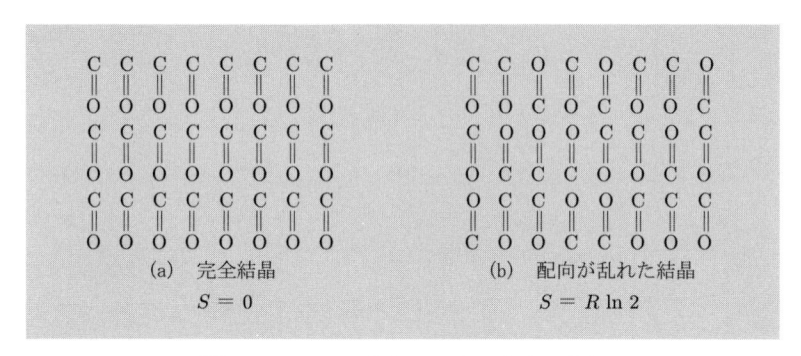

```
    C C C C C C C            C C O C O C C O
    ‖ ‖ ‖ ‖ ‖ ‖ ‖            ‖ ‖ ‖ ‖ ‖ ‖ ‖ ‖
    O O O O O O O            O O C O C O O C
    C C C C C C C            C C O O C C C C
    ‖ ‖ ‖ ‖ ‖ ‖ ‖            ‖ ‖ ‖ ‖ ‖ ‖ ‖ ‖
    O O O O O O O            O C C O O C O O
    C C C C C C C            O C O O C C C C
    ‖ ‖ ‖ ‖ ‖ ‖ ‖            ‖ ‖ ‖ ‖ ‖ ‖ ‖ ‖
    O O O O O O O            C O O C C O O O
       (a) 完全結晶               (b) 配向が乱れた結晶
         S = 0                    S = R ln 2
```

図 3.3　CO の結晶における分子の配向

3.7　標準エントロピー

一定量の物質に含まれている内部エネルギーやエンタルピーの絶対値を定めることはできないが, エントロピーについては, 熱力学第 3 法則によってそのゼロ点が確定しているので, 絶対値を求めることができる. たとえば, 一酸化炭素の 25 °C におけるモルエントロピーは次のようにして求められる.

1 気圧下では CO は 61.6 K において固相 α より固相 β に転移し, 67.2 K で融解し, 81.7 K で気化する. 転移のエンタルピーをそれぞれ $\Delta H_t, \Delta H_f, \Delta H_v$, モル熱容量を $C_P^\alpha, C_P^\beta, C_P^\ell, C_P^{\text{g}}$ とすると,

$$\begin{aligned}S^{\text{th}}(289.15) &= \int_0^{61.6} \frac{C_P^\alpha}{T} dT + \frac{\Delta H_t}{61.6} + \int_{61.6}^{67.2} \frac{C_P^\beta}{T} dT + \frac{\Delta H_f}{67.2} \\ &+ \int_{67.2}^{81.7} \frac{C_P^\ell}{T} dT + \frac{\Delta H_v}{81.7} + \int_{81.7}^{298.15} \frac{C_P^{\text{g}}}{T} dT\end{aligned} \quad (3.22)$$

となる. このようにして熱的なデーターから求めたエントロピーは**熱力学的エントロピー**と呼ばれている. CO の場合は $4.2 \, \text{J K}^{-1} \, \text{mol}^{-1}$ の残留エントロピーがあるので, エントロピーの絶対値は

$$S(298.15\,\mathrm{K}) = S^{\mathrm{th}}(298.15\,\mathrm{K}) + S^{\mathrm{res}} \tag{3.23}$$

となる．

図 3.4 にはベンゼンのモルエントロピーの温度による変化が示してある．図における縦軸の単位 eu は entropy unit の略で，$\mathrm{cal\,K^{-1}}$ に相当している．

標準状態 (通常は 1 atm) で 1 mol の化合物を単体から生成する際のエントロピー変化を**標準生成エントロピー**という (表 3.1)．標準生成エントロピーは生成反応に寄与する各物質の標準エントロピーから化学反応式に基づいて計算される．一般に，反応にともなうエントロピー変化も同じように計算される．

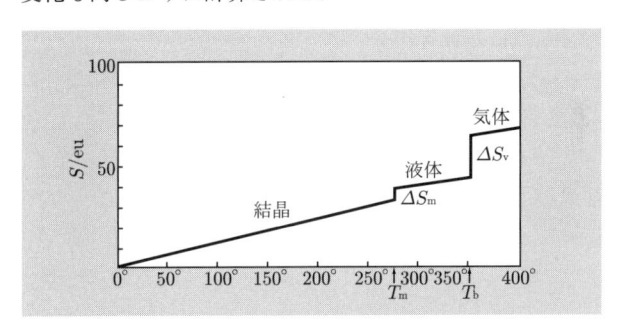

図 3.4 ベンゼンのエントロピーの温度依存性

表 3.1 標準エントロピー (25 °C, 1 atm)

物 質	$S^{\ominus}/\mathrm{J\,K^{-1}\,mol^{-1}}$	物 質	$S^{\ominus}/\mathrm{J\,K^{-1}\,mol^{-1}}$
O_2 (g)	205.03	NO_2 (g)	240.5
H_2 (g)	130.59	NH_3 (g)	192.5
H_2O (g)	188.72	C (ダイヤモンド)	2.439
H_2O (ℓ)	69.940	C (黒鉛)	5.694
Cl_2 (g)	222.94	CO (g)	197.90
HCl (g)	184.68	CO_2 (g)	213.64
S (斜方)	31.9	CH_4 (g)	186.2
SO_2 (g)	248.5	C_2H_6 (g)	229.5
SO_3 (g)	256.2	C_2H_4 (g)	219.5
H_2S (g)	205.6	C_2H_2 (g)	200.81
N_2 (g)	191.5	C_6H_6 (ℓ)	172.8
NO (g)	210.68	C_2H_5OH (ℓ)	161

3.8 不可逆変化とエントロピー増大則

カルノーの原理は次の2つのことを法則として含んでいる.

(1) 不可逆変化をともなう熱機関の仕事効率は最大値よりも必ず低い.
(2) 高温熱源の熱をすべて仕事に変えることはできない.

2番目の法則より,いったん仕事が摩擦などで熱に変わると,自然界では完全に元に戻らないことがわかる.すなわち,摩擦熱の発生は不可逆変化である.可逆変化ではエントロピーは移動するだけで,自然界全体としてはエントロピーの量は変わらないが,不可逆変化ではエントロピーは移動するだけでなく,発生もする.その結果,自然界全体としてはエントロピーの量が増大する. $e_{\mathrm{ir}} < e_{\mathrm{r}}$ であるから

$$e_{\mathrm{ir}} = \frac{q_1 + q_2}{q_1} < \frac{T_1 - T_2}{T_1} = e_{\mathrm{r}} \tag{3.24}$$

となる.したがって

$$\frac{q_1}{T_1} + \frac{q_2}{T_2} < 0$$
$$\oint \frac{d'q_{\mathrm{ir}}}{T_{\mathrm{e}}} < 0 \tag{3.25}$$

となる.可逆変化と不可逆変化からなるサイクルを考える(図3.5).

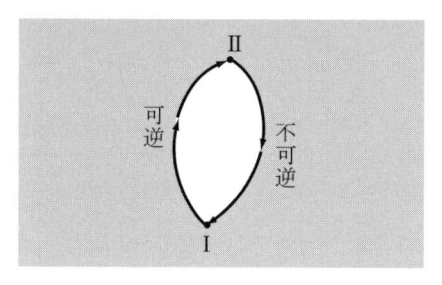

図 3.5 可逆・不可逆の2つの過程からなるサイクル

過程 I → II は可逆,過程 II → I は不可逆とすると,(3.25)式より

$$\int_{\mathrm{I}}^{\mathrm{II}} \frac{d'q_{\mathrm{r}}}{T_{\mathrm{e}}} + \int_{\mathrm{II}}^{\mathrm{I}} \frac{d'q_{\mathrm{ir}}}{T_{\mathrm{e}}} = \oint \frac{d'q_{\mathrm{r}}}{T_{\mathrm{e}}} < 0 \tag{3.26}$$

となる.左辺の第1項は(3.9)式より S(II) − S(I) に等しいから,過程 II → I の変化(不可逆)について

$$S(\mathrm{I}) - S(\mathrm{II}) > \int_{\mathrm{II}}^{\mathrm{I}} \frac{d'q_{\mathrm{ir}}}{T_{\mathrm{e}}}, \quad dS > \frac{d'q_{\mathrm{ir}}}{T_{\mathrm{e}}} \qquad (3.27)$$

となる．これを**クラウジウスの不等式**という．可逆変化の場合も含めて一般的に

$$dS \geqq \frac{d'q}{T_{\mathrm{e}}} \qquad (3.28)$$

と書かれる．(3.28) 式では，T_{e} は単に T と記されることもある．

　クラウジウスの不等式は，不可逆変化においては，外界から系に移動するエントロピー $\frac{d'q_{\mathrm{ir}}}{T_{\mathrm{e}}}$ よりは，系のエントロピーの増大 dS の方が大きいことを示している．この差は，不可逆変化にともなうエントロピーの生成によっている．結果として，不可逆変化では自然界のエントロピーが増大する．孤立系において気体の膨張や化学反応などの不可逆変化が自発的に進行する場合，$d'q = 0$ であるから，(3.28) 式は

$$dS \geqq 0 \qquad (3.29)$$

となる．すなわち，孤立系において不可逆変化が自発的に進行すると，系のエントロピーは増大する．これを**エントロピー増大則**という．

　(3.27) 式は，不可逆変化においては，系に流入する熱量 $d'q_{\mathrm{ir}}$ と T_{e} の比よりも dS の方が大きいことを示している．そこで，**非補償熱** q_{u} を導入して，(3.27) 式を

$$dS = \frac{d'q_{\mathrm{ir}}}{T_{\mathrm{e}}} + \frac{d'q_{\mathrm{u}}}{T_{\mathrm{e}}} \qquad (3.30)$$

と書くことができる．q_{u} は摩擦などにより熱に変えられる仕事に相当している．

---例題 1---可逆熱機関の仕事効率---

カルノーサイクルに基づいて，可逆熱機関の仕事効率は
$$e_{\max} = (T_1 - T_2)/T_1 \tag{a}$$
となることを証明せよ．

【解答】 図における4つの過程 $1 \to 2, 2 \to 3, 3 \to 4, 4 \to 1$ について考える．

(1) 過程 $1 \to 2$ (等温可逆膨張)：温度 T_1 において，体積 V_1 から V_2 まで準静的に膨張する．温度 T_1 の熱源から熱 q_1 を吸収する $(q_1 > 0)$．

(2) 過程 $2 \to 3$ (断熱可逆膨張)：体積 V_2 から V_3 まで断熱の条件で準静的に膨張する．温度は T_1 から T_2 に低下する．

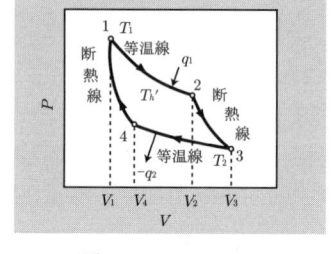

(3) 過程 $3 \to 4$ (等温可逆圧縮)：温度 T_2 において，体積 V_3 から V_4 まで準静的に圧縮する．温度 T_2 の熱源へ熱 q_2 を放出する $(q_2 < 0)$．

(4) 過程 $4 \to 1$ (断熱可逆圧縮)：体積 V_4 から V_1 まで断熱の条件で準静的に圧縮する．温度は T_2 から T_1 に上昇する．

可逆カルノーサイクル

過程 $1 \to 2$ および $3 \to 4$ は等温変化であるから，$\Delta U = 0$ で，(2.6) 式より，
$$q_1 = nRT_1 \ln(V_2/V_1), \quad q_2 = nRT_2 \ln(V_4/V_3) \tag{b}$$
となる．一方，$2 \to 3$ および $4 \to 1$ の断熱変化では，(2.18) 式より
$$\frac{T_2}{T_1} = \left(\frac{V_2}{V_1}\right)^{r-1} = \left(\frac{V_1}{V_4}\right)^{r-1} \quad \therefore \quad \frac{V_4}{V_3} = \frac{V_1}{V_2} \tag{c}$$
の関係がある．したがって $q_2 = -nRT_2 \ln(V_2/V_1)$ となる．結局，$1 \to 2, 2 \to 3, 3 \to 4, 4 \to 1$ のサイクルによって系が外界にする仕事は式より
$$-w = q_1 + q_2 = nR(T_1 - T_2) \ln \frac{V_2}{V_1} \tag{d}$$
となる．この仕事は図 3.1 の等温線と断熱線で囲まれている面積に等しい．(b) 式と (d) 式を用いると，(3.3) 式は (a) 式となる．

|||||||| 問 題 ||||||||

1.1 次の可逆熱機関の仕事効率を比較せよ．また，温度差が2倍である (4) は (1) の仕事効率の2倍になるか否かを検討せよ．

(1) 800 K と 600 K　　(2) 700 K と 500 K
(3) 600 K と 400 K　　(4) 800 K と 400 K

---例題 2--- カルノーサイクル---

2 mol のメタンを 25 °C，1 atm において初めの体積の 1/5 にまで圧縮し，ついで断熱的に初めの圧力まで膨張させた．(1) メタンが外界に対してした仕事，(2) 気体に流入する熱量，(3) メタンの内部エネルギー変化，(4) メタンの最終温度，を求めよ．メタンは理想気体とみなしてよい．

【解答】　(1)　等温圧縮で気体に対してする仕事は
$$w_1 = -2R \times 298 \ln(1/5) = 7.97 \times 10^3 \text{ J}$$
断熱圧縮については次のように計算する．メタンは $\gamma = 4/3$ である．$P_1 = 5$ atm, $P_2 = 1$ atm, $V_1 = 2 \times (22.4/5) \times (298/273) = 9.78$ dm^3 であるからポアソンの式より $V_2 = V_1 \times 5^{1/\gamma} = 9.78 \times 5^{3/4} = 32.7$ dm^3．ゆえに

$$w_2 = \frac{1}{1-\gamma}(P_1 V_1 - P_2 V_2) = -3 \times (5 \times 9.78 - 1 \times 32.7)$$
$$= -48.6 \text{ dm}^3 \text{ atm} = -4.92 \times 10^3 \text{ J}$$

結局 $7.97 \times 10^3 - 4.92 \times 10^3 = 3.05 \times 10^3$ J の仕事をされる．
(2)　等温変化で $q = -w_1 = -7.97 \times 10^3$ J の熱を吸収する．すなわち，7.97×10^3 J の熱が流出する．
(3)　等温変化では $\Delta U = 0$．断熱変化では $\Delta U = w_2 = -4.92 \times 10^3$ J
(4)　$T_2 = T_1 (V_1/V_2)^{\gamma-1} = 298 \times (9.78/32.7)^{1/3} = 199$ K

|||||||||| 問　題 ||||||||||||||||||||||||||||||||||||||||||||||||||||||||||||||||||||||||||||||||

2.1　可逆カルノーサイクルを逆向きに運転すれば，外部から仕事をもらって低温熱源から高温熱源へ熱を汲み上げる**ヒートポンプ**として機能する．ヒートポンプの**冷却効果** (成績係数)e_c を
$$e_c = q_2/w \qquad (a)$$
で定義する．e_c を高温熱源の温度 T_1 および低温熱源の温度 T_2 の関数として表せ．
2.2　5 atm，400 °C の水蒸気 3 mol を 3 倍の体積まで等温可逆的に膨張させ，さらに体積が初めの 15 倍になるまで断熱可逆的に膨張させる．ついで体積 V_4 まで等温可逆的に圧縮し，最後に断熱可逆圧縮で初めの状態に戻した．水蒸気を理想気体とし，このカルノーサイクルにおいて仕事に変わる熱量を求めよ．V_4 は初めの体積の何倍か．
2.3　問題 2.2 の過程を，アルゴンを作業物質として行うとどうなるか．差があるとすればその理由は何か．

---- 例題 3 ────────────────────────────── エントロピー ──

(1) 3 dm^3 の水を 10°C から 30°C まで熱する際の水のエントロピー変化を求め,その結果を,1 dm^3 の水を 10°C から 70°C まで加熱したのち 10°C の水 2 dm^3 を加えて 30°C まで冷却する際のエントロピー変化と比較せよ.水の熱容量は 4.18 J g^{-1} K^{-1} で温度によらないものとする.

(2) 表 2.4 のデーターを用い,1 mol の一酸化炭素を 25°C から 600°C まで定圧で加熱する際の一酸化炭素のエントロピー変化を求めよ.

【解答】 (1) 3 dm^3 の水を 10°C から 30°C まで熱する際のエントロピー変化は

$$\Delta S_1 = 3 \times 10^3 \int \frac{C_P}{T} dT = 3 \times 10^3 \times 4.18 \ln(303/283) = 857 \,\mathrm{J\,K^{-1}}$$

1 dm^3 の水を 10°C から 70°C まで熱する際のエントロピー変化は

$$\Delta S_2 = 1 \times 10^3 \times 4.18 \ln(343/283) = 804 \,\mathrm{J\,K^{-1}}$$

70°C の水 1 dm^3 に 10°C の水 2 dm^3 を加える際の水のエントロピー変化は,70°C の水 1 dm^3 を 30°C まで冷却する過程と 10°C の水 2 dm^3 を 30°C まで加熱する過程とからなるから

$$\Delta S_3 = 1 \times 10^3 \times 4.18 \ln(303/343) + 2 \times 10^3 \times 4.18 \ln(303/283)$$
$$= -518 + 571 = 53 \,\mathrm{J\,K^{-1}}$$

ゆえに,$\Delta S_1 = \Delta S_2 + \Delta S_3$.これは,エントロピーが状態量であることを示している.

(2) $$\Delta S = \int \frac{C_P}{T} dT = 28.4 \int \frac{dT}{T} + 4.10 \times 10^{-3} \int dT - 0.46 \times 10^5 \int T^{-3} dT$$
$$= 28.4 \ln(873/298) + 4.10 \times 10^{-3}(873 - 298)$$
$$+ 0.46 \times 10^5 (873^{-2} - 298^{-2})/2$$
$$= 32.65 \,\mathrm{J\,K^{-1}\,mol^{-1}}$$

|||||||||| 問 題 ||||||||||||||||||||||||||||||||||||||||||||||||||||||||||||||||||||||||||||||||||||||||

3.1 1 mol のヘリウムと 1 mol のメタンをそれぞれ 1 atm 下で 0°C から 100°C まで加熱する際の気体のエントロピー変化を求めよ.気体はいずれも理想気体とみなせるものとする.

3.2 一酸化炭素を圧力一定で 25°C から 600°C まで加熱する際のエントロピー変化を,直線分子の理想気体と仮定して計算し,その結果を例題の結果と比較せよ.

3.3 ペンタンの融点は 143.4 K,モル融解熱は 8.393 kJ mol^{-1},沸点は 309.2 K,モル蒸発熱は 25.8 kJ mol^{-1} である.ペンタンの融解と蒸発の際のエントロピー変化の割合を求めよ.

―― 例題 4 ――――――――――――――――――――――――――― 標準エントロピー ――

(1) 25°C ではベンゼンは液状で，標準エントロピーは 172.8 J K^{-1} mol^{-1} である．この温度ではベンゼンは 0.1235 atm で沸騰し，蒸発熱は 33.744 kJ mol^{-1} である．25°C におけるベンゼン蒸気の標準 (1 atm) エントロピーはいくらか．

(2) 分子が 3 つの異なる配向をランダムにとる結晶の残留エントロピーはいくらか．

【解答】 (1) 25°C では液体のベンゼンと 0.1235 atm のベンゼン蒸気とが平衡状態にある．すなわち，この温度・圧力でのベンゼンの蒸発は準静的な変化である．25°C におけるベンゼン蒸気の標準エントロピーを求めるために，次の過程でベンゼンのエントロピー変化を考える．

$$(\ell, 25°C, 1\,\text{atm}) \xrightarrow[\text{I}]{\text{膨張}} (\ell, 25°C, 0.1235\,\text{atm}) \xrightarrow[\text{II}]{\text{蒸発}} (g, 25°C, 0.1235\,\text{atm})$$

$$\xrightarrow[\text{III}]{\text{圧縮}} (g, 25°C, 1\,\text{atm})$$

ΔS_I：圧力変化による液体の体積変化は無視できるほど小さいので，$\Delta S_\text{I} = 0$ とみなす．

ΔS_II：平衡状態での相転移であるから

$$\Delta S_\text{II} = 33744/298.15 = 113.18\,\text{J K}^{-1}\,\text{mol}^{-1}$$

ΔS_III：25°C における気体の等温圧縮である．ベンゼン蒸気を理想気体とみなすと

$$\Delta S_\text{III} = R \ln \frac{P_1}{P_2} = R \ln 0.1235 = -17.39\,\text{J K}^{-1}\,\text{mol}^{-1}$$

したがって，25°C におけるベンゼン蒸気の標準エントロピーは

$$S^\ominus = 172.8 + 113.2 - 17.4 = 268.6\,\text{J K}^{-1}\,\text{mol}^{-1}$$

(2) 残留エントロピーはモルあたり

$$S^\text{res} = k \ln 3^L = R \ln 3 = 9.13\,\text{J K}^{-1}\,\text{mol}^{-1} \quad (R = kL)$$

問題

4.1 0 K に近い低温では，固体の熱容量は温度の 3 乗に比例する．すなわち $C_P = \alpha T^3$ (α は定数)．の関係がある (**デバイの 3 乗則**)．硫酸ナトリウムの 15 K における C_P は 0.929 J K^{-1} mol^{-1} である 15 K における標準エントロピーを求めよ．

4.2 氷の結晶中では酸素原子はダイヤモンド構造で配列して 4 個の水素原子と共有結合または水素結合で結合している．O 原子にはさまれた H 原子には O–H⋯O または O⋯H–O の 2 つの等価な配置が可能である．H_3O^+, H_4O^{2+}, OH^-, OH_2^{2-} はエネルギー値が高くて実現されない．水の残留エントロピーを求めよ．

---例題 5--- 不可逆変化とエントロピー

1 atm で $-20\,°\text{C}$ に過冷却された水 1 mol が $-20\,°\text{C}$ の氷に変わるときのエントロピー変化およびエンタルピー変化を求めよ．ただし，氷および水の定圧モル熱容量はそれぞれ 35 および $75\,\text{J}\,\text{K}^{-1}\,\text{mol}^{-1}$，$0\,°\text{C}$ における氷の融解熱は $6.01\,\text{kJ}\,\text{mol}^{-1}$ である．また，この際のエントロピー変化を ΔH_{253} の値を用いて $\Delta S = \Delta H_{253}/253$ として求められない理由を説明せよ．

【解答】 $-20\,°\text{C}$ の水と氷は平衡状態にないから，その間のエントロピー変化を求めるためには，過程を準静的な変化で結び，$dS = d'q_\text{r}/T$ によって ΔS を計算しなければならない．1 atm では $0\,°\text{C}$ で水と氷が平衡状態にあるから，エントロピー変化の計算は下図の経路で行う．

(1) $-20\,°\text{C}$ の水の $0\,°\text{C}$ までの準静的な加熱．$\Delta S_1 = 75\ln(273/253)\,\text{J}\,\text{K}^{-1}\,\text{mol}^{-1}$
(2) $0\,°\text{C}$ における水 → 氷の変化．$\Delta S_2 = -6010/273 = -22.0\,\text{J}\,\text{K}^{-1}\,\text{mol}^{-1}$
(3) $0\,°\text{C}$ の氷の $-20\,°\text{C}$ までの準静的な冷却．$\Delta S_3 = 35\ln(253/273)\,\text{J}\,\text{K}^{-1}\,\text{mol}^{-1}$

$$\Delta S = \Delta S_1 + \Delta S_2 + \Delta S_3 = (75-35)\ln(273/253) - 22.0 = -19.0\,\text{J}\,\text{K}^{-1}\,\text{mol}^{-1}$$

エンタルピー変化も，エネルギー保存則に基づいて，エントロピー変化と同様な経路によって計算できる．

$$\Delta H_{253} = (75-35) \times (273-253) - 6010 = -5.21\,\text{kJ}\,\text{mol}^{-1}$$

この ΔH の値を用いて，ΔS を計算すると

$$\Delta S = -5210/253 = -20.6\,\text{J}\,\text{K}^{-1}\,\text{mol}^{-1}$$

となり，正しい結果を与えない．これは ΔH_{253} は q_r ではないからである．

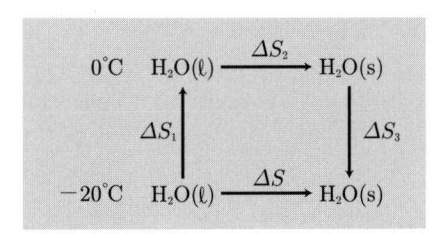

```
0°C     H₂O(ℓ) ──ΔS₂──→ H₂O(s)
          ↑                │
         ΔS₁              ΔS₃
          │                ↓
-20°C   H₂O(ℓ) ──ΔS───→ H₂O(s)
```

|||||||||| 問 題 ||||||||||

5.1 $10\,°\text{C}$ の水 $0.1\,\text{dm}^3$ を飲んだ．体温を $36\,°\text{C}$ として，この際の水および人体のエントロピーの変化量を計算せよ．また，この水を準静的に $36\,°\text{C}$ まで暖める際の水および外界のエントロピー変化を計算し，先の変化は不可逆変化であることを示せ．水の熱容量は $4.18\,\text{J}\,\text{K}^{-1}\,\text{g}^{-1}$ である．

演 習 問 題

1. 450 °C と 40 °C の熱源間で作動する可逆熱機関の熱効率および可逆熱ポンプの冷却効率はいくらか.

2. 夏,外気が 35 °C のときに室温を 25 °C に保つのに要する電力と,冬,外気温が 0 °C のときに室温を 20 °C に保つのに要する電力を比較せよ.熱機関は理想的に作動するものとする.また,コンプレッサーは室外に設置してあるものとする.

3. 可逆カルノーサイクルを T-S 面に画き,このサイクルの仕事効率を図で示せ.

4. 高温熱源 T_1 と低温熱源 T_2 との間で作動する可逆カルノーサイクルが 1 サイクルで外界に対してする仕事は

$$-w = nR(T_1 - T_2)\ln\frac{V_2}{V_1}$$

で与えられることを示せ.ここで,V_1 は初めの体積,V_2 は T_1 で等温膨張させたときの体積である.

5. 10 atm, 400 K の 1 mol の水蒸気を 2 倍の体積まで等温可逆的に膨張させ,次に初めの体積の 8 倍まで断熱可逆的に膨張させ,さらに初めの体積の x 倍まで等温可逆的に圧縮し,最後に断熱可逆的に圧縮して初めの状態に戻した.水蒸気を理想気体として,x の値およびこの可逆カルノーサイクルで仕事に変化した熱量および仕事効率を求めよ.水蒸気の定積熱容量は 29.94 J K^{-1} mol^{-1} である.

6. クラウジウスの原理とトムソンの原理が等価であることを証明せよ.

7. 水蒸気はファン・デル・ワールスの状態式にしたがうとして,2 mol の蒸気を 120 °C において 5 dm^3 から 50 dm^3 まで等温可逆的に膨張させるときの水蒸気のエントロピー変化を求めよ.また,水蒸気を理想気体としたときのエントロピー変化と比較せよ.エントロピーの等温膨張による変化の計算にはマクスウェルの関係式

$$\left(\frac{\partial S}{\partial V}\right)_T = \left(\frac{\partial P}{\partial T}\right)_V$$

〔(4.14) 式参照〕を用いよ.水のファン・デル・ワールス定数は $a = 5.46$ atm dm^6 mol^{-2}, $b = 0.0305$ dm^3 mol^{-1} である.

8. コックで連結された容積が 2:1 の 2 つの容器に,大きい方には酸素 5 mol,小さい方には 3 mol の水素と 1 mol の窒素の混合気体が入っている 2 つの容器内の気体の圧力は同一である.コックを開いて均一な混合気体とするときのエントロピー変化を求めよ.温度は一定で,気体は理想気体とみなせるものとする.

9. 1 mol の黒鉛を 300 K から 1000 K まで加熱する際の黒鉛のエントロピー変化を,表 2.4 のデータを用いて,計算せよ.

10. 25 °C, 1 atm で 1 mol の二酸化炭素を定圧で加熱したところ,その体積が 2 倍となった.このときの q, w, ΔU, ΔH および ΔS を計算せよ.二酸化炭素の定圧モル熱容量は表 2.4 の値を用いよ.また二酸化炭素は理想気体の近似で扱えるものとする.

11 容器を架空の細胞に分割して気体分子を配置する仕方の数 W の計算から (3.21) 式を導く方法の 1 つとして，細胞の数が分子数に比べて非常に大きいとする近似法がある．これは，量子効果が無視されるボルツマン統計が成立する条件でもある．この考えで (3.21) 式を導け．

12 N_1 個の格子点に N_1 個の原子 A がある結晶と N_2 個の格子点に N_2 個の原子 B がある結晶がある．両者を融解混合したところ $(N_1 + N_2)$ 個の格子点に N_1 個の原子 A と N_2 個の原子 B が完全にまじり合って入った結晶を生じた．エントロピー変化を求めよ．

13 ベンゼンの標準生成エントロピーの正負を判定し，その理由を考察せよ．

14 表 3.1 のデーターを用いて，次の反応にともなう 25 ℃ における標準エントロピー変化を計算せよ．

(1)　$H_2(g) + Cl_2(g) = 2HCl(g)$

(2)　$SO_2(g) + 2H_2S(g) = 2H_2O(g) + 3S(s)$

(3)　$C_6H_6(\ell) + \dfrac{15}{2}O_2(g) = 6CO_2(g) + 3H_2O(\ell)$

15 一定圧力の条件下で一定量の液体を同温・同圧の蒸気に変えるときに系が吸収する熱量は，可逆・不可逆にかかわらず一定であることを示せ．

16 問題 15 の事実が，第 2 法則

$$dS \geqq \frac{d'q}{T_e}$$

に矛盾しないことを示せ．

17 理想気体 1 mol のエントロピーは

$$S = S_0 + C_V \ln \frac{T}{T_0} + R \ln \frac{V}{V_0}$$

で与えられることを示せ．ここで，S_0 は T_0, V_0 における気体のモルエントロピーである．

4 純物質の相平衡

4.1 自由エネルギーと束縛エネルギー

熱力学第1法則を表す (2.7) 式と,第2法則を表す (3.28) 式とを組み合わせると,次の (4.1) 式となる (T_e は単に T と記す).

$$\left.\begin{array}{r} dU = d'q + d'w \\ TdS \geqq d'q \end{array}\right\} \quad dU - TdS \leqq d'w = d'w_V + dw_{\text{net}} \quad (4.1)$$

ここで,$d'w_V = -PdV$ は体積変化の仕事,dw_{net} は正味の仕事である.等号は可逆変化,不等号は不可逆変化に対応している.**ヘルムホルツ(の自由)エネルギー**

$$A \equiv U - TS \quad (4.2)$$

を導入すると

$$dA \leqq d'w_V + d'w_{\text{net}} = d'w, \quad -dA \geqq -d'w \quad (4.3)$$

となる.U,T,S のみの関数であるから,A は状態量である.A の変化量は系が外界になし得る仕事の最大値を示しているので,A は**仕事関数**とも呼ばれている.外界との仕事の授受が体積変化だけの場合,$d'w = d'w_V$ である.さらに,定積の条件を課すと,$d'w = PdV = 0$ となるから,(4.3) 式は $dA \leqq 0$ となる.すなわち,定温定積の条件では,可逆変化では系の A は一定であり,不可逆変化では A は減少する.

定圧変化では,体積変化にともなう仕事は正味の仕事としては使えない.そこで,(4.2) 式の U の代わりに H を用いて,**ギブズ(の自由)エネルギー**

$$G \equiv H - TS = U + PV - TS \quad (4.4)$$

を導入する.定温 ($dT = 0$),定圧 ($dP = 0$) の条件下では,G の微分は

$$dG = dH - TdS = dU + PdV - TdS = dA + PdV \quad (4.5)$$

となる.(4.3) 式と (4.4) 式とから,$d'w_V = -PdV$ であるから

$$dG - PdV \leqq d'w_V + d'w_{\text{net}}, \quad dG \leqq d'w_{\text{net}}, \quad -dG \geqq -d'w_{\text{net}} \quad (4.6)$$

となる.仕事として体積変化の仕事だけを考える場合は,$d'w_{\text{net}} = 0$ であるから,(4.6)

式は $dG \leqq 0$ となる．すなわち，定温定圧の条件では，可逆変化では系の G は一定であり，不可逆変化では G は減少する．

自由エネルギーとエントロピーの意味を考えるために，(4.2) 式を $U = A + TS$ と書き直すと，定温の条件下では，内部エネルギー U は，仕事として取り出せるエネルギー A と，仕事としては取り出せないエネルギー TS とに分けられることがわかる．自由エネルギー A に対して，TS を**束縛エネルギー**という．

自発的変化が進行すると系の自由エネルギーが減少するが，平衡状態に達すると変化しなくなる．所定の条件での自由エネルギーが極小の系の平衡（安定）条件であり，そうでないときには，自発的な変化が進行して自由エネルギーが減少する．

孤立系においては，$dS \geqq 0$ であるから，エントロピー極大の状態が安定な状態である．

4.2 自然変数とマクスウェルの関係式

体積変化の仕事だけであるとすると $(d'w = -PdV)$，$dU = d'q + d'w$（第 1 法則）と $d'q = TdS$（第 2 法則）より

$$dU = TdS - PdV \tag{4.7}$$

となる．(4.7) 式は，U の独立変数として (S, V) の組をとると，U の全微分はこのような簡単な形となることを示している．そこで，(S, V) を U の**自然変数**という．$U = U(S, V)$ としたときの U の全微分

$$dU = \left(\frac{\partial U}{\partial S}\right)_V dS + \left(\frac{\partial U}{\partial V}\right)_S dV \tag{4.8}$$

と (4.7) 式との比較から

$$T = \left(\frac{\partial U}{\partial S}\right)_V, \quad P = -\left(\frac{\partial U}{\partial V}\right)_S \tag{4.9}$$

の関係を得る．

$H = U + PV$ の全微分をとり，これに (4.7) 式を代入すると

$$dH = dU + PdV + VdP = TdS + VdP \tag{4.10}$$

となる．これより，H の自然変数は (S, P) であることがわかる．以下同様にして

$$dA = -SdT - PdV, \quad dG = -SdT + VdP \tag{4.11}$$

を得る．したがって，A の自然変数は (T, V)，G の自然変数は (T, P) である．

表 4.1 熱力学的関数とその自然変数および全微分

	熱力学的関数	自然変数	全微分
内部エネルギー	U	S, V	$dU = TdS - PdV$
エンタルピー	$H = U + PV$	S, P	$dH = TdS + VdP$
ヘルムホルツエネルギー	$A = U - TS$	T, V	$dA = -SdT - PdV$
ギブズエネルギー	$G = H - TS$	T, P	$dG = -SdT + VdP$

表 4.2 熱力学的関数と独立変数の変換

熱力学的関数の変換	独立変数の変換	ルジャンドル変換
$U(S, V) \to H(S, P)$	$V \to P$	$H = U + PV$
$U(S, V) \to A(T, V)$	$S \to T$	$A = U - TS$
$U(S, V) \to G(T, P)$	$S \to T, V \to P$	$G = U - TS + PV = H - TS$

　表 4.1 における熱力学的関数とその自然変数の組をみると，次のことがわかる (表 4.2)．独立変数を $V \to P$ と変換する場合，元の関数に積 PV を加える．また，$S \to T$ の変換では，元の関数から積 TS を減ずる．このような独立変数の変換をルジャンドル変換という．

　表 4.1 の熱力学的関数はすべて完全微分量であるから，(2.10) 式の関係が成り立つ．A と G についてそれぞれ自然変数を独立変数に選ぶと，(4.11) 式より

$$\left(\frac{\partial A}{\partial T}\right)_V = -S, \quad \left(\frac{\partial A}{\partial V}\right)_T = -P \tag{4.12}$$

$$\left(\frac{\partial G}{\partial T}\right)_P = -S, \quad \left(\frac{\partial G}{\partial P}\right)_T = V \tag{4.13}$$

の関係式が得られる．これらに，(2.10) 式を適用すると

$$\left(\frac{\partial S}{\partial V}\right)_T = \left(\frac{\partial P}{\partial T}\right)_V, \quad -\left(\frac{\partial S}{\partial P}\right)_T = \left(\frac{\partial V}{\partial T}\right)_P \tag{4.14}$$

を得る．これらの関係式をマクスウェルの関係式という．同様にして，U と H の全微分から次の式が導かれる．

$$\left(\frac{\partial T}{\partial V}\right)_S = -\left(\frac{\partial P}{\partial S}\right)_V, \quad -\left(\frac{\partial T}{\partial P}\right)_S = \left(\frac{\partial V}{\partial S}\right)_P \tag{4.15}$$

4.3　ギブズエネルギーの圧力・温度による変化

　(4.13) 式の 2 番目の式から，G の圧力による変化について

$$\Delta G = G_2 - G_1 = \int_{P_1}^{P_2} \left(\frac{\partial G}{\partial P}\right)_T dP = \int_{P_1}^{P_2} VdP \tag{4.16}$$

が成り立つ．理想気体については，$V = nRT/P$ であるから

$$\Delta G = G_2 - G_1 = n \int_{P_1}^{P_2} \frac{RT}{P} dP = nRT \ln \frac{P_2}{P_1} \tag{4.17}$$

となる．標準状態として 1 atm (101.325 kPa) を選び，これを $P^{\ominus}$ で表すと，G_1 を $G^{\ominus}$ と書いて，(4.17) 式は

$$G = G^{\ominus} + nRT \ln \frac{P}{P^{\ominus}} \tag{4.18}$$

となる．$G^{\ominus}$ は $P = P^{\ominus}$ のときのギブズエネルギーで，気体の種類や温度によって変わる．一般に，標準状態として $P^{\ominus} = 1$ atm をとるので，P を atm 単位で表す場合

$$G = G^{\ominus} + nRT \ln (P/\text{atm}) \tag{4.18'}$$

と書くことがある．

(4.4) 式より，定温では

$$\Delta G = \Delta H - T \Delta S \tag{4.19}$$

となる．これに (4.13) 式の 1 番目の式を $(\partial \Delta G/\partial T)_P = -\Delta S$ と改めて代入すると，次のギブズ-ヘルムホルツの式が得られる．

$$\left[\frac{\partial}{\partial T}\left(\frac{\Delta G}{T}\right)\right]_P = -\frac{\Delta H}{T^2}, \quad \left[\frac{\partial}{\partial (1/T)}\left(\frac{\Delta G}{T}\right)\right]_P = \Delta H \tag{4.20}$$

(4.20) 式から，$\Delta G/T \sim 1/T$ をプロットした曲線の接線の勾配からその温度における ΔH が求められることがわかる．

4.4 純物質の液体と蒸気の平衡

定温・定圧で2つの相が接していて，各相におけるモルあたりのギブズエネルギー g に差があると，g が小さい相の方に物質が移動して系全体のギブズエネルギーが減少する自発的な変化が進行する．したがって，T, P 一定の下では

$$g^{(\text{g})}(P, T) = g^{(\ell)}(P, T) \tag{4.21}$$

が気体–液体平衡の条件になる．

温度を dT だけ変えると，平衡蒸気圧も dP だけ変わる．そのときの平衡条件は

$$g^{(\text{g})}(P + dP, T + dT) = g^{(\ell)}(P + dP, T + dT) \tag{4.22}$$

である．1 mol あたりの量を小文字の u, s, h で表すと*，一般に

$$g(P + dP, T + dT) = g(P, T) + (\partial g/\partial P)_T dP + (\partial g/\partial T)_P dT$$
$$= g(P, T) + vdP - sdT$$

となる．相転移では $\Delta s = \Delta h_{tr}/T$ であるから〔(3.14) 式〕

$$v^{(g)}dP - s^{(g)}dT = v^{(l)}dP - s^{(l)}dT$$
$$\frac{dP}{dT} = \frac{s^{(g)} - s^{(l)}}{v^{(g)} - v^{(l)}} = \frac{\Delta s}{\Delta v} = \frac{\Delta h_{tr}}{T\Delta v} \tag{4.23}$$

となる．(4.23) 式を**クラペイロン-クラウジウスの式**という．

液体とその蒸気との平衡の場合，$v^{(g)} \gg v^{(l)}$ であるから，蒸気は理想気体で近似できるとして，$\Delta v \simeq v^{(g)} = RT/P$ とおいて，(4.23) 式は

$$\frac{dP}{dT} = \frac{\Delta h_v P}{RT^2} \tag{4.24}$$

となる．ここで，Δh_v はモル蒸発熱（モル気化熱）である．$T^\ominus$，T における蒸気圧を $P^\ominus$，P として，Δh_v が温度に依存しないとして (4.24) 式を積分すると，

$$\ln \frac{P}{P^\ominus} = -\frac{\Delta h_v}{R}\left(\frac{1}{T} - \frac{1}{T^\ominus}\right) \tag{4.25}$$

を得る．(4.25) 式より，$\log(P/P^\ominus)$ と $1/T$ には，ほぼ直線の関係があることがわかる．図 4.1 に種々の物質の $\log P \sim 1/T$ の関係が示してある．プロットはほぼ直線で，その勾配から Δh_v が求められる．

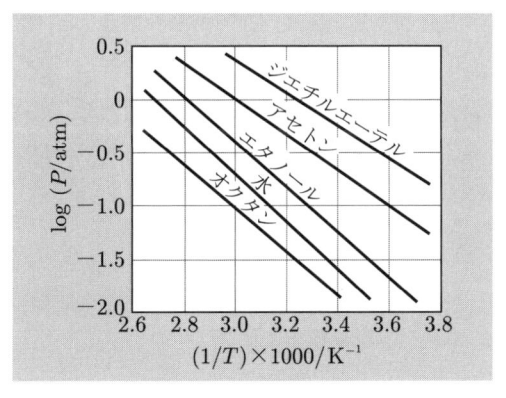

図 4.1　$\log P \sim 1/T$ 曲線

---

* モルあたりの示量性の量は，1 章のように添字 m をつけて V_m などと表すことが推奨されているが，記号として煩雑になるので，本章では小文字で表す．

液体の蒸気圧が外圧に等しくなると液体は沸騰する．$P = 1\,\mathrm{atm}$ のときの沸点を**標準沸点**といい，T_b で示す．このとき，(4.25) 式は

$$\log(P/\mathrm{atm}) = \frac{\Delta h_\mathrm{v}}{2.303\,RT_\mathrm{b}}\left(1 - \frac{T_\mathrm{b}}{T}\right) \tag{4.26}$$

と書ける．多くの物質について，$\Delta h_\mathrm{v}/RT_\mathrm{b}$ はほぼ一定で

$$\frac{\Delta h_\mathrm{v}}{RT_\mathrm{b}} = \frac{\Delta s_\mathrm{v}}{R} \simeq 10.5 \tag{4.27}$$

の関係がある．これを**トルートンの規則**という．これは，1 atm 下での蒸発のモルエントロピー変化 Δs_v が，物質の種類によらずほぼ一定で，$10.5\,R\,(= 87\,\mathrm{J\,K^{-1}mol^{-1}})$ であることを示している．しかし，ヘリウム，水素など沸点が非常に低い物質や，エタノール，水，酢酸などの会合性物質では，トルートンの規則からずれる．低沸点物質では，沸点における蒸気が占める空間が小さく，蒸気のエントロピーが小さい．エタノールや水では，液体では分子間に水素結合による会合を形成しており，蒸発の際にその結合を切るための余分なエネルギーを必要とする．

クラペイロン-クラウジウスの式 (4.23) は固相–液相，固相–気相，あるいは固相 (I)–固相 (II) 間の平衡にも成り立つ．図 4.2 に，水の各状態（相）の共存関係が示してある．このような図を**状態図**あるいは**相図**という．図中，曲線 OC は融解曲線で，固相–液相が共存し得る温度・圧力の関係を示したものである．水の場合，凝固する際に体積が膨張する特異性があるので，$v^{(\mathrm{s})} > v^{(\ell)}$ となり，(4.23) 式において $\Delta v < 0$ となり，$dP/dT < 0$ となる．水の融解曲線が右下がりとなっているのはそのためである．通常の物質では融解曲線は左下がりとなる．昇華に関しては，$v^{(\mathrm{g})} \gg v^{(\mathrm{s})}$ の関係があるので，(4.24) 式が用いられる．ただし，Δh_v は昇華熱 Δh_s でおきかえる．

図 4.2 に見られるように，昇華圧曲線 (曲線 OB)，蒸気圧曲線 (曲線 OA)，融解曲線 (曲線 OC) は 1 点で交わる．この **3 重点**では温度も圧力も一意的に定まる．水の場合，$P = 4.58\,\mathrm{Torr}$，$T = 0.01°\mathrm{C}$ である．

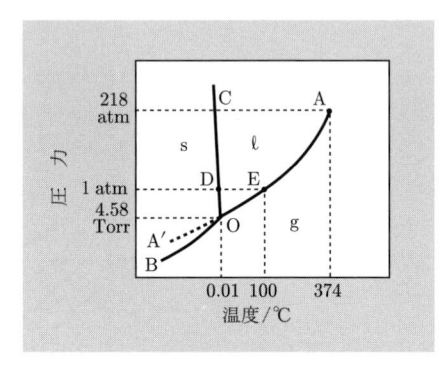

図 4.2 水の状態図（概略図）

D は氷の融点，E は水の沸点，O は 3 重点，破線 OA′ は過冷却水の蒸気圧曲線．

---例題 1---　　　　　　　　　　　　　　　　　　　　　　　　　　　　熱力学的関係式---

次の関係式を導け.

(1) $\left(\dfrac{\partial U}{\partial V}\right)_T = T\left(\dfrac{\partial P}{\partial T}\right)_V - P = T\dfrac{\alpha}{\kappa} - P$ 　（α は体膨張率，κ は圧縮率） 　(a)

(2) $\left(\dfrac{\partial H}{\partial P}\right)_T = -T\left(\dfrac{\partial V}{\partial T}\right)_P + V$ 　(b)

【解答】 (1) $(\partial U/\partial V)_T$ は物質の凝集力などを表す式で，**内部圧力**と呼ばれている．(4.7) 式より

$$\left(\dfrac{\partial U}{\partial V}\right)_T = T\left(\dfrac{\partial S}{\partial V}\right)_T - P$$

マクスウェルの関係式 (4.14) 式より，上式は以下のようになる．

$$\left(\dfrac{\partial U}{\partial V}\right)_T = T\left(\dfrac{\partial P}{\partial T}\right)_V - P$$

$(\partial P/\partial T)_V = \alpha/\kappa$ となることは次のようにして証明される．$P \equiv P(T, V)$ とすると

$$dP = \left(\dfrac{\partial P}{\partial T}\right)_V dT + \left(\dfrac{\partial P}{\partial V}\right)_T dV$$

$dP = 0$ の条件では

$$\left(\dfrac{\partial P}{\partial T}\right)_V = -\left(\dfrac{\partial P}{\partial V}\right)_T \left(\dfrac{\partial V}{\partial T}\right)_P = -\dfrac{1}{V}\left(\dfrac{\partial V}{\partial T}\right)_P \bigg/ \dfrac{1}{V}\left(\dfrac{\partial V}{\partial P}\right)_T = \dfrac{\alpha}{\kappa}$$

(2) H の自然変数 (S, P) を独立変数として全微分すると，$dH = TdS + VdP$ となる〔(4.10) 式参照〕．これより $\left(\dfrac{\partial H}{\partial P}\right)_T = T\left(\dfrac{\partial S}{\partial P}\right)_T + V$

(4.14) 式より，上式は $\left(\dfrac{\partial H}{\partial P}\right)_T = -T\left(\dfrac{\partial V}{\partial T}\right)_P + V$

となる．

|||||||||| 問　題 ||||||||||||||||||||||||||||||||||||||||||||||||||||||||||||||||||||||||||||||||||||||||||||

1.1 ボイルの法則にしたがい，かつ内部圧力 $(\partial U/\partial V)_T$ が 0 であるような気体は理想気体の状態式を充たすことを証明せよ．

1.2 ファン・デル・ワールスの状態式にしたがう気体について

　(1) $(\partial U/\partial V)_T$ 　(2) $(\partial H/\partial P)_T$

を求めよ．(2) 式の計算ではファン・デル・ワールスの式を $PV = RT + (b - a/RT)P$ と近似してよい．結果の物理的な意味について考察せよ．

50　4　純物質の相平衡

――例題 2 ――――――――――――――――――――――――――自由エネルギー変化――

(1)　25 °C, 1 atm において 10 m³ の大気観測用の気球に 1.5×10^7 Pa のヘリウムボンベからヘリウムを詰めた．ヘリウムを理想気体として，ΔA および ΔG を求めよ．気温が 0 °C の場合はどうなるか．

(2)　40 m の海底で作業する潜水夫にヘリウムと酸素をそれぞれ 150 atm のボンベから 9:1 の割合で混合して送気した．海底の水圧を 5 atm として，海底に 10 m³ の混合気体を送ったときの気体の ΔA および ΔG はいくらか．気温も水温も 15°C であるとして計算せよ．

【解答】　(1)　$dT = 0$ であるから

$$dA = -SdT - PdV = -PdV$$
$$dG = -SdT + VdP = VdP$$

である．気球に充填したヘリウムの物質量は

$$25\,°\mathrm{C}: n = (10000/22.4) \times (273/298) = 409\,\mathrm{mol}$$
$$0\,°\mathrm{C}: n = 10000/22.4 = 446\,\mathrm{mol}$$

である．圧力は $(1.013 \times 10^5)/(1.5 \times 10^7) = 1/148$ に低下する．これらより

$$25\,°\mathrm{C}: \Delta A = -\int_{V_1}^{V_2} PdV = -nRT\int_{V_1}^{V_2}\frac{dV}{V}$$
$$= -nRT\ln\frac{V_2}{V_1} = nRT\ln\frac{P_2}{P_1}$$
$$= 409 \times 8.314 \times 298 \ln\frac{1}{148} = -5.06 \times 10^6\,\mathrm{J}$$
$$0\,°\mathrm{C}: \Delta A = 446 \times 8.314 \times 273 \ln\frac{1}{148} = -5.06 \times 10^6\,\mathrm{J}$$

このように，ΔA は気温に依存しない（物質量一定の場合は T に依存する）．

$$\Delta G = \int VdP = nRT\int_{P_1}^{P_2}\frac{dP}{P} = nRT\ln\frac{P_2}{P_1}$$

であるから

$$\Delta G = \Delta A$$

(2) ヘリウムは圧力が $(5/150) \times (9/10) = 3/100$ 倍に,酸素は圧力が $(5/150) \times (1/10) = 1/300$ 倍に低下する.ヘリウムおよび酸素の物質量は

$$n(\text{He}) = \frac{10000}{22.4} \times \frac{273}{288} \times \frac{9}{10} \times 5$$
$$= 1.91 \times 10^3 \,\text{mol}$$
$$n(\text{O}_2) = \frac{10000}{22.4} \times \frac{273}{288} \times \frac{1}{10} \times 5$$
$$= 210 \,\text{mol}$$

であるから

$$\text{ヘリウム}:\Delta A = 1.91 \times 10^3 \times 8.314 \times 288 \ln\frac{3}{100}$$
$$= -1.60 \times 10^7 \,\text{J}$$
$$\text{酸素}:\Delta A = 210 \times 8.314 \times 288 \ln\frac{1}{300}$$
$$= -2.87 \times 10^6 \,\text{J}$$

|||||||||| 問 題 ||||||||||||||||||||||||||||||||||||||||||||||||||||||||||||||||||||||||||||||||

2.1 ブタンの標準沸点は 272.7 K,モル蒸発熱は $21.29\,\text{kJ}\,\text{mol}^{-1}$ である.1 mol のブタンを 272.7 K で蒸発させて 1 atm および 100 Pa の蒸気とするときの ΔG はいくらか.ブタン蒸気は理想気体とみなせるものとする.

─ 例題 3 ─────────────────────── クラペイロン-クラウジウスの式 ─

(1) 水の平衡蒸気圧の温度依存性は下の表の通りである.

温度/°C	10	20	30	40	50
蒸気圧/Torr	9.208	17.536	31.827	55.33	92.55

$10 \sim 20\,°\mathrm{C}$, $40 \sim 50\,°\mathrm{C}$, および $10 \sim 50\,°\mathrm{C}$ の水の平均のモル蒸発熱を求めよ. また, 蒸発熱の温度依存性について考察せよ.
(2) 富士山山頂の気圧は $0.63\,\mathrm{atm}$ である. 富士山山頂では水は何度で沸騰するか. 水のモル蒸発熱は $41\,\mathrm{kJ\,mol^{-1}}$ とせよ.

【解答】 (1) クラペイロン-クラウジウスの式 (4.25) より $\Delta h_\mathrm{v} = R \ln\left(\dfrac{P_2}{P_1}\right) \times \dfrac{T_2 T_1}{T_2 - T_1}$ である. これより

$$10 \sim 20\,°\mathrm{C}: \Delta h_\mathrm{v} = R\ln(17.536/9.208) \times (293 \times 283/10)$$
$$= 44.4\,\mathrm{kJ\,mol^{-1}}$$
$$40 \sim 50\,°\mathrm{C}: \Delta h_\mathrm{v} = 43.2\,\mathrm{kJ\,mol^{-1}}$$
$$10 \sim 50\,°\mathrm{C}: \Delta h_\mathrm{v} = 43.8\,\mathrm{kJ\,mol^{-1}}$$

水の蒸発熱は温度の上昇とともに減少することがわかる. これは, 温度の上昇により水が膨張しており, それだけ分子間の引力が弱くなっていることに対応している.

(2) (4.25) 式より, $0.63\,\mathrm{atm}$ での沸点を $T\,\mathrm{K}$ とすると

$$\ln\left(\frac{0.63}{1}\right) = -41000/R \left(\frac{1}{T} - \frac{1}{373}\right)$$
$$1/T = 9.369 \times 10^{-5} + 1/373 = 2.775 \times 10^{-3}$$
$$T = 360\,\mathrm{K} = 87\,°\mathrm{C}$$

──────── 問　題 ────────

3.1 $0\,°\mathrm{C}$ における水および氷の密度は 0.9998 および $0.9168\,\mathrm{g\,cm^{-3}}$, 融解熱は $6.0095\,\mathrm{kJ\,mol^{-1}}$ である. 面積が $1\,\mathrm{cm^2}$ のスケートの刃に $60\,\mathrm{kg}$ の体重をかけたときの氷の融点の低下は何度か. 自由落下の加速度は $g_n = 9.807\,\mathrm{m\,s^{-2}}$ である.

3.2 内部圧力が $2\,\mathrm{atm}$ で安全弁が作動する高圧鍋がある. 鍋の最高温度は何度か. 水のモル蒸発熱は $41\,\mathrm{kJ\,mol^{-1}}$ として計算せよ.

3.3 ベンゼンの蒸気圧は $\log P = 26.075 - 6.203 \log T - 2610/T$ で近似される. $V^{(\mathrm{g})} \gg V^{(\mathrm{l})}$ としてベンゼンのモルあたりの蒸発エントロピー変化の温度依存性を T の関数として表せ.

―― 例題 4 ――――――――――――――――――――――――――――― 相転移 ――

25°C における水の飽和蒸気圧は 23.76 Torr である．25°C で湿度 60% の大気中へ 1 kg の水が蒸発する際の ΔG および ΔS を求めよ．水蒸気は理想気体とみなしてよい．

【解答】 水の物質量は $n = 1000/18$ mol である．物質量 n, 温度 T, 圧力 P の蒸気のエネルギーは，モルあたりのギブズエネルギーを g として

$$G = ng = ng^{\ominus} + nRT \ln(P/P^{\ominus}) \tag{a}$$

となる．$P^{\ominus}$ は標準の圧力（1 atm），$g^{\ominus}$ は標準モルギブズエネルギーである

純物質の液体と蒸気とが平衡状態にあるときは，それぞれの相のモルギブズエネルギーが等しいから

$$g^{(l)} = g^{(g)} = g^{\ominus} + RT \ln(P^e/P^{\ominus}) \tag{b}$$

である．ここで，P^e は平衡（飽和）蒸気圧である．したがって，25°C の液体を圧力 P の蒸気に変えるときのギブズエネルギー変化は，飽和蒸気圧の気体を圧力 $P(=0.6P^{\ominus})$ に変える際の ΔG になる．ゆえに

$$\Delta G = G^{(g)} - G^{(l)} = n\{[g^{\ominus} + RT \ln(P/P^{\ominus})] - [g^{\ominus} + RT \ln(P^e/P^{\ominus})]\}$$
$$= nRT \ln(P/P^e) \tag{c}$$

である．これより $\Delta G = 55.6 \times 8.314 \times 298 \ln 0.6 = -70.3$ kJ．この結果から，$\Delta G < 0$ であるから蒸発は自発的に進行することがわかる．また，(c) 式より，ΔG は T に比例すると同時に，相対湿度 P/P^e で決まり，飽和蒸気圧 P^e にはよらないこともわかる．ゆえに $\Delta S = -(\partial G/\partial T)_P = -nR \ln(P/P^e) = 236$ J K^{-1}.

|||||||||||| 問 題 ||||||||||||||||||||||||||||||||||||||||||||||||||||||||||||||||||||||||||||||||||||||||||||||||||||

4.1 25°C で湿度が 20% の室内に濡れた布を吊して加湿した．布から 0.9 kg の水が蒸発したときの ΔA, ΔU および ΔS を求めよ．部屋の内容積は 100 m^3 で完全に密閉されており，温度は 25°C で一定に保たれるものとする．25°C における水のモル蒸発熱は 44.5 kJ mol^{-1}，飽和蒸気圧は 23.8 Torr として計算せよ．

4.2 右のシクロヘキサンの状態と平衡蒸気圧の温度依存性のデータを用いて，シクロヘキサンのモル昇華熱，モル蒸発熱，モル融解熱，標準沸点，および 3 重点を求めよ．Δh_s, Δh_v, Δh_f は一定で，蒸気は理想気体とみなせるものとする．

温度/°C	状態	蒸気圧/Torr
-15.9	固体	10
-5.0	固体	20
14.7	液体	60
42.0	液体	200

── 例題 5 ─────────────────────────────── 状態図 ──

右の図は二酸化炭素の状態図である．この図に対して，次の問に答えよ．
(1) s, l, g と記した領域は何を意味するか．
(2) 曲線 AO は何を意味するか．
(3) 点 D は何を意味するか．
(4) 点 A は何を意味するか．
(5) 点 O は何を意味するか．
(6) 融解の際に二酸化炭素の密度はどのように変化するか．
(7) 二酸化炭素は液体と固体が共存する状態でボンベに充填されている．25°C のボンベ中でのおよその圧力はいくらか．

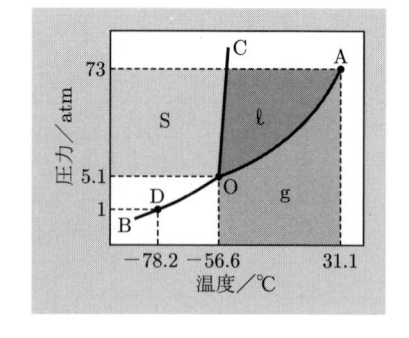

【解答】　(1) それぞれ，固体のみ，液体のみ，気体のみが存在する領域を意味する．
(2) 液状の二酸化炭素の蒸気圧曲線．
(3) 1 atm 下での固体二酸化炭素（ドライアイス）の昇華圧，平衡温度は $-78.2\,°C$.
(4) 二酸化炭素の臨界点．これ以上の温度では二酸化炭素は加圧しても液化しない．臨界温度は $31.1\,°C$，臨界圧力は 73 atm.
(5) 固体，液体，気体が共存する 3 重点，温度は $56.6\,°C$，圧力は 5.1 atm.
(6) 曲線 CO の勾配は正で絶対値が大きいので，融解により体積がわずかに増大する．
(7) 曲線 OA が $25\,°C$ の垂線と交わる点から求める．圧力はおよそ 60 atm.

||||||||| 問　題 |||||||||||||||||||||||||||||||||||||||||||||||||||||||||

5.1　固体ヨウ素の蒸気圧は $50\,°C$ で 2.16 Torr で，$114.5\,°C$ で 3 重点に達する．3 重点における平衡蒸気圧は 90.1 Torr，$150\,°C$ における平衡蒸気圧は 294 Torr である．また，ヨウ素は融解にともなって体積がわずかに増大する．以上の事実に基づいて，ヨウ素の状態図の概略を示せ．

5.2　スズの融点の圧力 [atm] 依存性は

$$t/°C = 231.8 + 0.0033\,(P-1)$$

で表される．スズの融解熱は $58.785\,\mathrm{J\,g^{-1}}$，1 atm のもとでの液体スズの密度は $6.988\,\mathrm{g\,cm^{-3}}$ である．1 atm のもとでの固体の密度はいくらか．

演 習 問 題

1. ファン・デル・ワールス気体の体積を温度 T（一定）で V_1 から V_2 まで変化させる際のギブズエネルギー変化を表す式を導け．

2. 1 mol の一酸化炭素を 25°C において 50 dm^3 から 1 dm^3 までの圧縮する際の気体の ΔG を計算せよ．ファン・デル・ワールス定数は $a = 3.59\,\mathrm{atm\,dm^6\,mol^{-2}}$, $b = 0.0427\,\mathrm{dm^3\,mol^{-1}}$ である．また，理想気体近似を用いたときの誤差を評価せよ．

3. 例題 1 の式と理想気体の状態方程式とから，定温では理想気体の内部エネルギーもエンタルピーも体積（圧力）に依存しないことを示せ．

4. $\left(\dfrac{\partial S}{\partial T}\right)_P = \dfrac{C_P}{T}$, $\left(\dfrac{\partial S}{\partial T}\right)_V = \dfrac{C_V}{T}$ の関係を証明せよ．

5. マクスウェルの関係式 $\left(\dfrac{\partial T}{\partial V}\right)_S = -\left(\dfrac{\partial P}{\partial S}\right)_V$ を導け．

6. 次の関係式を証明せよ．

   (1) $C_P - C_V = \left\{\left(\dfrac{\partial U}{\partial V}\right)_T + P\right\}\left(\dfrac{\partial V}{\partial T}\right)_P$

   (2) $C_P - C_V = \dfrac{TV\alpha^2}{\kappa}$

   $\alpha = \dfrac{1}{V}\left(\dfrac{\partial V}{\partial T}\right)_P$：膨張率， $\kappa = -\dfrac{1}{V}\left(\dfrac{\partial V}{\partial P}\right)_T$：圧縮率 ($\kappa > 0$)

7. 次の関係式
$$U = -T^2\left[\dfrac{\partial}{\partial T}\left(\dfrac{A}{T}\right)\right]_V$$
を証明せよ．

8. 1 atm のもとで尿素の融点は 405.85 K であり，融解のエントロピー変化は 37.0 J K^{-1} mol^{-1} である．1 atm で融解した尿素 1 mol を徐々に冷却して 395.0 K まで過冷却した．この尿素が 395.0 K で結晶化するときのギブズエネルギー変化を，ΔH が温度によらないとして計算せよ．

9. エベレスト山頂（8848 m）における気圧は 3.30×10^4 Pa である．水のモル蒸発熱を 41 kJ mol^{-1} としてエベレスト山頂での水の沸点を求めよ．

10. 図 4.1 より，エタノールのモル蒸発熱を求めよ．またエタノールとアセトンのモル蒸発熱の大小を比較せよ．

11. いろいろな温度における水銀の蒸気圧は次の表のとおりである．

$t/°C$	70	100	130	160
P/Torr	0.052	0.270	1.137	4.013

水銀の融解熱は 2.32 kJ mol^{-1} で温度によらず一定として

(1) 水銀のモル蒸発熱（70〜160℃における平均値）．
(2) 水銀の凝固点（−38.9℃）における蒸気圧の近似値．
を求めよ．

12 25℃における黒鉛とダイヤモンドの標準燃焼熱はそれぞれ −393.51, −395.41 kJ mol^{-1}，標準エントロピーはそれぞれ 5.74, 2.38 J K mol^{-1} である．25℃, 1 atm 下での黒鉛 → ダイヤモンドの転移の標準モルギブズエネルギー変化 $\Delta g_{\mathrm{tr}}^{\ominus}$ を求めよ．

13 黒鉛とダイヤモンドの密度はそれぞれ 2.260, 3.513 g cm^{-3} である．密度が圧力によらないとして，上問の結果を用いて，25℃で黒鉛がダイヤモンドに転移する最低圧力を求めよ．

14 水の3重点は 4.58 Torr である．1 atm との融点の差は何度か．水のモル融解熱は 6.01 kJ mol^{-1}，0℃における水と氷の密度はそれぞれ 0.9998 と 0.9168 g cm^{-3} で圧力依存性は無視できる．実際の3重点は 0.01℃である．これと計算結果との違いの原因を考えよ．

15 エタノールの標準燃焼熱は −1367 kJ mol^{-1} である．表 3.1 の標準エントロピーのデータを用いて，1 mol のエタノールが燃焼する際の $\Delta A^{\ominus}$ と $\Delta G^{\ominus}$ (25℃) を求めよ．

16 下図は炭素の状態図である．図に基づいて次の問に答えよ．

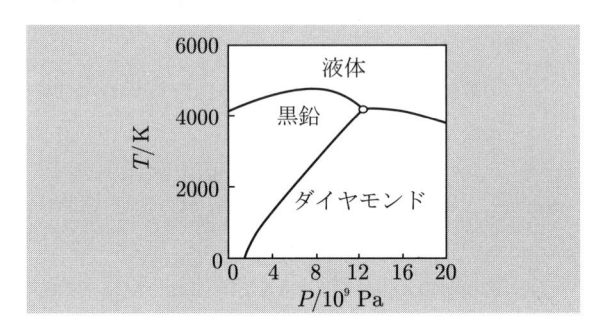

(1) 2000 K において黒鉛をダイヤモンドに変えるために必要な圧力はいくつか．
(2) 任意の温度，圧力で，黒鉛とダイヤモンドとどちらの密度のほうが高いか．ただし，ダイヤモンドから黒鉛への転移熱は正 (発熱) である．
(3) 黒鉛と溶融炭素が同じ密度をもつ温度，圧力はいくつか．

5 溶液と2成分系の相平衡

5.1 開放系の熱力学：化学ポテンシャル

いま，物質 i が dn_i mol だけ外界から系に入ったとして，そのときの系の内部エネルギーの増分を $\mu_i dn_i$ とすると，(4.7) 式は

$$dU = TdS - PdV + \sum \mu_i dn_i \tag{5.1}$$

となる．$\mu_i \equiv (\partial U/\partial n_i)_{S,V,n_j}$ は化学ポテンシャルと呼ばれている．ルジャンドル変換により，順次以下の式が得られる．

$$dH = TdS + VdP + \sum \mu_i dn_i \tag{5.2}$$

$$dA = -SdT - PdV + \sum \mu_i dn_i \tag{5.3}$$

$$dG = -SdT + VdP + \sum \mu_i dn_i \tag{5.4}$$

(5.4) 式より，定温・定圧の条件では μ_i は

$$\mu_i = \left(\frac{\partial G}{\partial n_i}\right)_{T,P,n_j} \tag{5.5}$$

で与えられる．ここで，偏導関数の添字 n_j は，i 以外の成分の量を一定にすることを意味している．

多成分系のギブズエネルギーは

$$\sum \mu_i n_i = G \tag{5.6}$$

で与えられる〔物理化学 72 頁 (5.9) 式参照〕．すなわち，ギブズエネルギーは各成分の化学ポテンシャルと物質量の積の和になる．1成分系 (純物質) では

$$\mu n = G, \quad \mu = G/n = g \tag{5.7}$$

となり，定温・定圧での μ_i は 1 mol あたりの G であることがわかる．

定温・定圧の条件下で気相−液相平衡の条件 (4.21) 式は，各相の化学ポテンシャルが等しいことが平衡条件であることを意味している．自発的 (不可逆) 変化によって微量の物質の移動が起こる場合は，$dG < 0$ であるから，$dG = (\mu^{(l)} - \mu^{(g)})dn^{(l)} < 0$ で，

$\mu^{(\ell)} > \mu^{(g)}$ のとき $dn^{(\ell)} < 0 \to$ 液相より気相へ移動 (蒸発)

$\mu^{(\ell)} < \mu^{(g)}$ のとき $dn^{(\ell)} > 0 \to$ 気相より液相へ移動 (凝縮)

となる．すなわち，自発的変化では物質は μ の大きい方から小さい方へ移動する．μ が化学ポテンシャルと呼ばれるのはそのためである．

5.2 理想混合系と非理想混合系

すべての成分について，全組成範囲で

$$\mu_i = \mu_i{}^\circ + RT \ln x_i \tag{5.8}$$

の関係が成り立つ系を理想混合系という．ここで，x_i はモル分率，$\mu_i{}^\circ$ は $x_i = 1$ (純粋な i) の化学ポテンシャルである．(5.8) 式より，理想混合系の諸性質

$$\Delta U_{\text{mix}} = U_{\text{mix}} - \sum n_i u_i{}^\circ = 0 \tag{5.9}$$

$$\Delta V_{\text{mix}} = V_{\text{mix}} - \sum n_i v_i{}^\circ = 0 \tag{5.10}$$

$$\Delta G_{\text{mix}} = \Delta A_{\text{mix}} = RT \sum n_i \ln x_i \tag{5.11}$$

が導かれる〔例題 1 (1)〕．

分圧の法則より，$\sum P_i = P$ (全圧) で，P_i はモル分率 x_i に比例するから $P_i = x_i P$ である．したがって，(5.8) 式は

$$\mu_i = \mu'_i{}^\circ + RT \ln P_i \tag{5.12}$$

となる．ここで，$\mu'_i{}^\circ = \mu_i{}^\circ - RT \ln P$ である．

溶液と平衡状態にある蒸気も理想混合気体であるとすると，蒸気および溶液中の成分 i の化学ポテンシャルは

$$\mu_i{}^{(g)} = \mu_i{}^{\circ(g)} + RT \ln x_i{}^{(g)} \tag{5.13}$$

$$\mu_i{}^{(\ell)} = \mu_i{}^{\circ(\ell)} + RT \ln x_i{}^{(\ell)} \tag{5.14}$$

である．ここで，g は気相を，ℓ は液相を示す．平衡状態では $\mu_i{}^{(g)} = \mu_i{}^{(\ell)}$ であることから，**ラウールの法則**

$$P_i = x_i{}^{(\ell)} P_i{}^\circ \tag{5.15}$$

が導かれる (問題 1.1)．ラウールの法則は理想溶液の実験的な定義である．

理想溶液では体積に加成性 (5.10) 式が成立するので，混合物のモル体積は，図 5.1 の上の実線のように，組成に対して直線的に変化する．すなわち，混合物のモル体積は，(5.10) 式を $(n_1 + n_2)$ で除して

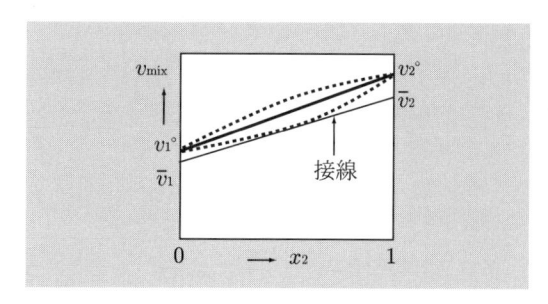

図中: v_{mix}, $v_2°$, $\bar{v}_2$, $v_1°$, $\bar{v}_1$, 接線, x_2

図 5.1 理想溶液（実線）および実在溶液（破線）のモル体積の組成依存性

$$v_{\text{mix}} = x_1 v_1° + x_2 v_2° \tag{5.16}$$

である．ここで，$v_{\text{mix}} = V_{\text{mix}}/(n_1 + n_2)$ は混合物のモル体積である．

実在の溶液では一般には $\Delta V_{\text{mix}} = 0$ とはならない (図 5.1 の破線)．この場合，T, P 一定の条件では V_{mix} の全微分は

$$dV_{\text{mix}} = \left(\frac{\partial V}{\partial T}\right)_{P,n_i} dT + \left(\frac{\partial V}{\partial P}\right)_{T,n_i} dP + \sum_{i=1}^{2} \left(\frac{\partial V}{\partial n_i}\right)_{T,P,n_j} dn_i \tag{5.17}$$

となる．

$$\bar{v}_i \equiv \left(\frac{\partial V}{\partial n_i}\right)_{T,P,n_j} \tag{5.18}$$

は i の**部分モル体積**と呼ばれている．(5.6) 式の場合と全く同様にして

$$V_{\text{mix}} = \sum n_i \bar{v}_i, \quad v_{\text{mix}} = \sum x_i \bar{v}_i \tag{5.19}$$

となる．(5.19) 式は，混合物の体積は，その組成における部分モル体積によって，理想溶液と同じような加成性が成立することを示している．図 5.1 の接線が，接点の組成での v_{mix} と部分モル体積の関係を示している．

(5.19) 式を微分すると

$$dV_{\text{mix}} = \sum \bar{v}_i dn_i + \sum n_i d\bar{v}_i \tag{5.20}$$

となる．これと (5.17) 式で $dT = 0, dP = 0$ (定温・定圧) とおいた式 $dV_{\text{mix}} = \sum \bar{v}_i dn_i$ とから，次式が得られる．

$$\sum n_i d\bar{v}_i = 0 \tag{5.21}$$

これを**ギブズ-デュエムの式**という．ギブズ-デュエムの式を用いると，2 成分系の溶質の部分モル体積の値から溶媒の部分モル体積の値が得られる (あるいはその逆)．ギブズ-デュエムの式は，化学ポテンシャルなど，部分モル量一般について成立する関係である．

5.3 ギブズの相律

c 個の成分からなる系で p 個の相が共存して平衡状態にある系 (系全体の温度は T, 圧力は P で均一) の自由度の総数 f は

$$f = c + 2 - p \tag{5.22}$$

で与えられる．これを**ギブズの相律**という (演習問題 1)．

成分の数は，独立成分の数である．成分間に化学平衡が成立している場合は，それらは独立の成分ではない．例えば，$2NO_2 \rightleftarrows N_2O_4$ の平衡が成立している系では独立成分の数は 1 であり，$3H_2 + N_2 \rightleftarrows 2NH_3$ の平衡が成立している系では独立成分の数は 2 である．一般に，独立成分の数は共存している物質の数から関係式の数を減じたものである．

5.4 希薄溶液の束一的性質

理想的で希薄な溶液では溶媒の平衡蒸気圧，蒸気圧降下，沸点上昇，凝固点降下，浸透圧の値はいずれも，溶質の種類に関係なくその濃度に比例している．このように，溶液中の溶質の分子数，すなわち物質量にだけ依存し，溶質の種類には無関係の性質を**束一性**または**分子性**という．

理想希薄溶質の束一性は，溶媒の化学ポテンシャルがそのモル分率の対数にのみ依存するという (5.8) 式によっている．希薄溶液では (5.29) 式の近似も成立するので，溶液の束一的性質が質量モル濃度に比例することになる．したがって，溶液の束一的性質の測定から質量モル濃度が求められ，溶質の分子量測定に用いられている．

[**ヘンリーの法則**] 無極性の気体の溶解度は気体の圧力に比例する．これを**ヘンリーの法則**という．A, B 2 成分からなる理想溶液が T, P 一定の条件でその蒸気と平衡状態にある場合

$$\mu_A^{(g)} = \mu_A^{(\ell)}, \quad \mu_B^{(g)} = \mu_B^{(\ell)} \tag{5.23}$$

が成立している．蒸気も理想混合気体とすると，(5.8) 式より

$$\mu_A^{\circ(g)} + RT \ln x_A^{(g)} = \mu_A^{\circ(\ell)} + RT \ln x_A^{(\ell)} \tag{5.24}$$

$$\mu_B^{\circ(g)} + RT \ln x_B^{(g)} = \mu_B^{\circ(\ell)} + RT \ln x_B^{(\ell)} \tag{5.25}$$

が成り立つ．溶媒を A, 溶質を B とすると，(5.25) 式は

$$x_B^{(g)} = x_B^{(\ell)} \exp\{(\mu_B^{\circ(\ell)} - \mu_B^{\circ(g)})/RT\} \tag{5.26}$$

となる．理想気体については分圧の法則 $P_B = x_B^{(g)} P$ (P は全圧) が成り立つから，上式

の両辺に P を乗ずると

$$P_B = K_B x_B^{(l)} \tag{5.27}$$

$$K_B = P \exp\{(\mu_B^{\circ(l)} - \mu_B^{\circ(g)})/RT\} \tag{5.28}$$

となる. K_B は T, P にだけ依存し, 組成には依存しない定数で, **ヘンリーの定数**と呼ばれている. (5.27) 式は, 溶質 B の溶解度 (モル分率: x_B) は気体の圧力 P_B に比例することを示している. 気体の溶解度は, 分圧が 1 atm のとき単位体積の溶媒に溶解する気体の体積 (0 °C, 1 atm に換算) として表した**ブンゼンの吸収係数**やヘンリーの定数 (Torr) で表される.

希薄溶液の場合, w を質量 (kg), M を分子質量 (kg mol^{-1}), m を質量モル濃度とすると

$$x_B^{(l)} = \frac{n_B}{n_A + n_B} \fallingdotseq \frac{n_B}{n_A} = \frac{n_B}{w_A/M_A} = M_A m_B \tag{5.29}$$

となり, $x_B^{(l)}$ は B の質量モル濃度に比例する.

[**蒸気圧降下**] ラウールの法則 [(5.15) 式] より, 溶媒の蒸気圧について

$$\frac{P_A{}^\circ - P_A}{P_A{}^\circ} = 1 - x_A^{(l)} = x_B^{(l)} \tag{5.30}$$

が成り立つ. $\Delta P_A = P_A{}^\circ - P_A$ は溶質が存在することによる溶媒の**蒸気圧降下**である. 理想溶液では, ΔP_A は溶質のモル分率に比例する. 希薄溶液については, (5.29) 式を用いて

$$\Delta P_A = P_A{}^\circ x_B^{(l)} \fallingdotseq M_A P_A{}^\circ m_B \tag{5.31}$$

となる. すなわち, 溶媒の蒸気圧降下は溶質の質量モル濃度に比例する.

[**沸点上昇と凝固点降下**] 溶質が不揮発性の場合, 溶媒の蒸気圧降下の分だけ平衡蒸気圧が低下するので, 沸点が上昇する (図 5.2). この現象を**沸点上昇**という. 純粋な A の沸点を T_0, 溶液の沸点を T_b, 沸点上昇度を $\Delta T_b = T_b - T_0$ とすると, 希薄溶液では

$$\Delta T_b = \frac{RT_0^2 M_A}{\Delta h_v} m_B = K_b m_B \tag{5.32}$$

となる (演習問題 3). ここで Δh_v はモル蒸発熱である. すなわち, 沸点上昇度は溶質の質量モル濃度に比例する. K_b は $m_B = 1$ のときの沸点上昇で, **モル沸点上昇定数**と呼ばれており, 溶媒に固有の定数である. すなわち, K_b は溶質の種類に依存しない. ただし, 電解質溶液では電離のために実質上溶質の物質量 (粒子数) が増大するので, K_b は溶質の種類に依存する (7 章 7.1 節).

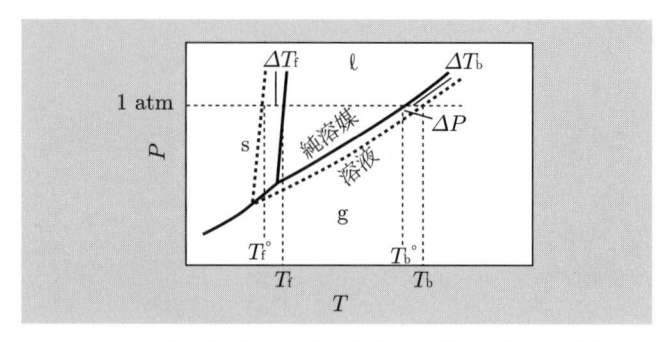

図 5.2 蒸気圧降下と沸点上昇および凝固点降下の関係

溶液から溶媒の固体が析出する場合の凝固点についても，純粋な固体が析出する (固溶体とならない) 場合は，沸点上昇の場合と同様に次の関係が成立する．

$$\Delta T_{\mathrm{f}} = K_{\mathrm{f}} m_{\mathrm{B}}, \quad K_{\mathrm{f}} = \frac{RT_0^2 M_{\mathrm{A}}}{\Delta h_{\mathrm{f}}} \tag{5.33}$$

が得られる．ここで，Δh_{f} はモル融解熱，T_{f} は溶液からの溶媒の凝固温度，T_0 は純粋な溶媒の凝固温度である．ΔT_{f} は**凝固点降下度**，K_{f} は**モル凝固点降下定数**と呼ばれている．

[**浸透圧**] 希薄溶液の**浸透圧** Π は，理想気体の圧力 P と類似の関係式

$$\Pi V = n_{\mathrm{B}} RT \tag{5.34}$$

で表される．ここで V は溶液の体積，n_{B} は体積 V の溶液に溶けている溶質の物質量である．これを**ファント・ホッフの法則**という．

(5.34) 式は，溶質のモル濃度を c_{B} とすると，$c_{\mathrm{B}} = n_{\mathrm{B}}/V$ であるから

$$\Pi = c_{\mathrm{B}} RT \tag{5.35}$$

とも表される．溶質の質量濃度 $\rho_{\mathrm{B}} = M_{\mathrm{B}} c_{\mathrm{B}}$ (M_{B} は溶質の分子量) であるから，浸透圧の測定から溶質の分子量が求められる (例題 2)．

[**分配係数**] 互いに混じり合わない 2 種の液体が接触していて，それらに共通の溶質 B が溶けて平衡状態になっている系を考える (図 5.3)．各々の相を (1), (2) で表すと，平衡状態で 2 つの溶液中の B の化学ポテンシャルは等しいから次の関係が成立する．

$$\mu_{\mathrm{B}}^{\circ(1)} + RT \ln x_{\mathrm{B}}^{(1)} = \mu_{\mathrm{B}}^{\circ(2)} + RT \ln x_{\mathrm{B}}^{(2)} \tag{5.36}$$

ここで，$x_{\mathrm{B}}^{(1)}$, $x_{\mathrm{B}}^{(2)}$ は各々相 (1), (2) における B のモル分率である．そこで

$$\frac{x_{\mathrm{B}}^{(1)}}{x_{\mathrm{B}}^{(2)}} = \exp\left(\frac{\mu_{\mathrm{B}}^{\circ(2)} - \mu_{\mathrm{B}}^{\circ(1)}}{RT}\right) = K(T, P) \tag{5.37}$$

となる．右辺は温度・圧力のみの関数で，**分配係数**と呼ばれている．

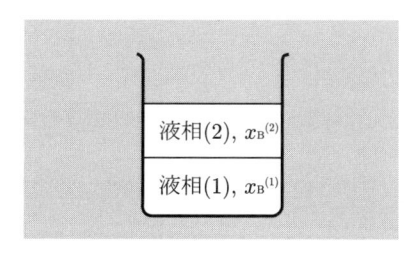

図 5.3　互いに混じらない 2 種の液体への溶質 B の分配

5.5　2 成分系の液相-気相平衡

実在溶液では多かれ少なかれラウールの法則からずれる．実在溶液では化学ポテンシャルを，(5.8) 式の代わりに

$$\mu_i = \mu_i^\circ + RT \ln a_i \tag{5.38}$$

と書く，ここで a_i は成分 i の熱力学的な実効濃度で，**活量**という．μ_i° は $a_i = 1$ という基準状態における i の化学ポテンシャルである．実際の濃度 (モル分率) との比

$$\gamma_i = a_i / x_i \tag{5.39}$$

は**活量係数**という．活量係数が 1 よりも大きい系では蒸気圧はラウールの法則よりも上にずれ，小さい系では下へずれる．例えば，アセトン-二硫化炭素系では両成分の活量係数は 1 よりも大きい．これは，アセトン同士および二硫化炭素同士の相互作用に比べてアセトン-二硫化炭素間の相互作用が弱いので，お互いを排除する傾向があるからである．他方，アセトン-クロロホルム系では両成分の活量係数は 1 よりも小さい．これはアセトン同士およびクロロホルム同士の相互作用に比べてアセトン-クロロホルム間の相互作用が強いので，お互いを取り込もうとする傾向があるからである．これは，アセトン-クロロホルム間に水素結合が形成されるからである．

2 成分系では (5.22) 式において $c = 2$ であるから，自由度は 3 である．このような系の状態図は 3 次元空間でしか描けず，2 つの相が共存する点は 3 次元空間の曲面になる．そこで，状態図を描くときは，温度もしくは圧力のいずれかを一定とする．その場合，状態図は 2 次元平面図となる．

ベンゼン-トルエン系は理想混合系に近い．したがって，各成分についてラウールの法

則で近似され,ベンゼンを1,トルエンを2として

$$P_1 = P_1°x_1, \quad P_2 = P_2°x_2 = P_2°(1-x_1) \tag{5.40}$$

となる.全蒸気圧 P は

$$P = P_1 + P_2 = P_2° + (P_1° - P_2°)x_1 = P_1° + (P_2° - P_1°)x_2 \tag{5.41}$$

となり,全圧は組成に対して直線となる.蒸気中の組成(モル分率)は

$$y_1 = \frac{P_1}{P} = \frac{P_1}{P_1+P_2} = \frac{x_1^{(l)}P_1°}{x_1^{(l)}P_1° + x_2^{(l)}P_2°} = \frac{P_1°x_1^{(l)}}{P_2° + (P_1° - P_2°)x_1^{(l)}} \tag{5.42}$$

$$y_2 = \frac{P_2}{P} = \frac{P_2°x_2^{(l)}}{P_1° + (P_2° - P_1°)x_2^{(l)}} \tag{5.43}$$

となり,y_1 に対するプロットは直線にはならない.図5.4(b)は蒸気の全圧を x_1(溶液中のベンゼンのモル分率)および y_1(蒸気中のベンゼンのモル分率)に対してプロットした

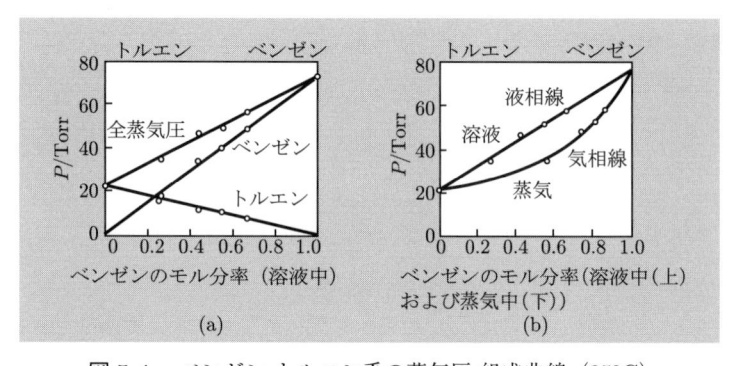

図 5.4 ベンゼン-トルエン系の蒸気圧-組成曲線 (25°C)

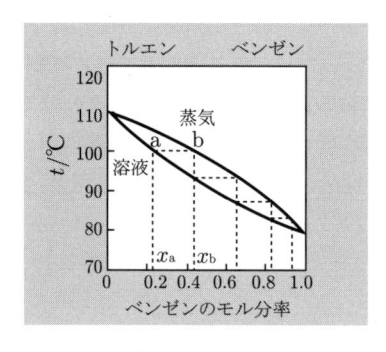

図 5.5 沸点-組成図 (沸点図)
下が液相線,上が気相線

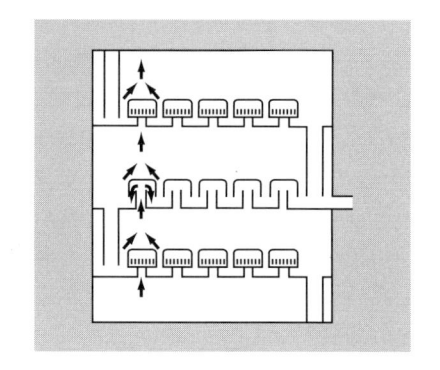

図 5.6 分留塔内部の構造

ものである．$P \sim x_1$ のプロットを**液相線**，$P \sim y_1$ のプロットを**気相線**という．

図 5.5 は，$P = 1\,\mathrm{atm}$ 下でのベンゼン-トルエン系の沸点を x_1 および y_1 に対してプロットしたものである．この場合，液相線も気相線も直線にはならない．$P = $ 一定，とした図 5.5 のような状態図を**沸点図**という．液相線は**沸騰曲線**，気相線は**凝縮曲線**とも呼ばれている．

沸点図は蒸留の原理を示している．図 5.5 で破線が液相線および気相線と交わる点 a, b は，温度 T_b における液相と気相の組成 x_a, x_b に相当している．この系では，ベンゼンの割合は気相中の方が液相中よりも高いことがわかる．この蒸気を集めて凝縮させ，再び蒸発させると，さらにベンゼンの割合が高い蒸気が得られる．このような操作を反復して，ベンゼンとトルエンのように，沸点の異なる物質が分離される．実際には，多数の中段 (プレート) を持つ蒸留塔を用いて，この一連の操作を連続的に行い，分留を行っている．(図 5.6).

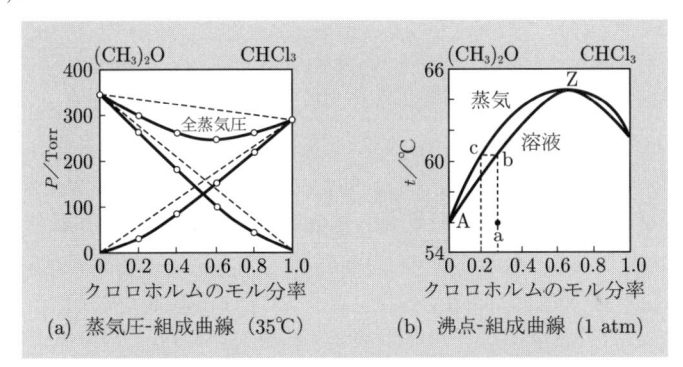

図 5.7　アセトン-クロロホルム系の状態図

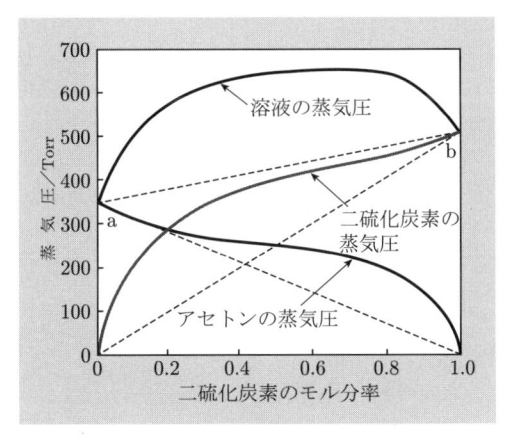

図 5.8　アセトン-二硫化炭素系の沸点図

ラウールの法則から大きくずれるような 2 成分系では，全蒸気圧曲線に極大や極小が現れることがある．図 5.7(a) と (b) は，アセトン-クロロホルム系の蒸気圧曲線と沸点図を示したものである．図中，破線は理想混合系の蒸気圧曲線である．このように，蒸気圧曲線に極小が現れて，それに対応して沸点図に極大 (点 Z) が現れる．図 5.8 にはアセトン-二硫化炭素系の沸点図が示してある．この系では沸点図に極小が現れる．

沸点図における極小や極大では，液相と気相の組成が一致し，蒸発が進行しても組成も沸点も変化しない．このような溶液を**共沸混合物**という．共沸混合物を圧力一定で蒸発しても，溶液と同じ組成の蒸気が蒸発するので，分留によって分けることはできない．

5.6　2 成分系の固相-液相および液相-液相平衡

2 成分系の固相-液相平衡の状態図は，固相の状態によって次の 3 通りに分けて考える．

(a)　全組成範囲で固溶体を作る場合．
(b)　全く溶け合わない場合．
(c)　部分的に固溶体を作る場合．

図 5.9 は銀-銅系の固相-液相平衡の状態図である．この系は，銀に少量の銅が溶けた固溶体および銅に少量の銀が溶けた固溶体を作るが，任意の割合では混ざり合わない．点 a の溶液を冷却すると，点 b で，銀で飽和した銅-銀の固溶体が析出する (点 c)．析出が進むにつれて溶液の組成と温度は凝固曲線 bd に沿って移動し，凝固点も低下する．析出する固相中の銀の割合も曲線 ce に沿って少しずつ増大する．点 d に達すると銀で飽和した銅と銅で飽和した銀の微結晶からなる固体が析出し続ける．この場合は温度も組成も点 d では変わらない．このような混合物を**共融混合物**または**共晶**という．点 d は**共融点**または**共晶点**と呼ばれている．

図 5.10 は任意の割合では溶け合わない 2 成分液体系の相図が，(a) 水-フェノール系と (b) 水-ジプロピルアミン系について示してある．水-フェノール系では 66.4 °C 以下では

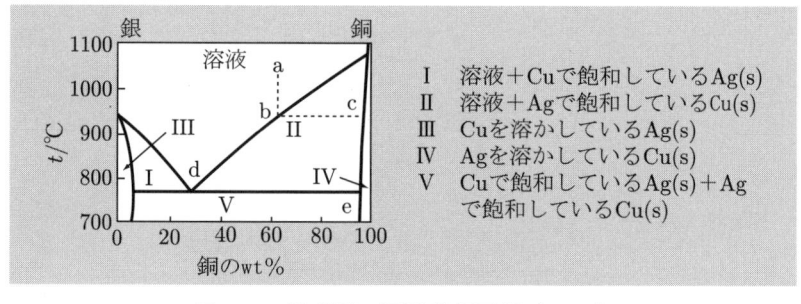

図 5.9　銀-銅系の固相-液相平衡 (1 atm)

水にフェノールが飽和した溶液とフェノールに水が飽和した溶液の 2 つの相が共存している．系の自由度は，$c=2$, $p=2$ であるから，(5.22) 式より $f=2$ である．図のように圧力を固定すれば $f=1$ で，さらに温度一定とすれば $f=0$ となる．すなわち，共存する 2 つの相の組成は一意的に定まる．例えば，破線 bc で示される温度では，水にフェノールが溶けた相の組成は x_1，フェノールに水が溶けた相の組成は x_2 である．

温度の上昇とともに共存する 2 つの相の組成は互いに近付き，66.4°C（点 U）で両者は一致する．この温度を**臨界共溶温度**という．また，この場合のように上部に臨界点が現れるのを，**上部臨界共溶温度**という．(b) 水-ジプロピルアミン系は**下部臨界共溶温度**が現れる．

相図では極大 (U) または極小 (L) の点は**臨界共溶点**という．臨界共溶点の近傍では，2 つの相の性質がほぼ一致するために濃度の揺らぎが非常に大きくなり，光を強く散乱する．この現象を**臨界蛋白光**という．その他，臨界点近傍では熱容量，粘性，熱伝導度など，種々の性質に異常性が現れる．同じような現象は，気体と液体の臨界点でも観察される．

(a) 水-フェノール系の温度-組成図

(b) 水-ジプロピルアミン系の温度-組成図

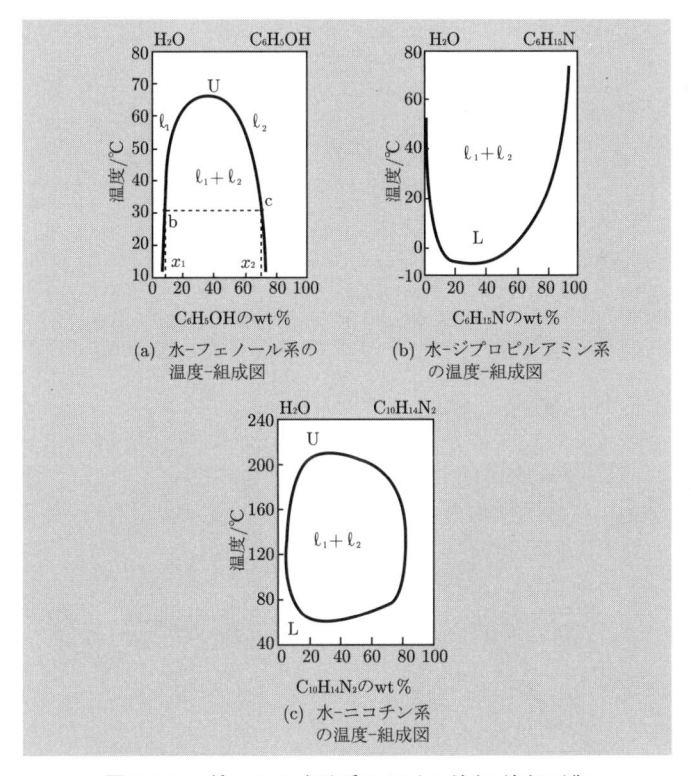

(c) 水-ニコチン系の温度-組成図

図 **5.10** 種々の 2 成分系における液相-液相平衡

---例題 1--理想混合系---

(1) 理想混合系の熱力学的な定義式

$$\mu_i = \mu_i^\circ + RT \ln x_i \tag{a}$$

より，理想混合系の実験的な次の諸性質を導け．

$$\begin{aligned}
&\Delta U_{\text{mix}} = 0, \quad \Delta V_{\text{mix}} = 0, \quad \Delta H_{\text{mix}} = 0 \\
&\Delta S_{\text{mix}} = -R \sum n_i \ln x_i \\
&\Delta G_{\text{mix}} = \Delta A_{\text{mix}} = RT \sum n_i \ln x_i
\end{aligned} \tag{b}$$

(2) 上の (b) 式より (a) 式が導かれることを示せ．

【解答】 (1) (5.6) 式より，混合物のギブズエネルギーは，純物質の化学ポテンシャルを μ_i° として

$$G = \sum n_i \mu_i = \sum n_i \mu_i^\circ + RT \sum n_i \ln x_i$$

である．$\sum n_i \mu_i^\circ$ は混合前のギブズエネルギーの和であるから

$$\Delta G_{\text{mix}} = \sum n_i \mu_i - \sum n_i \mu_i^\circ = RT \sum n_i \ln x_i$$

これより

$$\begin{aligned}
\Delta S_{\text{mix}} &= -\left(\frac{\partial \Delta G_{\text{mix}}}{\partial T}\right)_P = -R \sum n_i \ln x_i \\
\Delta V_{\text{mix}} &= \left(\frac{\partial \Delta G_{\text{mix}}}{\partial P}\right)_T = 0
\end{aligned}$$

$\Delta V_{\text{mix}} = 0$ であるから $\Delta G_{\text{mix}} = \Delta A_{\text{mix}}$．また

$$\Delta U_{\text{mix}} = \Delta A_{\text{mix}} - T\Delta S_{\text{mix}} = 0$$
$$\Delta H_{\text{mix}} = \Delta G_{\text{mix}} - T\Delta S_{\text{mix}} = 0$$

(2) (b) 式は

$$G_{\text{mix}} = G^\circ + RT \sum n_i \ln x_i = \sum n_i \mu_i^\circ + RT \sum n_i \ln x_i$$

と書けるので

$$\mu_i = \left(\frac{\partial G_{\text{mix}}}{\partial n_i}\right)_{T,P,n_j} = \mu_i^\circ + RT \ln x_i + RT \sum_{j=1}^{k} n_j \left(\frac{\partial \ln x_j}{\partial n_i}\right)_{T,P,n_j}$$

となる. $\frac{\partial}{\partial n_i}(\sum n_j) = 1$ であるから,$x_j = \frac{n_j}{\sum n_l}$ と書き改めて

$$\sum_{j=1}^{k} n_j \left(\frac{\partial \ln x_j}{\partial n_i} \right) = \sum_{j=1}^{k} \frac{n_j}{x_j} \frac{\partial}{\partial n_i} \left(\frac{n_j}{\sum n_l} \right)$$

$$= \left(\sum_{l=1}^{k} n_l \right) \sum_{j=1}^{k} \left[\frac{1}{\sum n_l} \frac{\partial n_j}{\partial n_i} - \sum_{l \neq i}^{k} \frac{n_j \frac{\partial}{\partial n_i} \sum n_l}{(\sum n_l)^2} \right]$$

$$= \left(\sum_{l=1}^{k} n_l \right) \sum_{j=1}^{k} \left[\frac{\sum n_l}{(\sum n_l)^2} - \sum_{j}^{k} \frac{n_i}{(\sum n_l)^2} \right] = 0$$

となる.これより (a) 式を得る.

############ **問 題** ############

1.1 例題 (a) 式より,ラウールの法則 $P_i = x_i^{(l)} P_i^\circ$ を導け.

1.2 次の系の自由度はいくらか.
(1) 閉じた容器内で水-アルコールの溶液と蒸気が共存.
(2) 触媒が存在する閉じた容器内で一酸化炭素,水素,メタノールが共存.

―例題 2― ―――――――――――――――――――――――――――――理想溶液―

(1) ブンゼンの吸収係数は気体の分圧が 1 atm のとき単位体積の溶媒に溶解する気体の体積（0°C, 1 atm に換算）として表した気体の溶解度である．水に対する酸素および窒素のブンゼン吸収係数は 25°C で 2.83×10^{-2} と 1.41×10^{-2} である．25°C で 1 atm の空気と平衡状態にある水の中における酸素と窒素のモル比および 1 dm³ の水に溶解している酸素と窒素の物質量を求めよ．空気は酸素：窒素 = 0.2 : 0.8 の混合物として計算せよ．

(2) 希薄な実在溶液の浸透圧は，ファント・ホッフの式を補正した実験式

$$\Pi/C = RT/M_2 + bC \quad \text{(a)}$$

$C/\text{g dm}^{-3}$	25.2	50.9	77.1
$\Pi/10^5 \text{ Pa}$	0.14	0.31	0.58

で表される．ここで，C は (g：溶質)(dm³：溶液)$^{-1}$ 単位で表した濃度，M_2 は溶質の分子量，b は定数である．次の表のデーター（25°C）を用いて，溶質の分子量を求めよ．

【解答】 (1) ヘンリーの法則より，水に溶解している酸素と窒素の比は

$$\text{O}_2 : \text{N}_2 = 2.83 \times 10^{-2} \times 0.2 : 1.41 \times 10^{-2} \times 0.8 = 5.66 : 11.28 = 1 : 2$$

である．水中における酸素の割合は大幅に増大している．物質量は

$$\text{O}_2 = 2.83 \times 10^{-2} \times 0.2/22.4 = 2.52 \times 10^{-4} \text{ mol}$$

$$\text{N}_2 = 1.41 \times 10^{-2} \times 0.8/22.4 = 5.04 \times 10^{-4} \text{ mol}$$

(2) $\Pi/C = y$, $RT/M_2 = k$ とおくと，(a) 式は $y = k + bC$ と書ける．2 組のデータから $y_1 - y_2 = b(C_1 - C_2)$ となるので

$$k = y_1 - C_1(y_1 - y_2)/(C_1 - C_2)$$

などの組合せから k が求められる．計算の結果 C_1 と C_2 より $k = 5.03 \times 10^2$，C_2 と C_3 より $k = 3.31 \times 10^2$，C_1 と C_3 より $k = 4.60 \times 10^2 \text{ Pa g}^{-1} \text{ dm}^3 = 4.60 \times 10^2 \text{ Pa kg}^{-1} \text{ m}^3$ となる．k の平均値は $4.31 \times 10^2 \text{ Pa kg}^{-1} \text{ m}^3$．モル質量は

$$M_2 = 8.314 \times 298/4.31 \times 10^2 = 5.75 \text{ kg mol}^{-1}, \quad 分子量 = 5.75 \times 10^3$$

|||||||||| **問　題** |||||||||||||||||||||||||||||||||||||||||||||||||||||||||||||||||||||||||||||||

2.1 水 976 g に 93.8 g のグルコースを溶かした溶液の凝固点は -0.971 °C であった．水のモル凝固点降下定数は $1.86 \text{ K kg mol}^{-1}$ である．この溶液におけるグルコースの見かけの分子量を求め，それからグルコースの活量係数を求めよ．

2.2 クロロホルムと四塩化炭素のモル比 4 : 1 混合物は理想溶液であると仮定して，25°C における平衡蒸気中の四塩化炭素のモル分率と質量分率を求めよ．25°C における蒸気圧はそれぞれ 199.1 Torr と 114.5 Torr である．

―― 例題 3 ―――――――――――――――――――――― 2 成分系の気相-液相平衡 ――

(1) 20 °C におけるベンゼンとトルエンの蒸気圧はそれぞれ 9.96×10^4, 5.93×10^4 Pa である．20 °C でベンゼン：トルエン = 1 : 3（モル比）の混合溶液と平衡にある蒸気中のベンゼンのモル分率を求めよ．ベンゼンとトルエンの混合物は理想混合系で近似できる．

(2) ベンゼンとトルエンのモル蒸発熱は 41.4 および 33.5 kJ mol^{-1} である．40 °C で上の問題 (1) の溶液と平衡状態にある蒸気中のベンゼンのモル分率を求めよ．

【解答】 (1) ベンゼンを A，トルエンを B として，理想溶液であるからラウールの法則により
$$P_A = x_A^{(l)} P_A^\circ = 0.25 P_A^\circ, \quad P_B = x_B^{(l)} P_B^\circ = 0.75 P_B^\circ$$
である．ここで，P_A°, P_B° は純粋なベンゼン，トルエンの蒸気圧である．したがって
$$x_A^{(g)} = P_A/(P_A + P_B) = 0.25 P_A^\circ/(0.25 P_A^\circ + 0.75 P_B^\circ)$$
$$= 2.49/(2.49 + 4.45) = 0.359$$

(2) 蒸気圧の温度依存性はクラペイロン-クラウジウスの式 (4.25) で与えられる．40 °C におけるベンゼンとトルエンの蒸気圧 $P_A(40)$, $P_B(40)$ は
$$P_A^\circ(40) = P_A^\circ(20) \exp[-\Delta h_v / R(1/313 - 1/293)]$$
$$= 9.96 \times 10^4 \exp[41.4 \times 10^3 / 8.314 \times 2.18 \times 10^{-4}]$$
$$= 9.96 \times 10^4 \times 2.96 = 2.95 \times 10^4 \text{ Pa}$$
$$P_B^\circ(40) = 5.93 \times 10^4 \exp[33.5 \times 10^3 / 8.314 \times 2.18 \times 10^{-4}]$$
$$= 5.93 \times 10^4 \times 2.41 = 14.3 \times 10^4 \text{ Pa}$$
ベンゼンのモル分率は　　$x_A = 0.25 P_A^\circ/(0.25 P_A^\circ + 0.75 P_B^\circ) = 0.407$
温度が上昇するにつれて蒸気中のベンゼンの割合が増大する．クラペイロン-クラウジウスの式からわかるように，この効果はベンゼンの方が Δh_v の値が大きいためである．

|||||||||| 問 題 ||||||||||

3.1 50 °C で純ヘキサンの蒸気圧は 4.13×10^4 Pa, 純ヘプタンの蒸気圧は 1.88×10^4 Pa, 純オクタンの蒸気圧は 0.746×10^4 Pa である．これら 3 成分混合溶液と 50 °C で平衡状態にある蒸気中の各成分のモル分率が等しいときの溶液中の各成分のモル分率はいくらか．理想混合系として計算せよ．

3.2 次の溶液から 25 °C で 1 mol の純粋なベンゼンを分離するのに要する最小の仕事を求めよ．
(1) 大量のベンゼンとトルエンからなるベンゼンのモル分率 0.2 と 0.8 の溶液．
(2) 2 mol のベンゼンと 3 mol のトルエンからなる溶液．

---例題 4--部分モル量---

下の表は純硫酸および 1 mol の硫酸を所与の水で希釈した溶液の 25 °C における標準モル生成エンタルピーである．質量モル濃度 $m = 1.0$ の硫酸溶液における 25 °C での硫酸の部分モルエンタルピーを求めよ．

水 /mol	0（純硫酸）	50	75
$\Delta H/\mathrm{kJ\,mol^{-1}}$	-813.99	-886.77	-887.29

【解答】 $m = 1$ の溶液は 1 kg (55.56 mol) の水に 1 mol の硫酸を溶かした溶液である．硫酸の物質量を n_2 とすると，硫酸の部分モルエンタルピーは $\overline{h} = [(\partial H_{\mathrm{solu}})/\partial n_2]_{T,P,n_1}$ である．1 mol を 50 mol の水および 75 mol の水に溶かした溶液を生成する際の溶解熱（積分溶解熱という）は，それぞれ

$$\Delta H_{\mathrm{solu}}(50) = -886.77 - (-813.99) = -72.78\,\mathrm{kJ}$$

$$\Delta H_{\mathrm{solu}}(75) = -887.29 - (-813.99) = -73.30\,\mathrm{kJ}$$

である．1 mol の水を含む溶液を生成する際のエンタルピー変化は

$$\Delta H'_{\mathrm{solu}}(50) = -72.78/50 = -1.456\,\mathrm{kJ\,(mol\,H_2O)^{-1}}$$

$$\Delta H'_{\mathrm{solu}}(75) = -73.30/75 = -0.977\,\mathrm{kJ\,(mol\,H_2O)^{-1}}$$

である．したがって，∂H に相当する量は

$$\Delta\{\Delta H'_{\mathrm{solu}}(75) - \Delta H'_{\mathrm{solu}}(50)\} = -0.977 - (-1.456) = 0.479\,\mathrm{kJ}$$

1 mol の水に溶解している硫酸の物質量 n_2 は

$$n_2(50) = 1/50 = 0.0200\,\mathrm{mol}, \quad n_2(75) = 1/75 = 0.0133\,\mathrm{mol}$$

である．したがって $\Delta n_2 = 0.01333 - 0.02000 = -0.00667\,\mathrm{mol}$

である．ゆえに，水が 50 mol と 75 mol の間の平均の勾配，すなわち，平均の部分モルエンタルピーは

$$\overline{h} = -0.479/0.00667 = -71.8\,\mathrm{kJ\,mol^{-1}}$$

|||||||||| 問　題 ||||||||||||||||||||||||||||||||||||||||||||||||||||||||||||||||||||||||

4.1 25 °C において 1 kg の水に n mol の塩化ナトリウムを溶かした溶液の体積は

$$V = 1001.38 + 16.6253\,n + 1.7738\,n^{3/2} + 0.1194\,n^2$$

で表される．塩化ナトリウム水溶液における水と塩化ナトリウムの部分モル体積を質量モル濃度 m の関数として表し，$m = 0.5$ における塩化ナトリウムおよび水の部分モル体積を求め，その値を純物質のモル体積と比較せよ．25 °C における純物質の密度は，NaCl = 2.164, $\mathrm{H_2O} = 0.997\,\mathrm{g\,cm^{-3}}$ である．

---例題 5---　　　　　　　　　　　　　　　　　　　　　　　　　　状態図

右の図は NaF-LiF の固体-液体平衡を示す状態図である．点 a および点 c の温度・組成の液体を徐々に冷却するときに起こる現象を説明せよ．また，点 a から冷却するときの温度-時間曲線の概略図を示せ．点 e の名称とそこで生成する固体についても説明せよ．

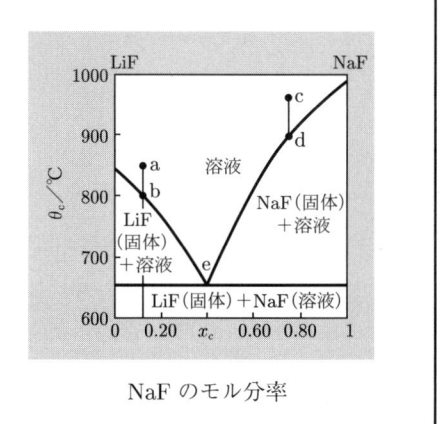

（図：NaF のモル分率を横軸，$\theta_c/°C$ を縦軸とする状態図．領域は「溶液」「LiF（固体）+ 溶液」「NaF（固体）+ 溶液」「LiF（固体）+ NaF（溶液）」に分かれる．点 a, b, c, d, e および x_c が示されている．）

【解答】 状態図は，NaF-LiF の系は固溶体を作らないことを示している．点 a は NaF のモル分率が約 0.12 の均一な溶液で，これを冷却すると点 b（約 800°C）で純粋な LiF の固体が析出しはじめ，溶液中では NaF の濃度が増大し，それにつれて凝固点が曲線 be に沿って低下する．点 e に到達すると，溶液と同じ組成の固体が析出する．点 e は共融点で，析出する固体は共晶と呼ばれている純粋な NaF と純粋な LiF の微結晶の混合物である．点 c は NaF のモル分率が約 0.80 の均一な溶液で，これを冷却すると点 d（約 900°C）で純粋な NaF の固体が析出しはじめ，溶液中では LiF の濃度が増大し，それにつれて凝固点が曲線 de に沿って低下する．点 e に達すると，溶液と同じ組成の共晶が析出する．共晶が析出する間は系の温度は 650°C で一定に保たれるので，温度-時間曲線は下図のようになる．

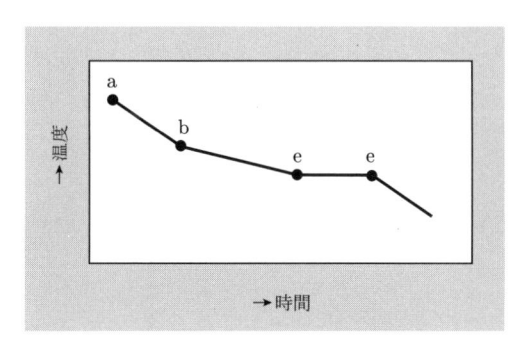

（図：温度-時間曲線．縦軸「温度」，横軸「時間」．a から b で傾きが変わり，e - e の区間で水平になり，その後再び下降する．）

点 a から出発するときの冷却曲線

問題

5.1 塩化ナトリウム水溶液を冷却していくと，まず氷が生じて塩の濃度が増大し，凝固点が低下する．さらに冷却を続けて塩化ナトリウム $NaCl\cdot 2H_2O$ が析出する．そのときの温度と塩濃度についてどのような条件があるか．相律に基づいて考察せよ．また，それを 0 °C 以上の温度で塩化ナトリウム水溶液を蒸発させて結晶が析出する場合と比較せよ．冷却も蒸発も 1 atm 下で行うものとする．水と塩化ナトリウムは固溶体を作らない．

5.2 下図は部分的に溶解する系の上部臨界共溶温度が 100 °C よりも高い系の気体-液体平衡の状態図である．それぞれの領域はどのような状態であるかを説明し，点 a から系を冷却していくときの経過を説明せよ．また点 d の液体の温度を上昇させるときの経過を説明せよ．水と高沸点物質とからなる非混合系では 100 °C 以下の温度で高沸点物質が蒸留できることを説明せよ．

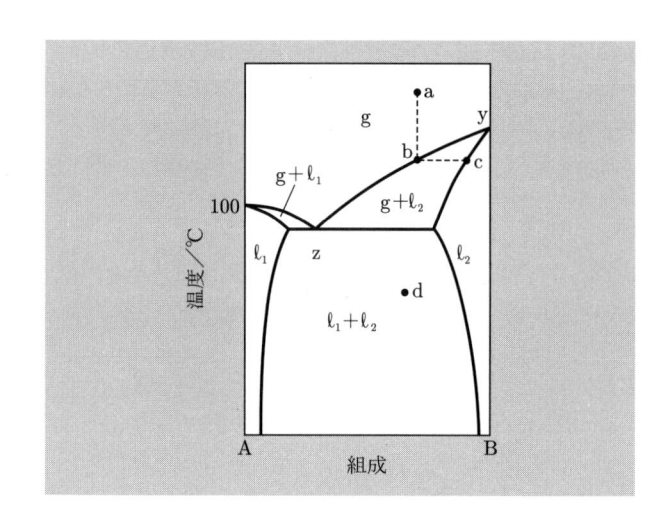

演 習 問 題

1. ギブズの相律 $f = c + 2 - p$ を説明せよ．
2. 次の系の独立成分の数を定め，系の自由度を求めよ．
   (1) 酢酸の水溶液
   (2) $CaCO_3$ から出発して $CaCO_3$, CaO, CO_2 が共存している系
   (3) $FeS(s) + H_2O(g) \leftrightarrows FeO(s) + H_2S(g)$ の平衡が成立している系
3. 希薄溶液のモル沸点上昇定数 ΔK_b が $K_b = \dfrac{RT_0^2 M_A}{\Delta h_v}$ で与えられることを証明せよ．
4. ベンゼンのモル融解熱は $9.837\,\mathrm{kJ\,mol^{-1}}$，沸点は $5.54\,°C$ である．ベンゼンのモル凝固点降下定数を求めよ．
5. 固体の溶質 B の温度 T における溶解度をモル分率 x_B で表すと，理想溶液の近似に基づいて次の関係が成立することを証明せよ．これは純粋な固体と溶液が平衡にある系である．

$$\ln x_B = -\frac{\Delta h_f}{R}\left(\frac{1}{T} - \frac{1}{T_f}\right)$$

6. ベンゼンとナフタリンは理想溶液とみなすことができる．ナフタリンの融点は $80.26\,°C$，モル融解熱は $18.80\,\mathrm{kJ\,mol^{-1}}$ である．$20\,°C$ でのナフタリンのベンゼンへの溶解度をナフタリンのモル分率 x_B で表せ．
7. 理想混合系ではヘンリーの法則

$$P_B = K_B x_B^{(l)}$$

(K_B は定数) が成立することを，溶液と蒸気中の溶媒の化学ポテンシャルが等しいとする条件から，(5.13) 式と (5.14) 式を用いて導け．

8. 右図は A, B 2 成分系の気相-液相平衡の圧力-組成図 (温度一定) である．液相線と気相線に囲まれる領域内にある点 c で水平線 (圧力一定の線) を引き，液相線と交わる点を a，気相線と交わる点を b とすると，点 c で共存する液相と気相の量の間にてこの関係

$$\frac{n^{(l)}}{n^{(g)}} = \frac{\overline{bc}}{\overline{ac}} = \frac{x_b - x_c}{x_c - x_a}$$

が成り立つことを証明せよ．ここで，$n^{(l)}$, $n^{(g)}$ はそれぞれ液相と気相にある A と B の物質量の和である．

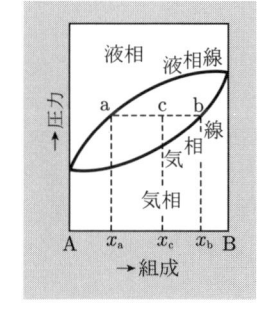

9. $136.7\,°C$ におけるクロロベンゼンおよびブロモベンゼンの蒸気圧はそれぞれ $1.150 \times 10^5\,\mathrm{Pa}$ と $0.604 \times 10^5\,\mathrm{Pa}$ である．沸点が $136.7\,°C$ となる溶液の組成および $136.7\,°C$ で平衡蒸気中の両成分の割合が $1:1$ となる溶液の組成を求めよ．

10 部分モル体積 $\bar{v}_i$ および部分モルエントロピー $\bar{s}_i$ について次の関係を証明せよ.
$$\left(\frac{\partial \mu_i}{\partial P}\right)_{T,n_j} = \bar{v}_i, \quad \left(\frac{\partial \mu_i}{\partial T}\right)_{P,n_j} = -\bar{s}_i$$

11 アセトン-クロロホルムの沸点図〔図 5.7(b)〕において,点 a の組成の液体を加熱していくときの変化を記述せよ.

12 右図のように,塩化ナトリウム水溶液の底に塩化ナトリウムの結晶が沈んでおり,溶液の上に氷が浮かんでいる系がある.この系の自由度はいくらか.系の平衡条件を記せ.

13 右図のように,2 成分 A, B の溶液と A の蒸気および固体が共存している系がある(B は気相にも液相にも入らないものとする).
 (1) この系の自由度はいくらか.
 (2) 系の平衡条件を記せ.
 (3) 溶液の濃度が変わるとき,(T, P) は A の昇華曲線の上を動くことを示せ.

14 不揮発性溶質の溶液の蒸気圧 P_A と浸透圧 Π とのあいだに $\Pi = \dfrac{RT}{\bar{v}_A} \ln\left(\dfrac{P_A°}{P_A}\right)$ の関係があることを証明せよ.$P_A°$ は純溶媒の蒸気圧,$\bar{v}_A$ は溶媒の部分モル体積である.

15 次の溶液における溶質の分子量を求めよ.
 (1) 1 kg の水の中に 0.1035 kg の不揮発性溶質を溶かした水溶液の 100 °C における水蒸気圧は 0.9894×10^5 Pa である.
 (2) 21.5 g の二硫化炭素に 0.358 g のイオウを溶かしたところ,溶液の沸点は 0.151 K 上昇した.イオウの分子量を求め,溶液中のイオウ分子中の原子数を求めよ.二硫化炭素のモル沸点上昇定数は 2.29 K kg mol^{-1} である.
 (3) ポリオキシエチレン $\text{-(CH}_2\text{-CH}_2\text{-O)}_n$ 5.30 g を 0.1 kg の n-ヘプタンに溶かした溶液の浸透圧は 25 °C で 3370 Pa であった.ポリオキシエチレンの平均分子量を求めよ.n-ヘプタンの密度は 0.6837 g cm^{-3} である.

16 水とニトロベンゼンは互いに溶けあわない液体とみなすことができる.蒸気圧は水は 70 °C で 3.115×10^4 Pa,ニトロベンゼンは 100 °C で 0.2986×10^4 Pa,150 °C で 1.973×10^4 Pa である.水とニトロベンゼンの混合物の 1 atm における沸点を計算せよ.また,1 atm 下で混合物を蒸留したときに 100 g の水蒸気とともに留出するニトロベンゼンの量を求めよ.

6 化学平衡

6.1 化学反応と反応進行度

化学反応を一般式

$$aA + bB = lL + mM \tag{6.1}$$

で表したとき,左辺の A, B は**反応体**,右辺の L, M は**生成体**の化学種を表し,係数 a, b, l, m は**化学量論係数**と呼ばれる.(6.1) 式はさらに一般化して

$$0 = \sum \nu_i B_i \tag{6.2}$$

と書くことができる.化学量論係数 ν_i は反応体では負,生成体では正である.(6.2) 式で表される化学反応について,各成分の物質量の微小変化量を dn_i とすると

$$\frac{dn_1}{\nu_1} = \frac{dn_2}{\nu_2} = \cdots = \frac{dn_i}{\nu_i} = \cdots = d\xi \tag{6.3}$$

の関係がある.$d\xi$ は個々の成分によらず,反応系における微小進行量を一般的に表している.ξ は反応の進行の程度を表すパラメーターで,**反応進行度**と呼ばれている.ξ の単位はモルで,反応開始時には $\xi = 0$ mol である.$\xi = 1$ mol のとき,反応は 1 単位進んだことになる.

6.2 化学平衡の法則 (質量作用の法則)

反応式 (6.1) 式あるいは (6.2) 式で表される化学反応が平衡に達したとき,反応系中の各成分の濃度に関する量

$$\frac{[L]^l [M]^m}{[A]^a [B]^b} = K_c, \quad K_c = \prod [B_i]^{\nu_i} \tag{6.4}$$

は,温度一定では一定となる.これを**化学平衡の法則**あるいは**質量作用の法則**という.K_c は**濃度平衡定数**と呼ばれている.

反応する物質が気体の場合,各成分の分圧について

$$\frac{P_L^{\ l} P_M^{\ m}}{P_A^{\ a} P_B^{\ b}} = K_P, \quad K_P = \prod P_i^{\nu_i} \tag{6.5}$$

で表した K_P は,各成分の量 (分圧) にかかわらず,温度一定であれば一定である.K_P は**圧平衡定数**と呼ばれている.理想気体近似が用いられるとすると

$$P_i = \frac{n_i RT}{V} = c_i RT \tag{6.6}$$

と書ける．ここで，c_i は mol dm^{-3} 単位で表した濃度である．(6.5) 式に (6.6) 式を代入すると

$$K_P{}^\ominus = \prod_i c_i{}^{\nu_i}(RT)^{\Delta n_g} = K_c(RT)^{\Delta n_g} \tag{6.7}$$

となる．ここで，$\Delta n_g = \sum \nu_i = \sum \nu_{\text{product}} + \sum \nu_{\text{reactant}}$ で，反応にともなう分子数の変化に相当している．したがって，分子数が変化しない反応では濃度平衡定数は圧平衡定数に等しい．K_P は [圧力]$^{\Delta n_g}$ の，K_c は [濃度]$^{\Delta n_g}$ の次元を持つ量である．

6.3 平衡定数と自由エネルギー

温度・圧力一定の条件で反応系の反応進行度が ξ から $\xi + d\xi$ まで変化したときの系のギブズエネルギー変化は，(5.4) 式と (6.3) 式とから

$$(dG)_{T,P} = \sum \mu_i dn_i = \sum \nu_i \mu_i d\xi \tag{6.8}$$

となる．したがって

$$(dG/d\xi)_{T,P} = \sum \nu_i \mu_i = 0 \tag{6.9}$$

が，反応系の平衡条件になる．

$$A \equiv -\sum \nu_i \mu_i \tag{6.10}$$

は熱力学的に表現された**親和力**で，反応系における化学反応の駆動力を定量的に表している．平衡条件は

$$A = 0 \tag{6.11}$$

である．$A_r = -\sum(\nu_i\mu_i)_r, A_p = -\sum(\nu_i\mu_i)_p$ とすると，平衡条件 (6.11) は，$A_r = A_p$ とも表される．

(6.6) 式や (6.7) 式は理想気体や理想溶液に関する式である．実在の気体や溶液については，分圧や濃度の補正の係数（活量係数）を乗じれば，これまでの議論がそのまま適用できる．

アンモニアの生成反応系において理想気体近似が成り立つとすると，各成分の化学ポテンシャルについて (5.12) 式が適用できる．標準状態（$P^\ominus = 1\,\text{atm}$）を基準にとった場合には (5.12) 式を

$$\mu_i = \mu_i{}^\ominus + RT \ln(P_i/\text{atm}) \tag{6.12}$$

と表す．これを (6.9) 式に代入して整理すると

$$2\mu_{\text{NH}_3}{}^\ominus - (3\mu_{\text{H}_2}{}^\ominus + \mu_{\text{N}_2}{}^\ominus) + RT \ln\left[\frac{P_{\text{NH}_3}{}^2}{P_{\text{H}_2}{}^3 P_{\text{N}_2}}\right] = 0 \tag{6.13}$$

を得る．ここで [ ]$_e$ の添字 e は平衡状態にあるときの各成分の分圧の値をとることを意味している．$\Delta G^\ominus = 2\mu_{NH_3}^\ominus - (3\mu_{H_2}^\ominus + \mu_{N_2}^\ominus)$ と書くと，(6.13) 式は次のようになる．

$$\Delta G^\ominus = -RT \ln \left[\frac{P_{NH_3}^2}{P_{H_2}^3 P_{N_2}} \right]_e \tag{6.14}$$

(6.12) 式で，$P_i = 1\,\mathrm{atm}$ とおくと $\mu_i = \mu_i^\ominus$ となることからわかるように，$\mu_i^\ominus$ は各々の物質が標準状態（1 atm）にあるときの純物質のモルギブズエネルギーであるから，$\Delta G^\ominus$ は標準状態で純粋な H_2 3 mol と純粋な N_2 1 mol とが純粋な NH_3 2 mol に変化するときのギブズエネルギー変化である．$\Delta G^\ominus$ を**標準ギブズエネルギー変化**という．$\mu_i^\ominus$ は温度の関数であるから，$\Delta G^\ominus$ も温度の関数である．

$$\Delta G^\ominus = -RT \ln K_P^\ominus, \quad K_P^\ominus = \exp(-\Delta G^\ominus/RT) \tag{6.15}$$

と書くと，(6.14) 式は

$$K_P^\ominus = \prod_i (P_i^{\nu_i})_e \tag{6.16}$$

となる．$K_P^\ominus$ を**標準圧平衡定数**という．一定温度では $\Delta G^\ominus$ は反応に固有の量であるから，K_P も反応に固有の定数である．これは化学平衡の法則に他ならない．

6.4 標準生成ギブズエネルギー

(6.15) 式からわかるように標準平衡定数は $\Delta G^\ominus$ の値で定まる．定温・定圧では $\Delta G^\ominus$ は

$$\Delta G^\ominus = \Delta H^\ominus - T\Delta S^\ominus \tag{6.17}$$

表 6.1　標準生成ギブズエネルギー（25 °C）

物　質	$\Delta G_f^\ominus / \mathrm{kJ\,mol^{-1}}$	物　質	$\Delta G_f^\ominus / \mathrm{kJ\,mol^{-1}}$
H_2O (g)	−228.60	CO (g)	−137.2
H_2O (ℓ)	−237.2	CO_2 (g)	−394.4
HCl (g)	−95.30	CaO (s)	−604.4
S (単斜)	0.096	$CaCO_3$ (s)	−1129
SO_2 (g)	−300.4	CH_4 (g)	−50.84
H_2S (g)	−33.02	C_2H_6 (g)	−32.93
NO (g)	86.57	n-C_4H_{10} (g)	−15.71
NO_2 (g)	51.30	iso-C_4H_{10} (g)	−17.97
NH_3 (g)	−16.38	C_6H_6 (ℓ)	124.4
C (ダイヤモンド)	2.900		

より，$\Delta H^\ominus$ と $\Delta S^\ominus$ とから計算できる．$\Delta H^\ominus$ は標準状態で $\xi = 1$ だけ反応が進行したときの反応熱で，標準生成熱からヘスの法則を用いて計算される．$\Delta S^\ominus$ は，各物質の標準エントロピーから次の式によって計算される．

$$\Delta S^\ominus = \sum \nu_i S_i^\ominus \tag{6.18}$$

標準状態で化合物 1 mol が，成分元素の単体から生成するときの $\Delta G_f^\ominus$ を，**標準生成ギブズエネルギー**という．$\Delta G_f^\ominus$ を用いて，$\Delta G^\ominus$ は

$$\Delta G^\ominus = \sum \nu_i (\Delta G_{f,i}^\ominus) \tag{6.19}$$

によって計算される．

6.5 不均一系の化学平衡

気相を含む化学平衡は，(1) 体積一定，(2) 圧力一定，のいずれかの条件で考察するのが普通である．気体のみが平衡に関与する系では，分子数が変化しない場合には，温度一定の条件下では体積や圧力が一定に保たれるので取扱いは簡単である．分子数が変化する場合は，温度一定の条件下でも体積や圧力が一定に保たれないのでそれを考慮する必要がある．分子数が変化しない場合は平衡定数は無次元の数となり，反応系の体積や全圧に依存しない．

固体と気体とが化学平衡にあるような不均一系の平衡では，固相の量は平衡には関係しない．例えば，炭酸カルシウムの解離平衡

$$CaCO_3(s) = CaO(s) + CO_2(g) \tag{6.20}$$

では，CO_2 の平衡圧力は $CaCO_3$ や CaO の量には関係なく，温度だけで決まる．これは，$CaCO_3$ と CaO が固溶体を作らず，各々が純粋な固体として存在するからである．化学平衡においては，純粋な固相の活量を1とする．そうすると，反応 (6.20) 式の圧平衡定数は

$$K_P = P_{CO_2} \tag{6.21}$$

となる．すなわち，平衡定数は CO_2 の分圧となる．これを，$CaCO_3$ の**解離圧**または**分解圧**という．表 6.2 に見られるように，解離圧は温度の上昇とともに急激に増大し，897°C で 1 atm に達する．

表 **6.2** $CaCO_3$ の解離圧

温度/°C	解離圧/atm
600	0.00242
700	0.0292
800	0.220
897	1.000
1000	3.871
1100	11.50
1200	28.68

6.6 平衡定数の温度依存性

(6.15) 式からわかるように，平衡定数の温度依存性は $\Delta G^\ominus$ の温度依存性によって決まる．$\Delta G^\ominus$ の温度依存性は，ギブズ-ヘルムホルツの式 (4.20) によって表される．すなわち

$$\left[\frac{\partial}{\partial T}\left(\frac{\Delta G^\ominus}{T}\right)\right]_P = -\frac{\Delta H^\ominus}{T^2} \tag{6.22}$$

となる．この式と (6.15) 式とから

$$\frac{d}{dT}\left(\ln K_P^\ominus\right) = \frac{\Delta H^\ominus}{RT^2}, \quad \frac{d(\ln K_P^\ominus)}{d(1/T)} = -\frac{\Delta H^\ominus}{R} \tag{6.23}$$

となる．この式を**ファント・ホッフの定圧平衡式**という．

$\ln K_P^\ominus$ を $1/T$ に対してプロットすると，発熱反応 ($\Delta H^\ominus < 0$) では勾配は正，吸熱反応 ($\Delta H^\ominus > 0$) では勾配は負となる．$\Delta H^\ominus$ は温度にあまり依存しないので，プロットは図 6.1 のようにほぼ直線となる．(6.23) 式より，発熱反応では高温 ($1/T$ が小) で $K_P^\ominus$ は小さくなり，平衡状態での生成物の割合が小さくなることがわかる．吸熱反応では逆になる．これはル・シャトリエの原理の熱力学的な裏付けである．

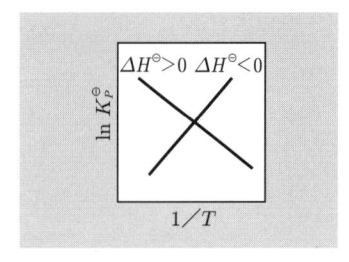

図 6.1 $\ln K_P^\ominus$ と $1/T$ の関係

$\Delta H^\ominus$ が温度によらないとすると，(6.23) 式を積分して

$$\int_{\ln K_P^\ominus(T_1)}^{\ln K_P^\ominus(T_2)} d \ln K_P^\ominus = \int_{T_1}^{T_2} \frac{\Delta H^\ominus}{RT^2} dT, \quad \ln\left[\frac{K_P^\ominus(T_2)}{K_P^\ominus(T_1)}\right] = \frac{\Delta H^\ominus(T_2 - T_1)}{RT_1T_2} \tag{6.24}$$

を得る．すなわち，圧平衡定数の温度変化から標準生成エンタルピーが求められる．

(6.15) 式と (6.17) 式より

$$K_P^\ominus = \exp\left(-\Delta G^\ominus/RT\right) = \exp\left(-\Delta H^\ominus/RT\right)\exp\left(\Delta S^\ominus/R\right) \tag{6.25}$$

と書ける．したがって，$-\Delta H^\ominus/RT$ が正でその値が大きいときには $K_P^\ominus$ の値も大きく，反応が進んだところで平衡に達することがわかるが，$\Delta S^\ominus$ が大きく，$\Delta S^\ominus/R$ の値が大きい場合には，$-\Delta H^\ominus/RT$ が負，すなわち吸熱反応でも $K_P^\ominus$ の値は大きくなり得ることがわかる．特に高温では $\Delta H^\ominus/RT$ の項の寄与は相対的に小さくなり，平衡は系のエントロピーが増大する方向へ移動する．高温で熱を吸収する分解反応が起こるのはそのためである．

例題 1 ――――――――――――――――――――――――― 平衡定数 ――

アンモニアの生成反応を

$$\frac{1}{2}N_2 + \frac{3}{2}H_2 \rightleftarrows NH_3 \tag{a}$$

と表したとき，400°C における圧平衡定数は

$$K_P = \frac{P_{NH_3}}{P_{N_2}^{1/2} P_{H_2}^{3/2}} = 1.28 \times 10^{-2}\,\text{atm}^{-1} \tag{b}$$

である．同じ反応を

$$N_2 + 3H_2 = 2NH_3 \tag{c}$$

と表したときの 400°C における圧平衡定数を求めよ．

【解答】 化学反応式の書き方に対応して平衡定数が変わることを示す．(c) 式に平衡の法則を適用すると

$$K_P = \frac{P_{NH_3}^2}{P_{N_2} P_{H_2}^3} = 1.64 \times 10^{-4}\,\text{atm}^{-2} \tag{d}$$

となる．(d) 式では $\xi = 1$ で 2 mol のアンモニアが生じるから，$\Delta G^\ominus$ は 1 mol しか生じない (a) 式の 2 倍になる (G は示量性の量である)．したがって，(6.15) 式より，K_P は 2 乗になることがわかる．

▧▧▧▧ 問 題 ▧▧▧▧

1.1 例題の (d) 式で与えられる平衡定数を Pa 単位で表せ．

1.2 表 6.1 のデーターを用いて，次の反応の 25°C における標準平衡定数を求めよ．

(1) $H_2(g) + CO_2(g) = CO(g) + H_2O(g)$

(2) $CO_2(g) + C(黒鉛) = 2CO(g)$

(3) $2SO_2(g) + O_2(g) = 2SO_3(g)$

1.3 1 atm で水素分子は $H_2(g) = 2H(g)$ で次の表のように原子に解離する．

温度/K	2000	3000	4000
解離度 (%)	0.122	9.03	62.5

(1) 各温度における解離平衡定数を atm 単位および Pa 単位で表せ．

(2) 2000 K で全圧を 0.1 atm および 10 atm としたときの解離度を求めよ．

1.4 1120°C，1 atm における H_2O の解離度は 8.9×10^{-5}，CO_2 の $CO + \frac{1}{2}O_2$ への解離度は 1.41×10^{-4} である．それぞれの標準圧平衡定数はいくらか．また，気相反応

$$CO_2 + H_2 = CO + H_2O$$

の 1120°C における標準圧平衡定数と標準ギブズエネルギー変化はいくらか．

―― 例題 2 ―――――――――――――――――――――――― 化学平衡の計算 ――

アンモニアの生成反応 $N_2(g) + 3H_2(g) = 2NH_3(g)$ (a)

の 500 °C における平衡定数は $1.50 \times 10^{-5}\,\mathrm{atm}^{-2}$ である．純粋なアンモニアを 500 °C で 1.00 atm および 500 atm に保ったときのアンモニアの最終的な分圧を求めよ．

【解答】 系には H_2, N_2, NH_3 の 3 成分だけが存在しているので，全圧を P とすると

$$P = P_{H_2} + P_{N_2} + P_{NH_3}, \quad P_{H_2} = 3P_{N_2}$$

の関係がある．$P_{NH_3} = x$ とおくと

$$P - x = P_{H_2} + P_{N_2} = \frac{4}{3}P_{H_2}, \quad P_{H_2} = \frac{3}{4}(P-x), \quad P_{N_2} = \frac{1}{4}(P-x)$$

となる．これらを例題 1 の (d) 式に代入すると

$$1.50 \times 10^{-5} = \frac{x^2}{\left(\frac{3}{4}\right)^3 (P-x)^3 \left(\frac{1}{4}\right)(P-x)} = \frac{x^2}{\frac{27}{256}(P-x)^4}$$

となる．両辺を 1/2 乗すると $x = 1.26 \times 10^{-3}(P-x)^2$

となる．1 atm ではアンモニアはほとんど分解すると考えられるので $P_{NH_3} \ll 1$ であり $P - x \simeq P$ と近似できる．したがって

$$x = 1.26 \times 10^{-3}\,\mathrm{atm}$$

500 atm では上の近似は用いられないので，(b) 式を解いて x を求める．

$$x_1 = 1641\,\mathrm{atm},\ x_2 = 152\,\mathrm{atm}$$

であり，x_1 は不合理．ゆえに

$$P_{NH_3} = 152\,\mathrm{atm}$$

||||||||| 問 題 ||||||||||||||||||||||||||||||||||||||||||||||||||||||||||||||||||||||||||||||||

2.1 五塩化リンは $PCl_5(g) = PCl_3(g) + Cl_2(g)$ 次のように分解する．純粋な五塩化リンの分解率 α が反応系の体積および全圧にどのように依存するかを考察せよ．

2.2 酢酸とエチルアルコールが等モルの割合の混合物が平衡に達すると，酢酸ははじめの 1/3 になる．

(1) 反応 $CH_3COOH + C_2H_5OH = CH_3COOC_2H_5 + H_2O$ のこの温度での平衡定数を求めよ．

(2) 酢酸とエチルアルコールを 1 kg ずつ混合した系で最終的に生成するエステルの量は何グラムか．

─ 例題 3 ──────────────── 平衡の移動と解離熱 ─

1 atm 下での水の解離度は，727 °C で 2.5×10^{-7}，1727 °C で 5.6×10^{-3} である．反応のエンタルピー変化は温度に依存しないとして，水蒸気 1 mol の解離熱を求めよ．

【解答】 反応 $2H_2O(g) = 2H_2(g) + O_2(g)$ の圧平衡定数の値は，解離度の値から次のようにして求められる．

$$P_{H_2O} = \frac{1 - 2.5 \times 10^{-7}}{1 + \frac{2.5}{2} \times 10^{-7}} \text{ atm}, \quad P_{H_2} = \frac{2.5 \times 10^{-7}}{1 + \frac{2.5}{2} \times 10^{-7}} \text{ atm}, \quad P_{O_2} = \frac{\frac{2.5}{2} \times 10^{-7}}{1 + \frac{2.5}{2} \times 10^{-7}} \text{ atm}$$

であるから

$$727\,°C : K_P(727\,°C) = \frac{P_{H_2}{}^2 P_{O_2}}{P_{H_2O}{}^2} \simeq (2.5 \times 10^{-7})^2 \times \frac{2.5}{2} \times 10^{-7} = 7.8 \times 10^{-21} \text{ atm}$$

$$1727\,°C : K_P(1727\,°C) \simeq (5.6 \times 10^{-3})^2 \times \frac{5.6}{2} \times 10^{-3} = 87.8 \times 10^{-9} \text{ atm}$$

である．ΔH が温度に依存しないとして

$$\ln K_P(1727\,°C) - \ln K_P(727\,°C) = -\frac{\Delta H}{R}\left(\frac{1}{1727 + 273} - \frac{1}{727 + 273}\right)$$

これより

$$2.303 \log \frac{87.8 \times 10^{-9}}{7.8 \times 10^{-21}} = \frac{\Delta H}{2000R}$$

$$\Delta H = 30.06 \times 2000\,R = 500\,\text{kJ}$$

水 1 mol あたりでは $500 \div 2 = 250$ kJ．

|||||||||||| 問 題 ||||||||||||||||||||||||||||||||||||||||||||||||||||||||||||||||||||||||||||||||

3.1 塩化カルボニルは $COCl_2 = CO + Cl_2$ と解離する．解離度は 503 °C で 67 %，553 °C で 80 %である．この温度範囲における塩化カルボニルの平均の解離熱を求めよ．

3.2 N_2O_4 および NO_2 の標準生成熱は 9.2 および 33.2 kJ mol^{-1} である．反応 $N_2O_4(g) = 2NO_2(g)$ について次のことを説明せよ．
(1) 全圧が増大するときの平衡の移動．
(2) 温度が高くなるときの平衡の移動．

3.3 一酸化窒素 NO の標準生成ギブズエネルギー $\Delta G^\ominus$ は温度の関係として

$$\Delta G^\ominus / \text{J mol}^{-1} = 90370 - 10.46 T$$

で与えられる．空気（酸素：窒素 = 1 : 4）を 1 atm で 1000 °C および 1500 °C に加熱したとき，一酸化窒素に変わる窒素の割合を求めよ．

―― 例題 4 ――――――――――――――――――――――――― 固相を含む系の平衡 ――

炭酸カルシウムの解離圧は 800 °C で 0.220 atm, 1000 °C で 3.871 atm である. 解離圧が 1 atm になる温度を求めよ.

【解答】 固相が関与する不均一反応で, 平衡定数は $K_P = P_{CO_2}$ で, K_P が解離圧である. (6.24) 式より

$$\ln\left[\frac{K_P(1273)}{K_P(1073)}\right] = \ln\left(\frac{3.871}{0.220}\right) = -\frac{\Delta H}{R}\left(\frac{1}{1273} - \frac{1}{1073}\right)$$

となる. これより, 解離熱 ΔH は

$$\Delta H = 8.314 \times \ln 17.60 / 1.464 \times 10^{-4} = 1.6284 \times 10^5 \text{ J}$$

となる. $K_P = 1\,\text{atm}$ となる温度 T K とすると

$$\ln\left(\frac{1}{0.22}\right) = -\frac{1.628 \times 10^5}{R}\left(\frac{1}{T} - \frac{1}{1073}\right)$$

となる. これより $\quad \dfrac{1}{T} = 8.314 \times \ln\dfrac{0.22}{1.628} \times 10^5, \quad T = 1170 \text{ K} = 897\,°\text{C}$

問 題

4.1 酸化銀 Ag_2O の解離圧は 598 °C で 3.24×10^6 Pa, 647 °C で 7.53×10^6 Pa である. 解離反応 $Ag_2O = 2Ag + \frac{1}{2}O_2$ のこの温度範囲における平均の反応熱を求めよ.

4.2 水銀の沸点 357 °C における酸化水銀 (II) HgO の解離圧は 1.147×10^4 Pa である.
(1) 反応 $2HgO(s) = 2Hg(g) + O_2(g)$ の 357 °C における $K_P^{\ominus}$ と $\Delta G^{\ominus}$ を求めよ.
(2) HgO(s) と Hg(ℓ) を真空容器に入れて 357 °C に保ったときの O_2 の分圧はいくらになるか. また, あらかじめ容器中に 1 atm の窒素および空気を入れておいたときの O_2 の分圧はそれぞれいくらになるか. 空気は窒素 : 酸素 = 4 : 1 の混合物とせよ. 水銀は十分にあるものとする.

4.3 塩化アンモニウムの解離圧は 324 °C で 1 atm になる. 塩化アンモニウムの解離反応 $NH_4Cl(s) = HCl(g) + NH_3(g)$ の 324 °C における標準ギブズエネルギー変化を求めよ.

4.4 鉄は, 高温では水蒸気と次のように反応して四酸化三鉄 Fe_3O_4 ($Fe_2O_3 \cdot FeO$) となり, 表面に保護膜を生成する.

$$3Fe(s) + 4H_2O(g) = Fe_3O_4(s) + 4H_2(g)$$

ある温度でこの反応系が平衡に達したとき, 水蒸気の分圧は 5.2 Torr, 水素の分圧は 75.6 Torr であった. 同じ温度で 1 atm の水蒸気を鉄と反応させたときの各気体の平衡圧力を求めよ.

---例題 5---　　　　　　　　　　　　　　　　　　　　　　　平衡定数とギブズエネルギー---

(1) 反応　$3Fe(s) + 4H_2O(g) = Fe_3O_4(s) + 4H_2(g)$　がある温度で平衡に達したときの H_2O の分圧は 3.37×10^3 Pa, H_2 の分圧は 4.33×10^4 Pa であった．同じ温度で Fe(s) と 1.013×10^5 Pa の $H_2O(g)$ を体積一定の容器に入れて平衡に達したときの H_2O および H_2 の分圧はいくらか．また，2 倍の圧力の $H_2O(g)$ をいれた場合はどうなるか．Fe は十分にあるものとする．

(2) 1 atm 下で斜方硫黄から単斜硫黄に転移する際の ΔG の温度依存性は
$$\Delta G = 504.5 + 2.091 T \ln T - 11.80 T - 0.00523 T^2$$
で表される．1 atm 下での転移温度を求めよ．

【解答】 (1) 平衡定数は
$$K_P = P_{H_2}^4 / P_{H_2O}^4 = (4.33 \times 10^4 / 3.37 \times 10^3)^4 = 2.73 \times 10^4$$
である．反応によって気体の物質量には変化がないので全圧は変わらない．したがって，1.013×10^5 Pa (1 atm) の H_2O のうちで α だけ反応したとすると
$$K_P = 2.73 \times 10^4 = [\alpha/(1-\alpha)]^4, \quad \alpha/(1-\alpha) = 12.85, \quad \alpha = 0.928$$
$$P_{H_2O} = 0.072\,\text{atm} = 7.3 \times 10^3\,\text{Pa}, \quad P_{H_2} = 0.928\,\text{atm} = 9.4 \times 10^4\,\text{Pa}$$
全圧を 2 倍にしても平衡には変化がなく，各成分の分圧が 2 倍になるだけである．

(2) 転移点において $G(斜方) = G(単斜)$ となり，$\Delta G = 0$ である．したがって
$$0 = 504.5 + 2.091 T \ln T - 11.80 T - 0.00523 T^2$$
この式は解析的には解けない．計算機を用いて
$$T_{i+1} = \frac{504.5 + 2.091 T_i \ln T_i - 0.00523 T_i^2}{11.80}$$
の回帰法を用いて任意の T_0 から出発して計算すると $T_n \to 368$ に収斂する．他の方法では収斂しない．転移温度は $368\,\text{K} = 95\,°\text{C}$．

|||||||||| **問　題** ||||||||||||||||||||||||||||||||||||||||||||||||||||||||||||||||||||||||||||

5.1 18 °C における反応　$ZnSO_4 \cdot 7H_2O = ZnSO_4 \cdot 6H_2O + H_2O(\ell)$　の $\Delta G^{\ominus}$ は 1480 J mol^{-1} である．18 °C で $ZnSO_4 \cdot 7H_2O$ と $ZnSO_4 \cdot 6H_2O$ が共存しているときの水蒸気圧を求めよ．18 °C での水の蒸気圧は 15.48 Torr である．

5.2 反応　$2SO_2(g) + O_2(g) = 2SO_3(g)$　の標準エンタルピー変化は $\Delta H^{\ominus} = 189$ kJ で，800 K～1200 K の温度範囲では一定とみなせる．また，1000 K における標準平衡定数は $\ln K_P^{\ominus} = 1.23$ である．この反応の標準ギブズエネルギー変化を表す式を導け．

---例題 6---――――――――――――――――――――――――平衡定数の温度依存性―

ベンゼンに水素を添加をしてシクロヘキサンを生成する反応の 1 atm における標準平衡定数は
$$\log K_P^\ominus = 9590/T - 9.9194 \log T + 0.00285T + 8.565$$
で与えられる．25 °C におけるベンゼンの標準生成熱は 82.927 kJ mol^{-1} である．25 °C におけるシクロヘキサンの標準生成熱を求めよ．

【解答】 所与の式を自然対数に改めると
$$\ln K_P^\ominus = 2.303 \times 9590/T - 9.9194 \ln T + 2.303 \times 0.00285T + 2.303 \times 8.565$$
となる．温度に関する導関数は
$$\frac{d \ln K_P^\ominus}{dT} = -\frac{22086}{T^2} - \frac{9.9194}{T} + 0.006564$$
となる．これと (6.23) 式とを比較すると
$$\Delta H^\ominus = RT^2 \frac{d \ln K_P^\ominus}{dT}$$
$$= -22086 \times 8.314 - 9.9194 \times 8.314T + 0.006564 \times 8.314T^2$$
$T = 298$ K とおくと
$$\Delta H^\ominus = -1.8362 \times 10^5 - 2.4576 \times 10^4 + 4.846 \times 10^3$$
$$= -2.033 \times 10^5 \text{ J}$$
したがって C$_6$H$_6$(ℓ) + 3H$_2$(g) = C$_6$H$_{12}$(ℓ) ; $\Delta H^\ominus = -2.033 \times 10^5$ J (a)

である．他方 6C(s) + 3H$_2$(g) = C$_6$H$_6$(ℓ) ; $\Delta H^\ominus = 8.2927 \times 10^4$ J (b)

(a) と (b) 式より 6C(s) + 6H$_2$(g) = C$_6$H$_{12}$(ℓ) ; $\Delta H^\ominus = -1.204 \times 10^5$ J

|||||||||| 問 題 |||||||||||||||||||||||||||||||||||||||||||||||||||||||||||||||||||||||||||||||||||||||||||||||

6.1 硫化水素の標準生成ギブズエネルギーは

$$\Delta G^\ominus = -8.033 \times 10^4 + 6.904T + 3.933T \ln T - 6.904 \times 10^{-3} T^2 - 1.548 \times 10^{-6} T^3$$

で与えられる．1 atm で硫化水素を 1300 K に加熱して平衡に達したときの水素の分圧を求めよ．1300 K では硫黄は原子状となっているものとする．

6.2 1000 °C, 30 atm で反応 C(s) + CO$_2$(g) = 2CO(g) が平衡に達したときの混合気体中の CO$_2$ の体積の割合は 17% であった．この結果と，反応 CO$_2$(g) + H$_2$(g) = CO(g) + H$_2$O(g) の 1000 °C における平衡定数 1.66 とから，反応 C(s) + H$_2$O(g) = CO(g) + H$_2$(g) の 1000 °C における平衡定数を求めよ．

演習問題

1. 平衡条件は反応物と生成物の親和力が等しくなることを示せ.
2. 気圧単位で表した気相での水の生成反応の K_P が $1.50 \times 10^5 \, \text{atm}^{-1}$ であるとき, Pa 単位および Torr 単位で表した K_P の値はいくらか.
3. 表 6.1 のデータを用いて, 25 °C で n-ブタン (g) と i-ブタン (g) の異性化反応が平衡に達したときの両者のモル比を求めよ.
4. 解離反応
   (1) $AB = A + B$ (2) $A_2 = 2A$
   の解離度が α であるときの平衡定数を求め, 両者の差について考察せよ.
5. 550 °C における, 次の反応の平衡定数が与えられている.
$$\text{CoO(s)} + \text{H}_2(\text{g}) = \text{Co(s)} + \text{H}_2\text{O(g)} \qquad K_P^{(1)} = 67$$
$$\text{CoO(s)} + \text{CO(g)} = \text{Co(s)} + \text{CO}_2(\text{g}) \qquad K_P^{(2)} = 490$$
   反応
$$\text{CO}_2(\text{g}) + \text{H}_2(\text{g}) = \text{CO(g)} + \text{H}_2\text{O(g)}$$
   の K_P を求めよ.
6. 反応
$$\text{N}_2\text{O}_4(\text{g}) = 2\text{NO}_2(\text{g})$$
   の平衡定数は, 25 °C で 0.15 atm である. 全圧が 1 atm の平衡混合気体における各成分の分圧はいくらか.
7. 解離反応
$$\text{NH}_4\text{HS(s)} = \text{NH}_3(\text{g}) + \text{H}_2\text{S(g)}$$
   の圧平衡定数は 25 °C で $0.11 \, \text{atm}^2$ である.
   (1) $\text{NH}_4\text{HS(s)}$ と平衡状態にある $\text{NH}_3(\text{g})$ と $\text{H}_2\text{S(g)}$ の圧力はいくらか.
   (2) 平衡系に 0.5 atm の NH_3 を追加した系が平衡に達したときの NH_3 と H_2S の圧力はいくらか.
8. 酸化鉄 (II) の一酸化炭素による還元反応 $\text{FeO(s)} + \text{CO(g)} = \text{Fe(s)} + \text{CO}_2(\text{g})$ の圧平衡定数 $K_P = P_{\text{CO}_2}/P_{\text{CO}}$ は 800 °C で 0.552, 1000 °C で 0.403 である. 平均の反応熱を求め, 900 °C における平衡定数を計算せよ.
9. エタンは触媒の存在下で次のように熱分解してエチレンと水素を生成する.
$$\text{C}_2\text{H}_6(\text{g}) = \text{C}_2\text{H}_4(\text{g}) + \text{H}_2(\text{g})$$
   900 K における標準ギブズエネルギー変化は $\Delta G^{\ominus} = 22.38 \, \text{kJ}$ である. 純粋なエタンが熱分解する反応系が 1 atm で平衡に達したときのエチレンと水素の分圧を求めよ.

10 オゾン分解反応

$$\frac{2}{3}O_3(g) = O_2(g)$$

の標準反応熱は

$$\Delta H^\ominus = 1.4477 \times 10^5 - 11.56T + 1.172 \times 10^{-2}T^2 - 2.59 \times 10^{-5}T^3$$

で与えられる．また 2300 K における圧平衡定数 $K_P = P_{O_2}/P_{O_3}{}^{2/3} = 0.01$ である．オゾン分解反応の 2300 K における標準生成ギブズエネルギー変化を温度の関数として表す式を求めよ．

11 五塩化リンは次のように解離する．

$$PCl_5(g) = PCl_3(g) + Cl_2(g)$$

純粋な五塩化リン 1.00 mol を容器に入れて 250 °C に保ったところ，気体の圧力は 1.00 atm で密度は 2.70 g dm^{-3} であった．P = 31.0, Cl = 35.5 として次の問いに答えよ．理想気体近似を用いてもよい．
(1) 解離平衡にある混合気体の平均分子量
(2) 解離平衡にある混合気体中の PCl_5 の分圧
(3) 250 °C における解離反応の平衡定数
(4) 250 °C における解離反応の標準ギブズエネルギー変化

12 濃度平衡定数と温度との関係は，標準生成内部エネルギー変化 $\Delta U^\ominus$ によって

$$\ln\left[\frac{K_c{}^\ominus(T_2)}{K_c{}^\ominus(T_1)}\right] = -\frac{\Delta U^\ominus}{R}\left(\frac{1}{T_2} - \frac{1}{T_1}\right)$$

で与えられることを示せ．

13 表 6.1 のデーターを用いて，反応 $2NO + O_2 = 2NO_2$ の 25 °C における標準圧平衡定数 $K_P{}^\ominus$ と標準濃度平衡定数 $K_c{}^\ominus$ を求めよ．

14 触媒上でペンタンを 600 K で反応させると，次の異性化平衡が成立する．化合物の下の数値は 600 K における標準生成ギブズエネルギーである．

$$CH_3CH_2CH_2CH_2CH_3 \rightleftarrows \begin{array}{c}CH_3\\ CH_3\end{array}\!\!\!\!\!> CHCH_2CH_3 \rightleftarrows C(CH_3)_4$$

$(\Delta G_f^\ominus/\text{kJ mol}^{-1})$ 141.38　　　　　　136.65　　　　146.77

平衡状態での各成分の割合を求めよ．

15 表 2.3 の標準生成熱および表 3.1 の標準モルエントロピーのデーターを用いて，アセチレンからベンゼンが生成する反応を

$$3C_2H_2(g) = C_6H_6(g)$$

の 25 °C における平衡定数を求めよ．25 °C におけるベンゼンの気化の標準エントロピー変化 $\Delta S_v{}^\ominus$ は 97.2 J K^{-1} mol^{-1} である．

7 電解質溶液と電池

7.1 電 解 質

強電解質は水溶液中で完全にイオンに電離しているが，**弱電解質**では非解離分子と電離イオンとの間に電離平衡が成立している．ほとんどの塩および強酸・強塩基は強電解質であり，弱酸・弱塩基は弱電解質である．

電解質溶液では，電離のために蒸気圧降下，沸点上昇，凝固点降下，浸透圧などの束一的性質に異常性が見られる．例えば，浸透圧は (5.34) 式の代わりに

$$\Pi V = i n_B RT \tag{7.1}$$

となる．i は**ファント・ホッフ係数**と呼ばれている補正項である．図 7.1 はいくつかの強電解質の i の値を濃度 c に対してプロットしたものである．$c \to 0$ の極限において i の値は電離して生じるイオンの数に等しくなる．濃度の増大とともに i の値が小さくなるのは，イオン間の強い静電相互作用のためにイオンの活量が減少するからである．

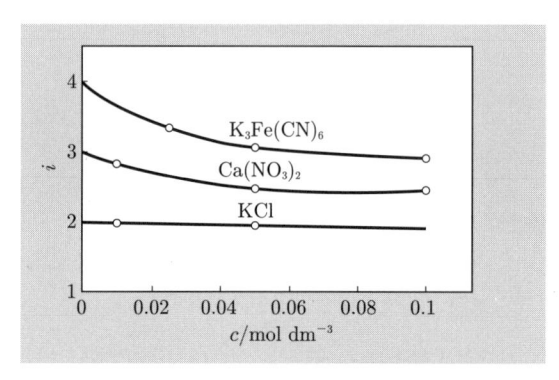

図 7.1 ファント・ホッフ係数の濃度依存性 (強電解質)

弱電解質では電離平衡が成立しているので，電離度は濃度の減少とともに増大する．したがって，i の濃度依存性は図 7.2 のようになる．

弱電解質を一般式 $X_m Y_n$ で表し，水溶液中で次のように電離するものとする．

$$X_m Y_n = m X^{z+} + n Y^{z-} \tag{7.2}$$

電離度を α とすると，各成分の濃度は

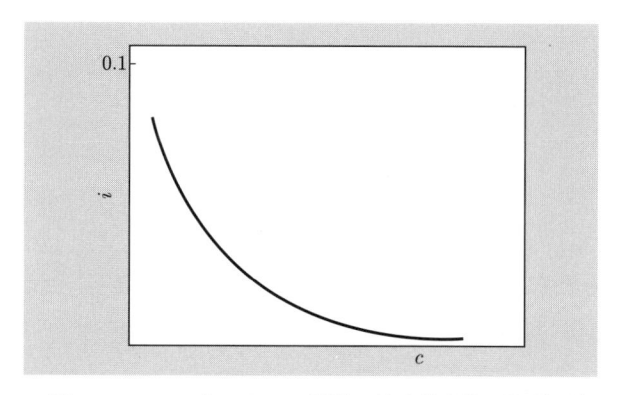

図 7.2 ファント・ホッフ係数の濃度依存性 (弱電解質)
i の値は強電解質に比べて小さい.

$$[X_mY_n] = c(1-\alpha), \quad [X^{z+}] = mc\alpha, \quad [Y^{z-}] = nc\alpha$$

となるから, 全体としての粒子濃度は

$$c(1-\alpha) + mc\alpha + nc\alpha = \{(m+n-1)\alpha + 1\}c \tag{7.3}$$

である. 弱電解質では α が小さいのでイオン濃度が低く, イオン間相互作用も無視できる程度である. したがって

$$i = (m+n-1)\alpha + 1 \tag{7.4}$$

とみなすことができる. i の値から α が求められる.

図 7.1 で示した, ファント・ホッフ係数の濃度依存性のように, 電解質溶液ではかなり希薄な溶液でも理想溶液からのずれが大きい. 実在溶液では, 各成分の化学ポテンシャルは, 質量モル濃度 $m=1$ を濃度基準として, (5.8) 式の代わりに

$$\mu_i = \mu_i^{\ominus} + RT \ln a_i = \mu_i^{\ominus} + RT \ln \gamma_i m_i \tag{7.5}$$

と書く. a_i は成分 i の**活量**である. 実際の濃度 m_i との比

$$\gamma_i = \frac{a_i}{m_i} \tag{7.6}$$

は**活量係数**である.

電解質溶液では 1 種のイオンだけの溶液は実現されないので, 単独のイオンの活量を求めることができない. (7.2) 式で表される強電解質溶液の活量は, X^{z+} の活量 a_+, Y^{z-} の活量を a_-, $s = m+n$ として

$$a_\pm = (a_+{}^m a_-{}^n)^{1/s} \tag{7.7}$$

で定義される幾何平均 $a_\pm$ が測定される．

したがって，イオンの平均活量係数も次のようになる．

$$\gamma_\pm = (\gamma_+{}^m \gamma_-{}^n)^{1/s} \tag{7.8}$$

デバイとヒュッケルは，強電解質の水溶液中の 1 つのイオンとそのまわりの**イオン雰囲気**との相互作用を考察して，希薄な電解質水溶液では平均活量係数（25°C）は

$$\log \gamma_\pm = -(0.509\,\text{mol}^{-1/2}\,\text{kg}^{1/2})|z_+ z_-|\sqrt{I} \tag{7.9}$$

と表されるとした．ここで，I は次の式で定義される**イオン強度**である．

$$I = \frac{1}{2} \sum_i m_i z_i{}^2 \tag{7.10}$$

ここで，m_i は i 番目のイオンの質量モル濃度，z_i はその電荷数で，溶液中のすべてのイオンについての和をとる．NaCl のような 1-1 電解質では $I = m$，$CaCl_2$ のような 1-2 電解質では $I = 2.5m$，$CuSO_4$ のような 2-2 電解質では $I = 4m$ である．(7.9) 式は，$I < 0.01\,\text{mol}\,\text{kg}^{-1}$ までは実験値とよく合致する．

7.2 弱酸・弱塩基の溶液と pH

アレニウスの H^+ と OH^- による酸・塩基の定義は，水溶液に限られている．ブレーンステッドとローリーは，酸を**陽子供与体**，塩基を**陽子受容体**と定義した．例えば，酢酸は水溶液中で次のように電離する．

$$\text{CH}_3\text{COOH} + \text{H}_2\text{O} = \text{CH}_3\text{COO}^- + \text{H}_3\text{O}^+ \tag{7.11}$$

この反応では酢酸は陽子供与体として働き，水は陽子受容体として働いている．逆反応では，オキソニウムイオン H_3O^+ が陽子供与体として働き，酢酸イオン CH_3COO^- が陽子受容体として働いている．H_3O^+ を H_2O の**共役酸**，CH_3COO^- を CH_3COOH の**共役塩基**という．

水溶液中でのアンモニアの電離では H_2O は陽子供与体として働き，NH_3 は陽子受容体として働いている．NH_4^+ は NH_3 の共役酸，OH^- は H_2O の共役塩基である．

［**水の電離と pH**］ 水はその一部が酸・塩基反応をして電離するが，H_3O^+ は H^+ と表すと，$[H_2O]$ は実質上一定であるから，平衡の法則より

$$[\text{H}^+][\text{OH}^-] = K_\text{w} \tag{7.12}$$

も一定となる．これを**水のイオン積**という．K_w は温度の上昇にともなって増大する．

水溶液中の水素イオン濃度は**水素イオン指数** pH で表す．

$$\mathrm{pH} = -\log[\mathrm{H}^+] \tag{7.13}$$

[**弱酸・弱塩基水溶液の pH**]　弱酸 AH の電離平衡については

$$\frac{[\mathrm{A}^-][\mathrm{H}^+]}{[\mathrm{AH}]} = K_\mathrm{a} \tag{7.14}$$

となる．K_a は AH の**電離定数**である．AH の濃度を c，電離度を α とすると

$$\frac{c\alpha^2}{1-\alpha} = K_\mathrm{a} \tag{7.15}$$

となる．一般に $\alpha \ll 1$ であるから，$\alpha \fallingdotseq (K_\mathrm{a}/c)^{1/2}$ となる．したがって

$$[\mathrm{H}^+] = c\alpha \fallingdotseq (cK_\mathrm{a})^{1/2} \tag{7.16}$$

$$\mathrm{pH} \fallingdotseq \frac{1}{2}(\mathrm{p}K_\mathrm{a} - \log c) \tag{7.17}$$

となる．ここで，$\mathrm{p}K_\mathrm{a} = -\log K_\mathrm{a}$ で，**解離指数**という．同様にして，弱塩基の電離定数を K_b とすると，水溶液の pH は次のようになる．

$$[\mathrm{OH}^-] = c\alpha \fallingdotseq (cK_\mathrm{b})^{1/2} \tag{7.18}$$

$$\mathrm{pH} = 14 - \frac{1}{2}(\mathrm{p}K_\mathrm{b} - \log c) \tag{7.19}$$

表 7.1　弱酸と弱塩基の電離定数（25°C）

	化合物	分子式	$K/(\mathrm{mol\,dm}^{-3})^{\Sigma\nu_i}$	$\mathrm{p}K = -\log(K/(\mathrm{mol\,dm}^{-3})^{\Sigma\nu_i})$
酸	ギ酸	HCOOH	1.77×10^{-4}	3.75
	酢酸	$\mathrm{CH_3COOH}$	1.75×10^{-5}	4.76
	モノクロロ酢酸	$\mathrm{CH_2ClOOH}$	1.40×10^{-3}	2.86
	炭酸	$\mathrm{H_2CO_3}$	$K_1\ 4.3 \times 10^{-7}$	6.37
			$K_2\ 5.6 \times 10^{-11}$	10.25
塩基	アンモニア	$\mathrm{NH_3}$	1.8×10^{-5}	4.74
	メチルアミン	$\mathrm{CH_3NH_2}$	4.38×10^{-4}	3.36

[**加水解離**]　弱酸 HA の強塩基との塩，例えば ANa は，水に溶けて A^- と Na^+ とに電離する．A^- は HA の共役塩基で，水と次のように反応する．

$$\mathrm{A}^- + \mathrm{H_2O} = \mathrm{HA} + \mathrm{OH}^- \tag{7.20}$$

他方，Na^+ は水と酸・塩基反応をしないので，結局水溶液はわずかに塩基性となる．こ

の現象を，**塩の加水解離**または**塩の加水分解**という．溶液の pH は次の式で与えられる（例題 2）．

$$\mathrm{pH} \fallingdotseq 7 + \frac{1}{2}(\mathrm{p}K_a + \log c) \tag{7.21}$$

[**緩衝溶液**] 弱酸 HA とその強塩基との塩 AM の水溶液では，AM の電離により多量に生じる A^- のために AH の電離は抑えられ，$[\mathrm{HA}] \fallingdotseq c_a$，$[\mathrm{A}^-] \fallingdotseq c_s$ となっている．ここで，c_a は酸の濃度，c_s は塩の濃度である．このときの水溶液の pH は

$$\mathrm{pH} = \mathrm{p}K_a + \log \frac{c_s}{c_a} \tag{7.22}$$

となる（問題 2.3）．このような混合溶液では，多量の酸とその共役塩基が共存しているために，外部から少量の H^+ や OH^- が加えられても，共役塩基や酸と反応して消費されるので，溶液の pH はあまり変化しない．この作用を**緩衝作用**といい，その溶液を**緩衝溶液**という．

7.3 溶解度積

難溶性の塩がその飽和溶液と共存している系では

$$\mathrm{X}_m\mathrm{Y}_n(\mathrm{s}) \;\rightleftarrows\; m\mathrm{X}^{z+} + n\mathrm{Y}^{z-} \tag{7.23}$$

の溶解平衡が成立している．$[\mathrm{X}_m\mathrm{Y}_n(\mathrm{s})]$ は一定だから，平衡の法則より

$$[\mathrm{X}^{z+}]^m[\mathrm{Y}^{z-}]^n = K_s \tag{7.24}$$

は一定となる．これを**溶解度積**という．K_s は純水に対する塩の溶解度から求められる．

溶解度積の差を利用して，イオン混合物から各種のイオンを選択的に分別沈殿させることができる．例えば，K_s の値は ZnS の値は 1.1×10^{-24}，CuS で 8×10^{-36} である．したがって，この溶液に $\mathrm{H}_2\mathrm{S}$ を加えて $[\mathrm{S}^{-2}] = 10^{-21}\,\mathrm{mol\,dm}^{-3}$ とすれば，共存できるイオンの最大濃度は，それぞれ

$$[\mathrm{Cu}^{2+}] \fallingdotseq 8 \times 10^{-15}\,\mathrm{mol\,dm}^{-3}, \quad [\mathrm{Zn}^{2+}] \fallingdotseq 10^3\,\mathrm{mol\,dm}^{-3}$$

となる．したがって，Cu^{2+} はほとんど完全に CuS となって沈殿するが，ZnS の沈殿は生じない．

硫化水素 $\mathrm{H}_2\mathrm{S}$ の飽和濃度は，常温で約 $0.1\,\mathrm{mol\,dm}^{-3}$ である．$\mathrm{H}_2\mathrm{S}$ は

$$\mathrm{H}_2\mathrm{S} = \mathrm{H}^+ + \mathrm{HS}^- \quad K_1 = 6 \times 10^{-8}\,\mathrm{mol\,dm}^{-3}$$
$$\mathrm{HS}^- = \mathrm{H}^+ + \mathrm{S}^{2-} \quad K_2 = 10^{-15}\,\mathrm{mol\,dm}^{-3}$$

で電離して S^{2-} を生じる．$[\mathrm{S}^{2-}]$ は，$[\mathrm{H}_2\mathrm{S}] \fallingdotseq 0.1\,\mathrm{mol\,dm}^{-3}$ として

$$[\mathrm{S}^{2-}] = K_1 K_2 [\mathrm{H_2S}]/[\mathrm{H^+}]^2 \fallingdotseq 6 \times 10^{-24}/[\mathrm{H^+}]^2$$

で与えられる．したがって，S^{2-} の濃度は，共存する $\mathrm{H^+}$ の濃度，すなわち pH により大きく変わる．pH = 2 のとき $[\mathrm{S}^{2-}] \fallingdotseq 6 \times 10^{-20}\,\mathrm{mol\,dm^{-3}}$ であるが，pH = 9 のとき $[\mathrm{S}^{2-}] \fallingdotseq 6 \times 10^{-6}\,\mathrm{mol\,dm^{-3}}$ となり，ZnS も沈殿するようになる．

7.4 電　　池

図 7.3 に示してあるダニエル電池は，電池図で次のように示す．

$$\mathrm{Zn}|\mathrm{Zn^{2+}}||\mathrm{Cu^{2+}}|\mathrm{Cu}$$

電池において，放電させたときに還元反応が進行する方を**正極**，酸化反応が進行する方を**負極**という．外部回路では，負極から正極へ電子 $\mathrm{e^-}$ が移動する．電池の両極に外部から逆電位差を加え，電流がゼロとなったときの電位差を，その電池の**起電力** (emf) という．電池の外部回路を閉じたとき，電池図の左側の極で酸化反応，右側の極で還元反応が進行するとき，起電力を正とする．

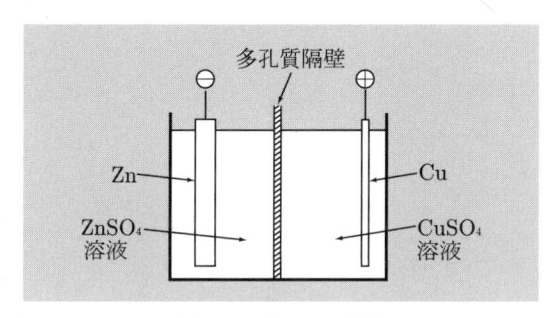

図 7.3　ダニエル電池

［**電極の種類**］　電池は 2 種類の電極部を組み合わせて構成されている．構成要素の電極部を**半電池**という．代表的な半電池には，以下のものがある．

(1)　**金属電極**：金属をその金属イオンを含む水溶液と接触させたもので，金属を M とすると

$$\mathrm{M}|\mathrm{M^{z+}}(m)$$

と表される．ここで，m は $\mathrm{M^{z+}}$ の質量モル濃度である．ナトリウムのような活性の強い金属を水銀に溶かしてアマルガムとしたものを電極とすることもある．これを**アマルガム電極**という．アマルガム電極の起電力はアマルガムの濃度 c にも依存する．

$$\mathrm{Hg - M}(c)|\mathrm{M^{z+}}(m)$$

(2) **気体電極**：白金黒付き白金の表面で，気体とそのイオンを含む水溶液とを接触させたものである．白金黒はコロイド状の白金で，表面積が非常に大きく，気体をよく吸着し触媒としての機能が優れている．

$$\text{水素電極}: \text{Pt}, \text{H}_2(P)|\text{H}^+(a), \quad \frac{1}{2}\text{H}_2 = \text{H}^+ + \text{e}^-$$
$$\text{塩素電極}: \text{Pt}, \text{Cl}_2(P)|\text{Cl}^-(a), \quad \text{Cl}^- = \frac{1}{2}\text{Cl}_2 + \text{e}^-$$

(3) **酸化・還元電極**：2つの異なる酸化状態の化学種を含む溶液に白金のような不活性電極を浸したものである．電極

$$\text{Pt}|\text{Fe}^{2+}(m_1),\ \text{Fe}^{3+}(m_2)$$

もその例である．白金は電子の授受が行われる場所を提供している．

(4) **金属-難溶性塩電極**：金属がその難溶性の塩に接し，塩が共通の陰イオンを含む溶液に接しているものである．カロメル（甘汞：Hg_2Cl_2）電極や銀-塩化銀電極がある．

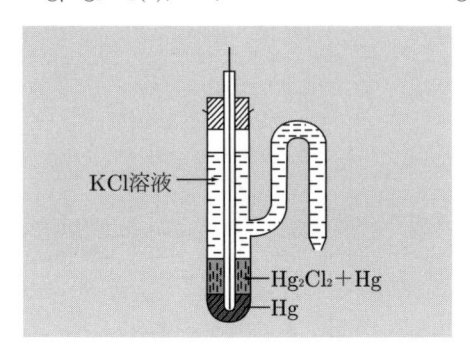

$$\text{カロメル電極}: \text{Hg}|\text{Hg}_2\text{Cl}_2(\text{s}), \text{Cl}^- \qquad \text{銀-塩化銀電極}: \text{Ag}|\text{AgCl}(\text{s}), \text{Cl}^-$$

図 **7.4** カロメル電極

7.5 標準電極電位

半電池の電位を単独で測定することはできない．そのため，特定の半電池を基準に選び，これと組み合わせたときの電池の起電力でもって半電池の電位とする．すなわち，基準の半電池との電位差を，その半電池の電位と見なす．標準の半電池としては，1 atm の水素と活量が1の水素イオン水溶液からなる水素電極

$$\text{Pt}, \text{H}_2(1\,\text{atm})|\text{H}^+(a_\pm = 1)$$

をとる．これを**標準水素電極**という．標準水素電極を左において構成した電池

$$\text{Pt, } H_2(1\,\text{atm})|H^+(a_\pm = 1)||X^{z+}|X$$

の起電力でもって右側の半電池を電極電位とする．特に，電池内反応に関与するすべての物質が，活量 1 の標準状態にあるときの電極電位を**標準電極電位**という．25°C における標準電極電位が表 7.2 に示してある．標準電極電位は，標準状態における還元電位で，その序列は上に示した電池の右側の電極における還元反応の傾向の強さである．金属電極の場合，その序列は**金属のイオン化傾向**に他ならない．

表 7.2 標準電極電位（還元電位 *）(25°C)

電極	電極反応	$E^\ominus/V$
酸性溶液		
$K^+|K$	$K^+ + e^- = K$	-2.925
$Ca^{2+}|Ca$	$Ca^{2+} + 2e^- = Ca$	-2.84
$Na^+|Na$	$Na^+ + e^- = Na$	-2.714
$Mn^{2+}|Mn$	$Mn^{2+} + 2e^- = Mn$	-1.18
$Zn^{2+}|Zn$	$Zn^{2+} + 2e^- = Zn$	-0.7631
$Fe^{2+}|Fe$	$Fe^{2+} + 2e^- = Fe$	-0.440
$Cd^{2+}|Cd$	$Cd^{2+} + 2e^- = Cd$	-0.4029
$SO_4^{2-}, PbSO_4|Pb$	$PbSO_4 + 2e^- = Pb + SO_4^{2-}$	-0.3553
$Sn^{2+}|Sn$	$Sn^{2+} + 2e^- = Sn$	-0.1375
$Pb^{2+}|Pb$	$Pb^{2+} + 2e^- = Pb$	-0.1288
$Fe^{3+}|Fe$	$Fe^{3+} + 3e^- = Fe$	-0.036
$H^+|H_2, Pt$	$2H^+ + 2e^- = H_2$	0
$Cu^{2+}, Cu^+|Pt$	$Cu^{2+} + e^- = Cu^+$	$+0.153$
$Sn^{4+}, Sn^{2+}|Pt$	$Sn^{4+} + 2e^- = Sn^{2+}$	$+0.154$
$Cl^-|AgCl|Ag$	$AgCl + e^- = Ag + Cl^-$	$+0.2224$
$Cl^-|Hg_2Cl_2, Hg$	$Hg_2Cl_2 + 2e^- = 2Hg + 2Cl$	$+0.2681$
$Cu^{2+}|Cu$	$Cu^{2+} + 2e^- = Cu$	$+0.337$
$[Fe(CN)_6]^{3-}, [Fe(CN)_6]^{4-}|Pt$	$[Fe(CN)_6]^{3-} + e^- = [Fe(CN)_6]^{4-}$	$+0.36$
$I^-|I_2, Pt$	$I_2 + 2e^- = 2I^-$	$+0.5346$
$Fe^{2+}, Fe^{3+}|Pt$	$Fe^{3+} + e^- = Fe^{2+}$	$+0.771$
$Ag^+|Ag$	$Ag^+ + e^- = Ag$	$+0.7991$
$Hg_2^{2+}, Hg^{2+}|Pt$	$2Hg^{2+} + 2e^- = Hg_2^{2+}$	$+0.92$
$Cl^-|Cl_2, Pt$	$Cl_2 + 2e^- = 2Cl$	$+1.3583$
$SO_4^{2-}, PbSO_4|PbO_2$	$PbO_2 + SO_4^{2-} + 4H^+ + 2e^- = PbSO_4 + 2H_2O$	$+1.6852$
塩基性溶液		
$SO_3^{2-}, SO_4^{2-}, OH^-|Pt$	$SO_4^{2-} + H_2O + 2e^- = SO_3^{2-} + 2OH^-$	-0.93
$OH^-|H_2, Pt$	$2H_2O + 2e^- = H_2 + 2OH^-$	-0.8281
$OH^-|Ni(OH)_2|Ni$	$Ni(OH)_2 + 2e^- = Ni + 2OH^-$	-0.72

* 酸化電位は還元電位の符号を変えたものである．

表 7.2 に示した電極の任意の組合せによって電池が組み立てられる．電池の起電力は，右側に書かれた半電池の電極電位から，左側に書かれた半電池の電極電位を引いたものに等しい．例えば，ダニエル電池の起電力は $0.337 - (-0.763) = 1.10\,\mathrm{V}$ である．

7.6 起電力と平衡定数

電池内反応を平衡に保ったまま仮想的に $zF(1\,F = 96485\,\mathrm{C})$ の電流を流したとすると，電池が外界に対してする仕事は zFE である．電気的な仕事はすべて有効な仕事であるから，zFE は電池系の自由エネルギーの減少に等しく，定温・定圧では

$$\Delta G = -zFE, \quad \Delta G = \sum_i \nu_i \mu_i \tag{7.25}$$

の関係がある．$E > 0$ のときは $\Delta G < 0$ で，電流を流すと左側の極で酸化反応が進行し，右側の極で還元反応が進行する．

一般に，電池の起電力は

$$E = E^{\ominus} - \frac{RT}{zF} \ln \prod_i a_i^{\nu_i} \tag{7.26}$$

となる．ここで，$E^{\ominus} = -\Delta G^{\ominus}/zF$ は標準起電力である．

電池が完全に放電し $E = 0$ となると，電池内反応は平衡状態に達している．このときは $\Delta G = 0$ であるから，平衡状態での活量を $a_i^{(e)}$ とすると，(7.26) 式より

$$E^{\ominus} = \frac{RT}{zF} \ln \prod_i a_i^{(e)\nu_i} \tag{7.27}$$

である．(6.4) 式より $\prod a_i^{(e)\nu_i} \equiv K_c$ であるから

$$E^{\ominus} = \frac{RT}{zF} \ln K_c \tag{7.28}$$

となる．したがって，標準起電力がわかれば直ちに平衡定数が求められる．

(7.25) 式を (4.13) 式に代入すると

$$\Delta S = -\left(\frac{\partial \Delta G}{\partial T}\right)_P = zF\left(\frac{\partial E}{\partial T}\right)_P \tag{7.29}$$

となる．したがって，起電力の温度依存性から電池内反応のエントロピー変化が求められる．定圧では $\Delta H = \Delta G + T\Delta S$ であるから，ギブズ-ヘルムホルツの式に対して

$$\Delta H = -zFE + zFT\left(\frac{\partial E}{\partial T}\right)_P = zFE^2\left[\frac{\partial (E/T)}{\partial T}\right]_P \tag{7.30}$$

となる．したがって，起電力の温度依存性から電池内反応のエントロピー変化が求められる．起電力の測定は精密に行われるので，熱測定よりは正確な反応熱が求められる．

―― 例題 1 ――――――――――――――――――――――――――― 電解質溶液 ――

(1) $0.05\,\mathrm{mol\,dm^{-3}}$ 希硫酸の凝固点は $-0.215\,°\mathrm{C}$ である．ファント・ホッフ係数 i を求めよ．また，第 1 段の電離 $H_2SO_4 = H^+ + HSO_4^-$ は 100％ 進行するとして，第 2 段の電離 $HSO_4^- = H^+ + SO_4^{2-}$ の電離度を求めよ．水のモル凝固点降下定数は $1.86\,\mathrm{K\,mol^{-1}kg}$ である．

(2) 水 200 g に塩化ナトリウム 1.169 g を溶かした溶液の凝固点は $-0.3478\,°\mathrm{C}$ である．塩化ナトリウムは完全に電離するとして，塩化ナトリウムの平均活量係数を求めよ．また，この溶液の $0\,°\mathrm{C}$ における浸透圧を求めよ．

【解答】(1) 希薄溶液であるから，モル濃度は質量モル濃度に等しいとしてもよい．硫酸が電離しないときの凝固点降下は $1.86 \times 0.05 = 0.0930\,\mathrm{K}$ である．ゆえに $i = 0.215/0.0930 = 2.31$ である．HSO_4^- の電離度を α とすると，各成分の濃度は

$$[HSO_4^-] = 0.05(1-\alpha), \quad [H^+] = 0.05(1+\alpha), \quad [SO_4^{2-}] = 0.05\alpha\,\mathrm{mol\,dm^{-3}}$$

である．これより $i = (1-\alpha) + (1+\alpha) + \alpha = 2 + \alpha = 2.31, \quad \alpha = 0.31$

(2) $\mathrm{NaCl} = 58.45$ であるから，質量モル濃度は $1.169 \times 5 \div 58.45 = 0.100\,\mathrm{mol\,kg^{-1}}$ である．理想溶液で活量係数が 1 であるときの凝固点降下度は $0.186 \times 2 = 0.372\,\mathrm{K}$ であるが実際は $0.3478\,\mathrm{K}$ であるから，平均活量係数は

$$\gamma_\pm = 0.3478/0.372 = 0.935$$

である．ファント・ホッフ係数は $i = 0.935 \times 2 = 1.870$ であるから，浸透圧は

$$\Pi = i(n_B/V)RT = 1.870 \times (0.100 \times 10^3/1\,\mathrm{m^3}) \times 8.314 \times 273$$
$$= 4.24 \times 10^5\,\mathrm{Pa} = 4.19\,\mathrm{atm}$$

|||||||||| 問 題 ||||||||||||||||||||||||||||||||||||||||||||||||||||||||||||||||||||||||||||||||

1.1 質量モル濃度 $0.100\,\mathrm{mol\,kg^{-1}}$ のギ酸水溶液の凝固点は $-0.194\,°\mathrm{C}$ である．この濃度におけるギ酸の電離度を求めよ．

1.2 質量モル濃度 $0.01\,\mathrm{mol\,kg^{-1}}$ の KCl，$CaCl_2$，および $CuSO_4$ の平均活量係数は 0.901，0.725，および 0.41 である．これらの塩の $0.01\,\mathrm{mol\,dm^{-3}}$ における平均活量を求め，その違いについて考察せよ．

1.3 希薄な電解質水溶液の平均活量係数 $\gamma_\pm$ はデバイ-ヒュッケルにより (7.9), (7.10) 式で与えられる．$25\,°\mathrm{C}$ における $BaSO_4$ の水に対する溶解度は $0.957 \times 10^{-5}\,\mathrm{mol\,dm^{-3}}$ である．$BaSO_4$ の水への溶解にともなう標準ギブズエネルギー変化を求めよ．

---例題 2--- 弱酸・強塩基

弱酸と強塩基とからなる塩の濃度 $c\,\mathrm{mol\,dm^{-3}}$ の水溶液の pH は次式で与えられることを示せ.

$$\mathrm{pH} \fallingdotseq 7 + \frac{1}{2}(\mathrm{p}K_\mathrm{a} + \log c) \tag{a}$$

【解答】 弱酸 AH と強塩基 MOH とからなる塩 MA は水に溶けて $\mathrm{A^-}$ と $\mathrm{M^+}$ とに電離する. MOH は強塩基であるから,$\mathrm{M^+}$ は $\mathrm{H_2O}$ と酸・塩基反応はしないが,$\mathrm{A^-}$ は弱酸 AH の共役塩基であるから $\mathrm{H_2O}$ と (7.20) 式で表すように酸・塩基反応をする. $[\mathrm{H_2O}]$ は一定とみなせるので,平衡の法則より,(7.20) 式から

$$\frac{[\mathrm{HA}][\mathrm{OH^-}]}{[\mathrm{A^-}]} = K_\mathrm{h} \tag{b}$$

となる. K_h は加水解離定数である. (b) 式から

$$K_\mathrm{h} = \frac{[\mathrm{HA}][\mathrm{OH^-}]}{[\mathrm{A^-}]} = \frac{[\mathrm{HA}]}{[\mathrm{A^-}][\mathrm{H^+}]}[\mathrm{H^+}][\mathrm{OH^-}] = \frac{K_\mathrm{w}}{K_\mathrm{a}} \tag{c}$$

の関係が導かれる. 塩の濃度を c,加水解離度を h とすると,$[\mathrm{A^-}] = c(1-h)$, $[\mathrm{HA}] = [\mathrm{OH^-}] = ch$ となるので

$$\frac{ch^2}{1-h} = K_\mathrm{h} \tag{d}$$

となる. 一般に $h \ll 1$ であるから,$h \fallingdotseq (K_\mathrm{h}/c)^{1/2} = (K_\mathrm{w}/cK_\mathrm{a})^{1/2}$ となるので

$$[\mathrm{OH^-}] = ch \fallingdotseq (cK_\mathrm{w}/K_\mathrm{a})^{1/2}, \quad [\mathrm{H^+}] = K_\mathrm{w}/[\mathrm{OH^-}] \fallingdotseq (K_\mathrm{a}K_\mathrm{w}/c)^{1/2} \tag{e}$$

となる. これより直ちに (a) 式が導かれる.

|||||||||| 問 題 ||||||||||||||||||||||||||||||||||||||||||||||||||||||||||||||||||||||||||||||||||||

2.1 表 7.1 のデータを用いて,濃度が 0.1, 0.01, および 0.001 $\mathrm{mol\,dm^{-3}}$ 酢酸水溶液とギ酸水溶液 (25 °C) における酸の電離度 α および溶液の pH を比較せよ. また,$\alpha \ll 1$ を前提とした近似式の誤差も検討せよ.

2.2 0.1 $\mathrm{mol\,dm^{-3}}$ 酢酸ナトリウム水溶液の 25 °C における加水解離度および pH を求めよ.

2.3 弱酸 AH とその酸の強塩基の塩 MA を溶かした水溶液の pH は,(7.22) 式で与えられることを示せ.

2.4 1 $\mathrm{mol\,dm^{-3}}$ 酢酸水溶液 (25 °C) 0.1 $\mathrm{dm^3}$ に酢酸ナトリウムを加えて pH = 5.30 の水溶液を作りたい. 何グラムの酢酸ナトリウムを加えればよいか.

―― 例題 3 ――――――――――――――――――――――――――――――――――――― 溶液度積 ――

25 °C で pH = 1 の酸性水溶液に硫化銅，硫化鉛，および硫化マンガンを加えたときに溶解する化合物はどれか．溶解度積はそれぞれ $8 \times 10^{-36}, 7 \times 10^{-29}, 2 \times 10^{-13}$ mol dm^{-3} である．

【解答】 これらの硫化物はごく一部が溶解して $MS = M^{2+} + S^{2-}$ と電離する．生じた硫化物イオン S^{2-} は H^+ と $S^{2-} + H^+ = HS^-$， $HS^- + H^+ = H_2S$ の電離平衡を形成する．飽和濃度を S mol dm^{-3} とすると，物質の保存則より $S = [M^{2+}] = [S^{2-}] + [HS^-] + [H_2S]$ となる．$[M^{2+}]$ に対する $[S^{2-}]$ の割合を α とすると

$$\alpha = \frac{[S^{2-}]}{[M^{2+}]} = \frac{[S^{2-}]}{[S^{2-}]+[HS^-]+[H_2S]} = \frac{K_1 K_2}{[H^+]^2 + K_1[H^+] + K_1 K_2} \quad (a)$$

となる．ここで，K_1, K_2 は H_2S および HS^- の電離定数で，$K_1 = 6 \times 10^{-8}$ mol dm^{-3}, $K_2 = 10^{-15}$ mol dm^{-3} である．硫化物の溶解度積 K_s と飽和濃度 S の間には $K_s = [M^{2+}][S^{2-}] = \alpha S^2$ の関係があるが，K_1, K_2 は $[H^+]$ に比べて非常に小さいので，$[H^+] = 0.1$ mol dm^{-3} とおいて，(a) 式より次のようになる．

$$\alpha \simeq K_1 K_2 / [H^+]^2 = 6 \times 10^{-23} / 10^{-2} = 6 \times 10^{-21}$$

したがって $S(CuS) = (8 \times 10^{-36} / 6 \times 10^{-21})^{1/2} = 3.7 \times 10^{-8}$ mol dm^{-3}

$S(PbS) = (7 \times 10^{-29} / 6 \times 10^{-21})^{1/2} = 1.1 \times 10^{-4}$ mol dm^{-3}

$S(MnS) = (2 \times 10^{-13} / 6 \times 10^{-21})^{1/2} = 6 \times 10^{3}$ mol dm^{-3}

となり，MnS のみが完全に溶解することがわかる．

|||||||||| 問　題 ||||||||||||||||||||||||||||||||||||||||||||||||||||||||||||||||||||||||||||||||||||||||

3.1 25 °C における $AgCl$, Hg_2Cl_2, および $PbCl_2$ の溶解度積は，それぞれ 1.78×10^{-10} mol^2 dm^{-6}, 1.32×10^{-18} mol^3 dm^{-9}, および 1.74×10^{-5} mol^3 dm^{-9} である．それぞれが濃度 1.0×10^{-3} mol dm^{-3} の硝酸塩水溶液 1.0 dm^3 に濃度が 1.0×10^{-2} mol dm^{-3} の塩酸を 1 滴だけ (約 0.03 cm^3) 滴下するとき沈殿を生じる溶液はどれか．

3.2 銀イオンとアンモニアの錯体形成の平衡定数は次の通りである．

$$K = \frac{[Ag(NH_3)_2^+]}{[Ag^+][NH_3]^2} = 2.5 \times 10^7$$

0.60 mol dm^{-3} のアンモニア水溶液と 0.30 mol dm^{-3} の硝酸と 3.0×10^{-4} mol dm^{-3} の硝酸銀水溶液とを等量ずつ混合した．この溶液中の $[Ag^+]$ を求めよ．

―― 例題 4 ――――――――――――――――――――――――――――――――― 電池 ――

(1) 次の化学反応を利用した電池を組み立て，表 7.2 の標準電極電位を用いて，組み立てた電池の標準起電力を求めよ．電池は，起電力が正となるように表せ．
  (a) $2FeCl_2(aq) + Cl_2(g) = 2FeCl_3(aq)$
  (b) $H_2(g) + I_2(g) = 2HI(aq)$
(2) 次の電池における電池内反応を反応式で表せ．
  (a) $Pt, H_2|HCl(aq)|Hg_2Cl_2(s)|Hg$
  (b) $Cu|Cu^{2+}||Fe^{2+}, Fe^{3+}|Pt$
  (c) $Pt|[Fe(CN)_6]^{3-}, [Fe(CN)_6]^{4-}||I^-|I_2(s), Pt$

【解答】 (1) (a) それぞれの反応は $Cl_2(g) + 2e^- \to 2Cl^-(aq), Fe^{2+}(aq) \to Fe^{3+}(aq) + e^-$ である．左側の極で酸化反応が起こるときに起電力を正とするから，電池は

$$Pt|Fe^{2+}, Fe^{3+}||Cl^-|Cl_2(g), Pt$$

標準起電力は右側の標準電極電位から左側の標準電極電位を引いたものと定義されているから，$E^{\ominus} = 1.358 - 0.771 = 0.587\,\text{V}$．

(b) 気体間の反応で，生成物は水溶液である．それぞれの反応は $H_2(g) \to 2H^+ + 2e^-$, $I_2(g) + 2e^- \to 2I^-$ である．電池は

$$Pt, H_2(g)|H^+, I^-|I_2(g), Pt$$

標準起電力は $E^{\ominus} = 0.5346 - 0 = 0.5346\,\text{V}$．

(2) (a) 左側：$H_2 \to 2H^+ + 2e^-$, 右側：$Hg_2Cl_2 + 2e^- \to 2Hg + 2Cl^-$
       全体：$H_2 + Hg_2Cl_2 = 2Hg + 2HCl$, $E^{\ominus} = 0.268 - 0 = 0.268\,\text{V}$
(b) 左側：$Cu \to Cu^{2+} + 2e^-$, 右側：$2Fe^{3+} + 2e^- \to 2Fe^{2+}$
       全体：$Cu + 2Fe^{3+} \to Cu^{2+} + 2Fe^{2+}$, $E^{\ominus} = 0.771 - 0.337 = 0.434\,\text{V}$
(c) 左側：$2[Fe(CN)_6]^{4-} \to 2[Fe(CN)_6]^{3-} + 2e^-$, 右側：$I_2 + 2e^- \to 2I^-$
       全体：$2[Fe(CN)_6]^{4-} + I_2 \to 2[Fe(CN)_6]^{3-} + 2I^-$, $E^{\ominus} = 0.535 - 0.36 = 0.175\,\text{V}$

|||||||||| 問 題 ||||||||||

4.1 次の化学反応を利用した電池を組み立て，表 7.2 を用いて，組み立てた電池の標準起電力を求めよ．電池は，起電力が正となるように表せ．
(1) $Sn^{4+} + Zn = Sn^{2+} + Zn^{2+}$ (2) $2AgCl + H_2 = 2Ag + 2HCl(aq)$

4.2 次の電池における電池内反応を反応式で表し，標準起電力を求めよ．
(1) $Pb|Pb^{2+}||Ag^+|Ag$ (2) $Pt, H_2|H^+||OH^-|O_2, Pt$
(3) $Pt|Fe^{2+}, Fe^{3+}||SO_3^{2-}, SO_4^{2-}, OH^-|Pt$ (4) $Pt, H_2|H_2SO_4(aq)|PbSO_4(s)|Pb$
(5) $Ni|Ni(OH)_2(s)|OH^-||H^+|H_2, Pt$

---例題 5--- 電池内反応とギブズエネルギー変化---

(1) 次の電池における電池内反応を反応式で表し，25°C における起電力を求めよ．( ) の数値は活量を示す．
  (a) $Sn|Sn^{2+}(0.1)||Ag^+(0.2)|Ag$
  (b) $Pt, Cl_2(1\,atm)|Cl^-(1.0)|Cl_2(0.1\,atm), Pt$
(2) 25°C において次の反応が自発的に進行するか否かを判定し，進行する場合には，$\xi = 1$ だけ反応が進行する際のギブズエネルギー変化を求めよ．反応の進行によっては活量は変化しないものとする．

$$2Fe^{2+}(1) + I_2(s) \to 2Fe^{3+}(0.1) + 2I^-(0.2)$$

【解答】 (1) (a) 左側：$Sn \to Sn^{2+}(0.1) + 2e^-$, 右側：$Ag^+(0.2) + e^- \to Ag$, 全体：$2Ag^+(0.2) + Sn \to 2Ag + Sn^{2+}(0.1)$. (7.26) 式より，$E = E^\ominus - (RT/2F)\ln(a_{Sn^2}/a_{Ag^+}^2) = 0.7991 - (-0.1375) - (0.0591/2)\log(0.1/0.04) = 0.925\,V$.

(b) 左側：$2Cl^-(1.0) \to Cl_2(1\,atm) + 2e^-$, 右側：$Cl_2(0.1\,atm) + 2e^- \to 2Cl^-(1.0)$, 全体：$Cl_2(0.1\,atm) \to Cl_2(1\,atm)$. $E^\ominus = 0$ であるから起電力は $E = E^\ominus - (RT/2F)\ln(1/0.1) = -0.0296\,V$. この場合 $E < 0$ であるから，全体の反応は逆方向に進行する．すなわち，塩素は圧力が高い方から低い方へ自発的に移行する．

(2) Fe^{2+} が酸化され I_2 が還元されているから，相当する電池は

$$Pt|Fe^{2+}(1), Fe^{3+}(0.1)||I^-(0.2)|I_2, Pt$$

である．起電力は

$$E = E^\ominus - (RT/F)\ln(0.1 \times 0.2/1)$$
$$= 0.5346 - 0.771 - 0.0591 \times (-1.699) = -0.136\,V$$
$$\Delta G = -zFE = -96480 \times (-0.136) = 13.1\,kJ$$

起電力は負 ($\Delta G > 0$) で，反応は右から左に進行する．

|||||||||| 問　題 ||||||||||

5.1 25°C で次の反応が $\xi = 1$ だけ進行する際のギブズエネルギー変化を求めよ．反応の進行によっては活量は変化しないものとする．
(1) $Pb + PbO_2 + 2H_2SO_4(0.5) \to 2PbSO_4(s)$
(2) $SnSO_4(1) + 2HgSO_4(0.1) \to Sn(SO_4)_2(0.5) + Hg_2SO_4(0.01)$

5.2 起電力 1.10 V，内部抵抗 2Ω のダニエル電池を 25°C で放電させ 0.1 F の電気を流した．これを抵抗体を通してすべて熱に変えたときの外界 (25°C) のエントロピー変化を計算せよ．また，内部抵抗 100 Ω のモーターを作動させて荷物を巻き上げたときのエントロピー変化と比較せよ．

─ 例題 6 ─────────────────────── 起電力の温度依存性 ─

電池　　　Pt, H_2(1 atm)|KOH(0.05 M)||HCl(0.05 M)|H_2(1 atm), Pt

の 25°C における起電力を求めよ (M = mol dm^{-3}). 25°C における 0.05 M 溶液の平均活量係数は $\gamma_\pm$(KOH) = 0.824, $\gamma_\pm$(HCl) = 0.830, 水のイオン積は 1.008×10^{-14} M^2 である. また, 25°C における中和熱は -5.753×10^4 J mol^{-1} である. この電池の起電力の 25°C における温度勾配と電池内反応のエントロピー変化を求めよ.

【解答】　電池内反応は

左極 (負極)：$\frac{1}{2}H_2 + OH^-(a_1) = H_2O + e^-$

右極 (正極)：$H^+(a_2) + e^- = \frac{1}{2}H_2$

全体　　　：$H^+(a_2) + OH^-(a_1) = H_2O$ 　　　　　　　　　　　(a)

定義により純物質の活量は 1 であるから, $a(H_2O) = 1$ である. したがって, (7.27) 式より

$$E = E^\ominus - (RT/zF)\ln\prod a_i^{\nu_i} = E^\ominus - (RT/F)\ln(1/a_1 a_2)$$

である. 反応 (a) の平衡定数は $K = 1/a_1^e a_2^e = 1/K_w$ である. ここで, a_1^e, a_2^e は平衡状態における H^+, OH^- の活量である. 電池内反応が平衡に達すると $E = 0$ となるから

$$E^\ominus = (RT/F)\ln(1/K_w) = -(RT/F)\ln K_w$$

となる. ゆえに　$E = -(RT/F)\ln K_w + (RT/F)\ln a_1 a_2$

$$= -0.0591[\log 1.008 \times 10^{-14} - \log(0.05 \times 0.824)(0.05 \times 0.830)]$$

$$= 0.664\,\text{V}$$

である. $\Delta H = \Delta G + T\Delta S = -FE + TF(\partial E/\partial T)_P$ の関係〔(7.30) 式〕があるので

$$\left(\frac{\partial E}{\partial T}\right)_P = \frac{\Delta H}{TF} + \frac{E}{T} = \frac{-5.753 \times 10^4}{298 \times 96480} + \frac{0.664}{298} = 2.27 \times 10^{-4}\,\text{V K}^{-1}$$

これより, 反応のエントロピー変化は (7.29) 式より $\Delta S = F(\partial E/\partial T)_P = 21.9\,\text{J K}^{-1}\,\text{mol}^{-1}$.

||||||||||| 問　題 ||||||||||||||||||||||||||||||||||||||||||||||||||||||||||||||||||||||||||||||||||||||

6.1　電圧の基準値を測定するのに用いられているウェストン電池

$$Hg - Cd(12.5\,\%)|CdSO_4(\text{aq}, 飽和)|Hg_2SO_4|Hg$$

の起電力は

$$E = 0.94868 + 5.17 \times 10^{-4}T - 9.5 \times 10^{-7}T^2$$

で表される. 電池内反応を書き, その反応の ΔH と ΔS を求めよ.

―― 例題 7 ――――――――――――――――――――――― 起電力と平衡定数 ――

表 7.2 のデーターを用いて次の反応の 25°C における平衡定数を求め、室温で正反応が進行するか否かを判定せよ.
(1)　$H_2(1\,atm) + 2AgCl(s) \to 2Ag + 2H^+ + 2Cl^-$
(2)　$2Fe^{2+} + Sn^{4+} \to 2Fe^{3+} + Sn^{2+}$

【解答】 (1) この反応に相当する電池は　$Pt, H_2(1\,atm)|H^+||Cl^-|AgCl(s)|Ag$　である. 電池内反応と標準電極電位および起電力は

　　　　左極: $H_2(1\,atm) \to 2H^+ + 2e^-$　　　　$E^{\ominus} = 0\,V$
　　　　右極: $2AgCl(s) + 2e^- \to 2Ag + 2Cl^-$　　$E^{\ominus} = 0.2224\,V$

である. 平衡状態では $E = 0$ であるから, そのときの活量を $a(H^+), a(Cl^-)$ とすると (上付添字 (e) は省略する) 次のようになる.

$$E = E^{\ominus} - (RT/2F)\ln a^2(H^+)a^2(Cl^-) = E^{\ominus} - (RT/F)\ln a(H^+)a(Cl^-) = 0$$

(7.27) 式より　$\log K_a = \log a(H^+)a(Cl^-) = E^{\ominus}/(2.303RT/F) = 0.2224/0.0591 = 3.763$
　　　　　　　　　$K_a = 5.79 \times 10^3$　(K_a は活量で表した濃度平衡定数)

反応はかなり進行する.

(2) この反応に相当する電池は　$Pt|Fe^{2+}, Fe^{3+}||Sn^{2+}, Sn^{4+}|Pt$　である. 電池内反応と標準電極電位および起電力は

　　　　左極: $2Fe^{2+} \to 2Fe^{3+} + 2e^-$　　　　$E^{\ominus} = 0.771\,V$
　　　　右極: $Sn^{4+} + 2e^- \to Sn^{2+}$　　　　　$E^{\ominus} = 0.154\,V$

である.　　　　$E^{\ominus} = 0.154 - 0.771 = -0.617\,V$

$$\log K_a = E^{\ominus}/(2.303\,RT/zF) = -0.617 \times 2/0.0591 = -20.8$$
$$K_a a^2(Fe^{3+})/a^2(Fe^{2+})a(Sn^{4+}) = 1.3 \times 10^{-21}$$

この反応は全く進行しない. 電池内では逆反応が進行し, Sn^{2+} が Fe^{3+} を還元する.

|||||||||| 問　題 ||||||||||||||||||||||||||||||||||||||||||||||||||||||||||||||||||||||||||||||

7.1　電池　$Pt, H_2(1\,atm)|KOH(0.01\,M)||HCl(0.01\,M)|H_2(1\,atm), Pt$
の起電力は 25°C で 0.5840 V である. 0.01 M における KOH と HCl の活量係数はいずれも 0.90 である. 25°C における水のイオン積を求めよ ($M = mol\,dm^{-3}$).

7.2　ヨウ素の水への溶解度は 25°C において $1.33 \times 10^{-3}\,mol\,dm^{-3}$ である. また, 電極　$I_3^-, I^-|Pt$　標準電極電位は 0.5365 V である. この値と表 7.2 のデーターから, I^- の濃度が $0.01\,mol\,dm^{-3}$ であるヨウ素溶液中の I_3^- の濃度を求めよ.

---例題 8--------起電力と pH---

実在溶液の pH は, (7.13) 式の代わりに, H^+ の相対活量 $a(H^+)$ によって
$$pH = -\log a(H^+) \tag{a}$$
と定義する. H^+ だけの溶液は実現されないので, $a(H^+)$ を単独に求めることはできないが, (a) 式で定義した pH は水素電極とカロメル電極とを組み合わせた次の電池
$$Pt, H_2(1\,atm)|H^+(a)\|KCl(a)|Hg_2Cl_2(s)|Hg$$
によって測定される. この電池の起電力を E とすると, 溶液の pH は
$$pH = -\log a(H^+) = \frac{E - E_{ref}}{0.0591} \tag{b}$$
で与えられることを示せ. ここで, E_{ref} はカロメル電極の標準起電力を $E^\ominus$ として
$$E_{ref} = E^\ominus - 0.0591 \log a(Cl^-) \tag{c}$$
で与えられる右極の電極電位である.

【解答】 電池内反応は
$$左極: H_2(1\,atm) = 2H^+(a) + 2e^-$$
$$右極: Hg_2Cl_2 + 2e^- = 2Hg + 2Cl^-$$
$$全体: H_2(1\,atm) + Hg_2Cl_2 = 2Hg + 2H^+(a) + 2Cl^-$$
であるから, $K = a^2(H^+)a^2(Cl^-)$ となる. 起電力は
$$E = E^\ominus - \frac{RT}{2F}\ln a^2(H^+)a^2(Cl^-) = E^\ominus - \frac{RT}{F}\ln a(H^+)a(Cl^-) \tag{d}$$
で与えられる. (c) 式を用いると, (d) 式は
$$E = E^\ominus - \frac{RT}{F}\ln a(Cl^-) - \frac{RT}{F}\ln a(H^+) = E_{ref} - 0.0591 \log a(H^+) \tag{e}$$
となる. したがって (a) 式で定義される pH は (b) 式で与えられる.

例えば, 0.1 M KCl 水溶液の平均活量は 0.77 であるので
$$E_{ref} = E^\ominus - 0.0591 \log a(Cl^-) = 0.268 - 0.0591 \log 0.077 = 0.334\,V$$
となる.

|||||||||| 問　題 ||||||||||||||||||||||||||||||||||||||||||||||||||||||||||||||||||||||||||

8.1 電池 $Pt, H_2(1\,atm)|C_6H_5NH_3^+Cl^-(0.0315\,M)\|KCl(1\,M), Hg_2Cl_2(s)|Hg$ の 25 °C における起電力は 0.464 V である. 塩酸アニリン水溶液の pH を求め, 塩酸アニリンの加水解離度を計算せよ. 1 M カロメル電極の起電力は 0.2800 V である.

演 習 問 題

1. 100 g の水に 3.00 g の硝酸ナトリウムを溶かした溶液の 1 atm における沸点は 100.306 °C である。水のモル沸点上昇定数は 0.51 K mol^{-1} kg である。この溶液のファント・ホッフ係数を求めよ。

2. 50.0 g の水に 0.2756 g の塩化カルシウムを溶かした溶液の凝固点は -0.159 °C である。この濃度における塩化カルシウムのファント・ホッフ係数、活量係数、および 0 °C における浸透圧を求めよ。水のモル凝固点降下定数は 1.86 K mol^{-1} kg である。

3. 前問で塩化カルシウム溶液の有効濃度は塩化カルシウムの電離平衡によると仮定した場合の見かけの解離度を求めよ。

4. PbI_2 の 20 °C における溶解度は 1.37×10^{-3} mol kg^{-1} である。(7.9) 式および (7.10) 式を用いて計算した $\gamma_\pm$ の値を用いて PbI_2 の 20 °C における溶解度積を算出し、$\gamma_\pm = 1$ と仮定したときの値と比較せよ。

5. HCN はどれだけの濃度のとき、メチルオレンジの色を黄色から橙赤色に変えるか。ただしメチルオレンジの変色するときの pH は 4.0 とする。HCN の電離定数は 7.2×10^{-10} mol dm^{-3} である。

6. 25 °C、1 atm で二酸化炭素は水 1 dm^3 に 0.029 mol 溶解する。空気中の二酸化炭素濃度は 0.035 % である。25 °C で空気と接している水の pH はいくらか、25 °C での CO_2 の解離定数は
$$K_1 = 4.3 \times 10^{-7} \text{ mol dm}^{-3}$$
$$K_2 = 5.6 \times 10^{-11} \text{ mol dm}^{-3}$$
である。

7. 濃度 c_a の強酸 v_a cm^3 を濃度 c_b の強塩基で滴定する際の pH を、滴下した強塩基の体積 v_b cm^3 の関数として表せ。それに基づいて、0.10 mol dm^{-3} の塩酸溶液 50 cm^3 を 0.10 mol dm^{-3} の水酸化ナトリウム水溶液で滴定する際に加えた水酸化ナトリウム水溶液の体積と pH の関係を表にまとめよ。

8. 濃度が 2.0×10^{-2} mol dm^{-3} の酢酸水溶液 10.0 dm^3 に濃度が 2.0×10^{-3} mol dm^{-3} の塩酸 10.0 dm^3 を混合した溶液の 25 °C における pH を求めよ。その結果を、濃度 4.0×10^{-2} mol dm^{-3} の酢酸水溶液 5.0 dm^3 と濃度が 4.0×10^{-2} mol dm^{-3} の酢酸ナトリウム水溶液 5.0 dm^3 を混合した溶液にさらに濃度が 2.0×10^{-3} mol dm^{-3} の塩酸 10.0 dm^3 を混合した溶液の pH と比較せよ。

9. 水素化ナトリウム NaH から生じる H^- は、非常に強いブレーンステッド塩基である。H^- と水との酸–塩基反応を反応式で表し、プロトンの移動を明示せよ。

10. フッ化バリウム BaF_2 と硫酸バリウム $BaSO_4$ の純水および 1.0×10^{-2} mol dm^{-3} 塩化バリウム水溶液への溶解度を比較せよ。溶解度積は
$$K_s(BaF_2) = 1.1 \times 10^{-6} \text{ mol}^3 \text{ dm}^{-9}$$
$$K_s(BaSO_4) = 1.1 \times 10^{-10} \text{ mol}^2 \text{ dm}^{-6}$$
である。

11 硫酸バリウム $BaSO_4$ の溶解度積は $K_s = 1.1 \times 10^{-10}$, クロム酸バリウム $BaCrO_4$ の溶解度積は $K_s = 0.85 \times 10^{-10}\,mol^2\,dm^{-6}$ で，前者の方が少し大きい．
  (1) $BaSO_4$ 飽和水溶液におけるイオン濃度を計算せよ．
  (2) $BaCrO_4$ 飽和水溶液におけるイオン濃度を計算せよ．
  (3) $BaSO_4$ 飽和水溶液に $BaCrO_4$ の固体を加えたときに起こる現象を定性的に述べよ．
  (4) (3) における各種のイオン濃度を計算せよ．

12 塩化鉄(III) 水溶液を煮沸すると水酸化鉄(III) が沈殿する．この現象を説明せよ．$Fe(OH)_3$ の溶解度積は $3.8 \times 10^{-38}\,(18\,°C)\,mol^4\,dm^{-12}$ である．

13 $10^{-2}\,mol\,dm^{-3}$ の KCl と K_2CrO_4 を溶かした混合溶液に $AgNO_3$ を滴下していくときに最初に沈殿する化合物は何か．$AgCl$ と Ag_2CrO_4 の溶解度積はそれぞれ $1.8 \times 10^{-10}\,mol^2\,dm^{-6}$ および $4 \times 10^{-12}\,mol^3\,dm^{-9}$ である．

14 次の化学反応を利用した電池を組み立て，25°C における標準起電力を求めよ．電池図は起電力が正となるように記せ．
  (1) $Zn + Cl_2(g) = ZnCl_2(aq)$
  (2) $2FeCl_2(aq) + 2HgCl_2(aq) = 2FeCl_3(aq) + Hg_2Cl_2(aq)$
  (3) $Sn^{4+} + 2Ag = Sn^{2+} + 2Ag^+$

15 次の電池の 25°C における起電力を求め，$\xi = 1$ だけの電池内反応の進行にともなうギブズエネルギー変化を求めよ．( ) 内の数値は活量を示し，反応によっても変化しないものとせよ．
  (1) $Cd|Cd^{2+}(0.1)||Zn^{2+}(1)|Zn$
  (2) $Pt|Sn^{2+}(0.1), Sn^{4+}(0.1)||Hg^{2+}(0.1), Hg_2^{2+}(0.1)|Pt$
  (3) $Pb|Pb^{2+}(0.01)||Ag^+(1)|Ag$
  (4) $Pt, H_2(1\,atm)|H^+(0.1)|H_2(0.1\,atm), Pt$

16 鉛蓄電池
$$Pb|PbSO_4|H_2SO_4(m = 1.0)|PbSO_4|PbO_2$$
の常温付近での起電力は
$$E = 1.91737 + 5.61 \times 10^{-5}t + 1.08 \times 10^{-6}t^2$$
で与えられる．ここで，t はセルシウス温度である．電池内反応を書き，25°C において $\xi = 1$ だけ反応が進行したときの $\Delta G, \Delta H$, および ΔS を求めよ．

17 反応
$$Ag + Fe(NO_3)_3 = AgNO_3 + Fe(NO_3)_2$$
の平衡定数を電池の起電力から求めたい．どのような電池を組み立てればよいか．また，表 7.2 のデータを用いて，25°C における平衡定数を求めよ．

18 HCl の活量を測定する目的で次の電池を組み立てた．
$$Pt, H_2(1\,atm)|AgCl(s)|HCl(3.3 \times 10^{-3}\,M)|Ag|AgCl(s)|HCl(0.01\,M)|H_2(1\,atm), Pt$$

測定の結果 25°C における起電力は 27.1 mV であった．HCl(3.3×10^{-3} M) の活量を求めよ．0.01 M HCl 溶液の活量係数は 0.904 である．HCl(3.3×10^{-3} M) の活量係数はいくらか．

19 電池

$$\mathrm{Ag|AgCl(s)|FeCl_2(2.0\,mol\,kg^{-1})|Fe|FeCl_2(0.5\,mol\,kg^{-1})|AgCl(s)|Ag}$$

の 25°C における起電力を求めよ．ただし $FeCl_2$ 水溶液の平均活量係数は $m = 0.5\,\mathrm{mol\,kg^{-1}}$ のとき 0.460，$m = 2.0\,\mathrm{mol\,kg^{-1}}$ のとき 0.817 である．

20 次の電池の 25°C における起電力は 0.449 V である．0.1 M KCl 溶液における AgCl の溶解度積を求めよ．0.1 M $AgNO_3$ の平均活量は 0.72 である．

$$\mathrm{Ag|AgCl(s)|KCl(0.1\,M)||AgNO_3(0.1\,M)|Ag}$$

21 溶液の pH を測定するために，水素電極とカロメル電極とを組み合わせて次の電池

$$\mathrm{Pt,H_2(1\,atm)|H^+}(a)\mathrm{||KCl(0.1\,M)|Hg_2Cl_2(s)|Hg}$$

を作ったところ，25°C における起電力は 0.556 V であった．溶液の pH を求めよ．0.1 M カロメル電極の 25°C における電極電位は 0.334 V である．

8 化学反応速度

8.1 反応次数

一般式 (6.2) 式で表される化学反応の反応速度は，反応進行度の時間微分

$$J = \dot{\xi} = \frac{d\xi}{dt} = \frac{1}{\nu_i}\frac{dn_i}{dt} \tag{8.1}$$

で定義される．この定義では，反応速度は ν_i，すなわち反応系における物質の種類によらない．(8.1) 式の両辺を反応系の体積 V で割ると

$$\frac{1}{V}\frac{d\xi}{dt} = \frac{1}{V}\frac{1}{\nu_i}\frac{dn_i}{dt} \tag{8.2}$$

となる．体積 V が時間によらず一定であるとすると，物質 i のモル濃度は $c_i = n_i/V$ であるから (8.2) 式は

$$\frac{1}{V}\frac{d\xi}{dt} = \frac{1}{\nu_i}\frac{dc_i}{dt} \tag{8.3}$$

と書かれる．これを**単位体積あたりの反応速度**という．dn_i/dt は物質 i の**生成速度**といい

$$v_i = \frac{dc_i}{dt} \tag{8.4}$$

を物質 i の**濃度増加速度**という．これは反応速度とは区別して用いられている．各物質の濃度増加速度 v_i は化学量論係数 ν_i に比例する．v_i の次元は [濃度]/[時間] である．その SI 単位は $\mathrm{mol\,m^{-3}\,s^{-1}}$ であるが，慣用的には $\mathrm{mol\,dm^{-3}\,s^{-1}}$ が用いられている．気体反応の場合，分圧も用いられる．

(6.1) 式で表される化学反応において，物質 L の濃度の増加速度が実験的に

$$v_i = k_r[\mathrm{A}]^s[\mathrm{B}]^t \quad (k_r \text{は定数}) \tag{8.5}$$

であるとき，その反応は A について s 次，B について t 次，全体で $(s+t)$ 次であるという．s, t は化学量論係数 a, b とは無関係の定数で，実験的にしか求められない．s, t は整数とは限らない．定数 k_r は**速度定数**と呼ばれている．

$(s+t)$ が 1 の反応を **1 次反応**という．1 次反応の場合，反応体 r について

$$v = \frac{dc_r}{dt} = -k_r c_r \tag{8.6}$$

であるから．変数分離形に書き直して積分すると

$$\ln c_\mathrm{r} = -k_\mathrm{r} t + C \tag{8.7}$$

となる．C は積分定数で，実験から求められる．$t=0$ における濃度 (初濃度) を $c_{\mathrm{r},0}$ とすると，(8.7) 式は

$$\ln \frac{c_\mathrm{r}}{c_{\mathrm{r},0}} = -k_\mathrm{r} t \tag{8.8}$$

となる (図 8.1)．$c_\mathrm{r} = c_{\mathrm{r},0}/2$ になる時間を半減期といい，$t_{1/2}$ で表す．$t_{1/2}$ は

$$t_{1/2} = \frac{\ln 2}{k_\mathrm{r}} = \frac{0.693}{k_\mathrm{r}} \tag{8.9}$$

である．$c_\mathrm{r} = c_{\mathrm{r},0}/e$ になる時間を物質 r の**平均寿命**といい，記号 τ で表す．(8.8) 式より $\tau = 1/k_\mathrm{r}$ である．1 次反応の速度定数の次元は [時間]$^{-1}$ で，s^{-1} で表される．1 次反応の特徴は，$t_{1/2}$ と τ のいずれも速度定数だけきまり，初濃度に無関係なことである．

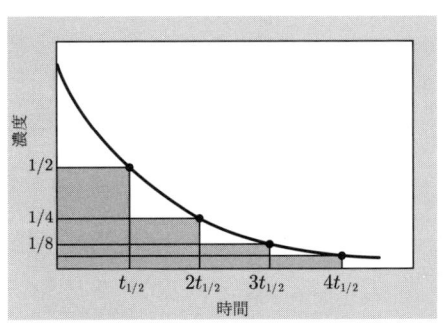

図 8.1 1 次反応における濃度変化

酢酸エチルの水溶液中での加水分解反応

$$\mathrm{CH_3COOC_2H_5 + H_2O \rightarrow CH_3COOH + C_2H_5OH}$$

の反応速度には水の濃度も関係するが，水は大量にあるためにその濃度は一定と見なされ，見かけの反応次数は酢酸エチルにつき 1 次となる．このような反応を**擬 1 次反応**という．

$(s+t)$ が 2 の反応を **2 次反応**という．2 次反応では $2\mathrm{A} \rightarrow$ 生成体 の場合と $\mathrm{A} + \mathrm{B} \rightarrow$ 生成体 の場合とがある．

第 1 の型は

$$\frac{dc_\mathrm{A}}{dt} = -k_\mathrm{r} c_\mathrm{A}^2 \tag{8.10}$$

であるから，これを積分して

$$\frac{1}{c_\mathrm{A}} - \frac{1}{c_{\mathrm{A},0}} = k_\mathrm{r} T \tag{8.11}$$

となる．$t_{1/2} = 1/(k_\mathrm{r} c_{\mathrm{A},0})$ となり，半減期は初濃度に逆比例する．

第 2 の型は，A, B の初濃度を $c_{\mathrm{A},0}, c_{\mathrm{B},0}$，時間 t までに反応した A の濃度を x とすると，t における A, B の濃度は $c_{\mathrm{A},0} - x, c_{\mathrm{B},0} - x$ である．したがって次のようになる．

$$\frac{dc_\mathrm{A}}{dt} = -\frac{dx}{dt} = -k_\mathrm{r}(c_{\mathrm{A},0}-x)(c_{\mathrm{B},0}-x), \quad \frac{dx}{(c_{\mathrm{A},0}-x)(c_{\mathrm{B},0}-x)} = k_\mathrm{r} dt$$

積分を実行して次のように表される．

$$\ln \frac{c_\mathrm{A}/c_{\mathrm{A},0}}{c_\mathrm{B}/c_{\mathrm{B},0}} = (c_{\mathrm{A},0} - c_{\mathrm{B},0}) k_\mathrm{r} t \tag{8.12}$$

8.2 反応機構

反応次数が反応式の化学量論係数に必ずしも一致しないということは，化学反応式は反応機構を表すものではないことを意味している．実際，多くの反応は，複数の反応が組合わさった**複合反応**である．複合反応を構成する個々の反応を**素反応**という．ただ1つの素反応からなる反応を**単純反応**という．

五酸化二窒素の熱分解反応は1次反応であるが，次のような素反応から成っている．

$$N_2O_5 \underset{(-1)}{\overset{(1)}{\rightleftarrows}} NO_2 + NO_3$$

$$NO_2 + NO_3 \xrightarrow{(2)} NO + NO_2 + O_2$$

$$NO + NO_3 \xrightarrow{(3)} 2NO_2$$

(1) の反応生成体は引続き (2) の反応を生じ，(2) の生成体である NO は (3) の反応を生じる．このように，引き続いて起こる一連の素反応を**逐次反応**という．(1) の生成体は逆反応 (−1) と (2) と競合反応の関係にある．最終的には残らない NO_3 と NO は**反応中間体**である．(1) と (−1) が同時に進行する最初の反応は**可逆反応**である．厳密にはすべての化学反応は可逆反応であるが，通常は正反応と逆反応の速度が極端に違わないものを指している．逐次反応中の最も遅い反応でそれによって全体の反応速度がほぼきまる場合は，その反応を**律速段階**という．この反応では (2) が律速段階である．

エタノール蒸気の熱分解反応では，次の2つの反応が平行して進行する．

$$C_2H_5OH(g) \begin{array}{l} \nearrow C_2H_4(g) + H_2O(g) \\ \searrow CH_3CHO(g) + H_2(g) \end{array}$$

このような反応を**並発反応**という．いずれの反応が速く進行するかは，温度・圧力や触媒の種類などの反応条件に左右される．

爆発的に進行する反応には，遊離基が中間体として関与する**連鎖反応**が多い．

8.3 反応速度と温度

反応速度は温度の上昇とともに著しく増大することが多い．速度定数の温度依存性は次のアレニウスの式で表される．

$$\frac{d(\ln k_r)}{dT} = \frac{E_a}{RT^2} \tag{8.13}$$

E_a は**活性化エネルギー**と呼ばれている．E_a は温度によらないとして積分すると

$$k_\mathrm{r} = A e^{-E_\mathrm{a}/RT} \tag{8.14}$$

となる．A は**頻度因子**と呼ばれている．いずれも反応に固有の定数である．活性化エネルギーは速度定数の温度依存性から実験的に求められる．

アイリングの**遷移状態理論**によれば，反応体から生成体に移る経路の途中で，エネルギーの高い中間的な状態を取る．この物質を**活性錯合体**という．活性錯合体を生成するのに要するエネルギーが活性化エネルギーである（図 8.2）．反応経路を示す座標を**反応座標**という．

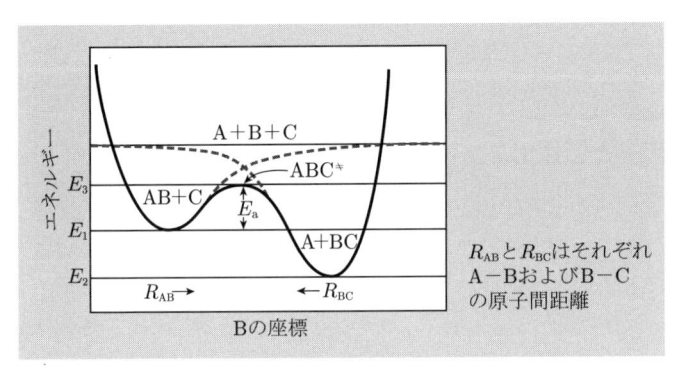

図 8.2　反応 AB + C → ABC$^{\neq}$ → A + BC の反応経路

活性錯合体は不安定でその寿命は短いと考えられるが，遷移状態理論では，活性錯合体 (AB)$^{\neq}$ はその寿命の間は反応体と平衡状態にあると考える．例えば

$$\mathrm{A + B} \underset{}{\overset{K^{\neq}}{\rightleftarrows}} \mathrm{(AB)}^{\neq} \xrightarrow{\nu^{\neq}} \text{生成物} \tag{8.15}$$

によって反応が進行すると，次の関係が成立すると考える．

$$K^{\neq} = \frac{[(\mathrm{AB})^{\neq}]}{[\mathrm{A}][\mathrm{B}]} \tag{8.16}$$

(AB)$^{\neq}$ が図 8.2 のエネルギー最大の地点を通過して反応生成体となる頻度は，(AB)$^{\neq}$ の解離が起こる方向の振動 (A − BC 間の振動) の振動数 $\nu^{\neq}$ で表される．その場合，全体としての反応速度は

$$-\frac{d[\mathrm{A}]}{dt} = k_\mathrm{r}[\mathrm{A}][\mathrm{B}] = \nu^{\neq}\kappa[(\mathrm{AB})^{\neq}] = \nu^{\neq}\kappa k^{\neq}[\mathrm{A}][\mathrm{B}] \tag{8.17}$$

で与えられる．κ は 0〜1 の間の数で，**透過係数**と呼ばれている．振動数 $\nu^{\neq}$ はエネルギー ε と $h\nu^{\neq} = \varepsilon$ の関係にある．ここで，h はプランク定数である (9 章 9.3 節参照)．反応座標に沿った結合は弱いので，その振動数は小さく，エネルギー等分配則が成立し，平均として kT のエネルギーを持っている．したがって，振動数 $\nu^{\neq}$ は

8　化学反応速度

$$\nu^{\neq} = \frac{kT}{h} \tag{8.18}$$

の程度であると考えてよい．したがって，反応速度は次のようになる．

$$-\frac{d[A]}{dt} = \nu^{\neq}\kappa[(AB)^{\neq}] = \frac{kT}{h}\kappa K^{\neq}[A][B] \tag{8.19}$$

速度定数は次のようになる．

$$k_{\mathrm{r}} = \frac{kT}{h}\kappa K^{\neq} \tag{8.20}$$

図 8.2 において $E_3 - E_1$ が正反応の活性化エネルギー E_{a} に相当する．逆反応の活性化エネルギーは $E_3 - E_2$ となる．

8.4 頻度因子と活性化エントロピー

　これまで考えてきた反応経路は，個々の分子に関するもので，活性化エネルギーは単一の反応で活性錯合体を形成するのに要するポテンシャルエネルギーである．しかし，実際の反応系では，種々の因子を持つ多数の衝突が起こっているから，活性錯合体の形成などについても，多数の粒子からなる系としての取扱いが必要である．遷移状態理論に基づいて反応過程における反応体と活性錯合体の平衡を考えると，両者間の平衡定数 $K^{\neq}$ は，活性化ギブズエネルギー $\Delta G^{\neq}$ と，(6.15) 式と同様の関係

$$\Delta G^{\neq} = -RT \ln K^{\neq} \tag{8.21}$$

で関係づけられる．活性化ギブズエネルギーは，活性化エンタルピー $\Delta H^{\neq}$ と活性化エントロピー $\Delta S^{\neq}$ を用いて

$$\Delta G^{\neq} = \Delta H^{\neq} - T\Delta S^{\neq} \tag{8.22}$$

と表される．したがって，(8.21) 式は

$$K^{\neq} = e^{\Delta S^{\neq}/R} e^{-\Delta H^{\neq}/RT} \tag{8.23}$$

となる．これを (8.20) 式に代入すると

$$k_{\mathrm{r}} = \frac{kT\kappa}{h} e^{\Delta S^{\neq}/R} e^{-\Delta H^{\neq}/RT}, \quad \frac{d(\ln k_{\mathrm{r}})}{dT} = \frac{\Delta H^{\neq} + RT}{RT^2} \tag{8.24}$$

が得られる．これらの式を (8.14) 式および (8.13) 式と比較すると次の式が得られる．

$$A = \frac{ekT\kappa}{h} e^{\Delta S^{\neq}/R}, \quad E_{\mathrm{a}} = \Delta H^{\neq} + RT \tag{8.25}$$

─── 例題 1 ─────────────────────────────────── 1 次反応 ───

五酸化二窒素の分解反応が逐次反応でありながら，全体としては 1 次反応となることを説明せよ．

【解答】 反応中間体 NO_3 と NO の濃度増大速度は

$$\frac{d[NO_3]}{dt} = k_1[N_2O_5] - (k_{-1} + k_2)[NO_2][NO_3] - k_3[NO][NO_3]$$

$$\frac{d[NO]}{dt} = k_2[NO_2][NO_3] - k_3[NO][NO_3]$$

で与えられる．反応が十分に進行して定常状態に達すると，NO_3 と NO の濃度は一定，すなわち $\frac{d[NO]}{dt} = 0, \frac{d[NO_3]}{dt} = 0$ なる．その濃度は

$$[NO]_{SS} = \frac{k_2}{k_3}[NO_2], \quad [NO_3]_{SS} = \frac{k_1[N_2O_5]}{(k_{-1} + 2k_2)[NO_2]}$$

である (添字 SS は定常状態：stationary state の意)．このときの N_2O_5 の消費速度は

$$-\frac{d[N_2O_5]}{dt} = k_1[N_2O_5] - k_{-1}[NO_2][NO_3]_{SS}$$

$$= k_1[N_2O_5] - k_{-1}[NO_2]\frac{k_1[N_2O_5]}{(k_{-1} + 2k_2)[NO_2]}$$

$$= \frac{2k_1k_2}{k_{-1} + 2k_2}k_1[N_2O_5] = k[N_2O_5]$$

となる．すなわち，$[N_2O_5]$ の減少速度は $[N_2O_5]$ に比例している．k_2 の値が他の速度定数に比べて小さいので，全体の速度定数 k の値は k_2 の値でほぼ決定されることになる．すなわち，N_2O_5 の減少速度 k_2 の値でほぼきまる．

‖‖‖‖‖ 問　題 ‖‖

1.1 過酸化水素の分解反応は 1 次反応である．Fe^{3+} 触媒を含む 10％過酸化水素溶液の濃度は，115 秒後に半減した．この条件での分解反応の速度定数を求め，5 時間後の濃度を計算せよ．また，濃度 1/10 になるのは何分後か．

1.2 ^{14}C は β 壊変して ^{14}N に変わるが，その半減期は 5730 y である．1 g の ^{14}C から毎秒放出される β 粒子 (電子) の個数はいくらか (y：year)．

1.3 オゾンの熱分解は，$O_3 \underset{k_2}{\overset{k_1}{\rightleftarrows}} O_2 + O$, $O + O_3 \overset{k_3}{\longrightarrow} 2O_2$ の機構で進むと考えられている．始めの可逆反応については擬似平衡が成立するとして O_3 の消費速度を速度定数 k_1, k_2, k_3 で表せ．

例題 2 ───────────────────────────── 反応次数 ─

反応　$A + B \to C + D$　の反応速度 (濃度増大速度)

$$v = -d[A]/dt = -d[B]/dt$$

の A および B の濃度への依存性は右の表のようになる．A および B に関する反応次数を求めよ．

[A] mol dm^{-3}	[B] mol dm^{-3}	v/mol dm^{-3} s^{-1}
1.2×10^{-5}	4.2×10^{-5}	6.20×10^{-4}
2.4×10^{-5}	8.4×10^{-5}	2.48×10^{-3}
4.8×10^{-5}	8.4×10^{-5}	4.96×10^{-3}

───────────────────────────────────────

【解答】　第 2 列と第 3 列を比較すると，[B] を一定にして [A] を 2 倍にすると反応速度も 2 倍になっている．すなわち，$v \propto [A]$ であるから，[A] に関しては 1 次である．第 1 列と第 2 列を比較すると，[A] と [B] の両方を 2 倍にしたときには反応速度は 4 倍になっている．[A] だけを 2 倍にしたときには反応速度は 2 倍になるから，速度は [B] にも比例して増大している．したがって，速度式は

$$v = k[A][B]$$

となる．速度定数 k はどれかの [A] と [B] と v の値を上の式に代入して求められる．例えば，第 1 列のデーターから

$$6.20 \times 10^{-4} = k \times 1.2 \times 10^{-5} \times 4.2 \times 10^{-5}$$

$$k = 6.20 \times 10^{-4}/5.04 \times 10^{-10} = 1.23 \times 10^{6} \, \text{mol}^{-1} \, \text{dm}^{3} \, \text{s}^{-1}$$

となる．このように，反応次数は，他の反応物質の濃度を一定に保って 1 つの物質の濃度を変えて速度を測定することによって決定される．この反応の場合，[B] を一定にして [A] を変えて v を測定し

$$\log v = \log k + y \log [B] + x \log [A] \quad (y = \text{一定})$$

のプロットから勾配 x が決定される．同様に，[A] を一定にして [B] を変えて v を測定すると y が求められる．

||||||||| 問　題 |||||||||||||||||||||||||||||||||||||||||||||||||||||||||||||||||||||||||||||||||||||||||||||||||||||||||||||||||||||||||

2.1　一酸化窒素と水素との気相反応　$2NO + 2H_2 = N_2 + 2H_2O$　の速度式は

$$-dP(NO)/dt = kP(NO)^x P(H_2)^y \tag{a}$$

で表される．水素の分圧を一定に保って反応を行ったところ，NO の初期圧力と NO の分圧の初期減少率は次のようになった．

　　$P(NO)_{0,1} = 4.79 \times 10^{4}$ Pa で 200 Pa s^{-1}，　$P(NO)_{0,2} = 4.00 \times 10^{4}$ Pa で 137 Pa s^{-1}

NO に関する反応次数 x を求めよ．

2.2　0 次反応とはどのような反応か．またその半減期はどのようになるか．

---例題 3--- 活性化エネルギー---

(1) 最近の測定データーによれば，ヨウ化水素の生成反応 $H_2(g) + 2I(g) = 2HI(g)$ の速度定数は 417.9 K で $1.12 \times 10^5 \, M^{-2} \, s^{-1}$，737.9 K で $18.54 \times 10^5 \, M^{-2} \, s^{-1}$ ($M \equiv mol\,dm^{-3}$) である．この温度範囲における平均の活性化エネルギーを求め，600 K における速度定数を計算せよ．

(2) 酸触媒の存在で酢酸エステルの加水分解を行ったところ，20分の反応で 10 °C ではエステルの 5.5 % が分解し，30 °C では 50.3 % が分解した．20 °C では同じ時間に何 % のエステルが分解するか．エステルの分解反応は擬 1 次反応である．

【解答】 (1) (8.14) 式の両辺の対数をとってデーターを代入すると

$$E_a = -R\ln(k_2/k_1)/(1/T_2 - 1/T_1)$$
$$= -8.314 \times \ln(18.54/1.12)/(1/737.9 - 1/417.9) = 22.5 \times 10^3 \, J$$

となる．417.9 K のデーターで頻度因子 A を計算すると

$$1.12 \times 10^5 = A\exp(-22.5 \times 10^3/8.314 \times 417.9) = A \times 1.54 \times 10^{-3}$$
$$A = 7.27 \times 10^7 \, M^{-2} \, s^{-1}$$

となる．600 K における速度定数 k_{600} は

$$k_{600} = 7.27 \times 10^7 \exp(-22.5 \times 10^3/8.314 \times 600) = 7.99 \times 10^5 \, M^{-2} \, s^{-1}$$

(2) 10 °C および 30 °C における速度定数を $k_1, k_2/\text{min}^{-1}$ とすると，(8.8) 式より

$$k_1 = -\ln(0.945)/20 = 0.0471/20 \, \text{min}^{-1}, \quad k_2 = -\ln(0.497)/20 = 0.699/20 \, \text{min}^{-1}$$

である．したがって $E_a = -R\ln(0.699/0.0471)/(1/303 - 1/283) = 9.62 \times 10^4 \, J$
20 °C における速度定数を k_3 とすると

$$\ln(k_3/k_1) = -9.62 \times 10^4(1/293 - 1/283)/R, \quad k_3 = 4.04k_1 = 0.190/20 \, \text{min}^{-1}$$

20 分後の濃度は $\ln(c/c_0) = -k_3 20 = -0.190$．$c = 0.827\,C_0$．17.3 % が分解．

|||||||||| 問 題 ||||||||||||||||||||||||||||||||||||||||||||||||||||||||||||||||||

3.1 ヨウ化エチルの KOH 水溶液中での分解反応 $C_2H_5I + KOH = C_2H_5OH + KI$ の速度定数の温度依存性は次のようになる．

T/K	288	303	333	363
$k/10^{-3} \, mol^{-1} \, dm^3 \, s^{-1}$	0.0507	0.335	8.19	119

各温度範囲における平均の活性化エネルギーを求め，そのばらつきを検討せよ．

3.2 303 K での反応の速度定数は，293 K でのそれの 2 倍である．活性化エネルギーはいくらか．

---- 例題 4 ---- **反応機構**

気体分子 A の熱分解反応では，生成物の増大率で定義した反応速度が，低圧下では気体の濃度の 2 乗に，十分な高圧下では 1 乗に比例することが少なくない．この現象を説明するために，次の反応機構が提唱された．

$$A + A \underset{k_2}{\overset{k_1}{\rightleftarrows}} A + A^*, \quad A^* \overset{k_3}{\longrightarrow} P \quad (\text{生成物}) \tag{a}$$

ここで，A^* は A の活性化状態を示す．反応が定常状態に達したときの速度定数と [A] の関係からこれを説明せよ．

【解答】 (a) 式から，各成分の変化率は

$$d[A]/dt = -k_1[A]^2 + k_2[A^*][A] \tag{b}$$
$$d[A^*]/dt = k_1[A]^2 - k_2[A^*][A] - k_3[A^*] \tag{c}$$
$$v = -d[A]/dt = -k_3[A^*] \tag{d}$$

である．(d) 式 A の減少速度は P の生成速度に等しいことから直ちに導かれる．反応が定常状態に達すると $[A^*] = $ 一定，すなわち，$d[A^*]/dt = 0$ となるから，(c) 式より

$$[A^*] = k_1[A]^2/(k_2[A] + k_3)$$

となる．これより

$$v = -\frac{d[A]}{dt} = k_3[A^*] = k_1 k_3 [A]^2/(k_2[A] + k_3)$$

したがって次のようになる．

低圧：$k_3/k_2 \gg [A]$ となるから，$v = -d[A]/dt = k_1[A]^2$
高圧：$k_3/k_2 \ll [A]$ となるから，$v = -d[A]/dt = (k_1 k_3/k_2)[A]$

すなわち，低圧では反応速度は $[A]^2$ に比例し，高圧では反応速度は [A] に比例する．

|||||||||| **問　題** ||||||||||||||||||||||||||||||||||||||||||||||||||||||||||||||||||||||||||||||||||||||

4.1 水溶液中での硝酸の分解反応に関する次の 3 段階の反応
(1) $2HNO_2(aq) \rightarrow H_2O + NO(aq) + NO_2(aq)$
(2) $2NO_2(aq) \rightarrow N_2O_4(aq)$
(3) $N_2O_4(aq) + H_2O \rightarrow HNO_2(aq) + H^+ + NO_3^-$
のうち初めの 2 段階は迅速に平衡に達するが 3 段目の反応は遅いとして，反応

$$3HNO_2(aq) \rightarrow H_2O + 2NO(aq) + H^+ + NO_3^-$$

の速度式を導け，反応 (3) の速度定数を k_3 とし，迅速に平衡に達する初めの 2 段の平衡定数を K_1, K_2 とせよ．

4.2 タングステン触媒上でのアンモニアの分解反応は 0 次反応である．これを，アンモニアのタングステンへの吸着の性質に基づいて説明せよ．

―― 例題 5 ――――――――――――――――――――――― 反応速度の諸因子 ――

五酸化二窒素 N_2O_5 の分解反応は 1 次反応で,速度定数は 45 °C で $2.495 \times 10^{-4}\,s^{-1}$,55 °C で $7.500 \times 10^{-4}\,s^{-1}$ である.活性化エネルギーと頻度因子および 50 °C における活性化エンタルピー,活性化エントロピーおよび活性化ギブズエネルギーを求めよ.透過係数 $\kappa = 1$ として計算せよ.

【解答】 アレニウスの式〔(8.14) 式〕の対数をとって数値を代入すると

$$\ln 2.495 \times 10^{-4} = \ln A - E_a/R \times 318$$

$$\ln 7.500 \times 10^{-4} = \ln A - E_a/R \times 328$$

$$E_a = -R\ln(2.495/7.500)/(1/318 - 1/328) = 9.545 \times 10^4\,\text{J}$$

頻度因子は 45 °C のデータ: $A = 2.495 \times 10^{-4}/\exp(-9.545 \times 10^4/8.314 \times 318)$
$$= 1.19 \times 10^{12}\,s^{-1}$$
55 °C のデータ: $A = 1.19 \times 10^{12}\,s^{-1}$

(8.25) 式より,活性化エンタルピー $\Delta H^{\neq}$ は $\Delta H^{\neq} = E_a - RT$ の関係があるので

$$\Delta H^{\neq} = 9.545 \times 10^4 - 8.314 \times 323 = 9.276 \times 10^4\,\text{J}$$

50 °C における速度定数は

$$k_r = A\exp(-E_a/RT) = 1.19 \times 10^{12} \times \exp(-35.54) = 4.36 \times 10^{-4}\,s^{-1}$$

(8.24) 式より,活性化エンタルピー $\Delta S^{\neq}$ は

$$\Delta S^{\neq} = R \times \ln(k_r h/kT) + \Delta H^{\neq}/T$$
$$= 8.314 \times \ln(4.36 \times 10^{-4} \times 6.63 \times 10^{-34}/1.38 \times 10^{-23} \times 323)$$
$$+ 9.276 \times 10^4/323 = -22.7\,\text{J\,K}^{-1}$$

ここで,k_r は速度定数,k はボルツマン定数である.
(8.22) 式より

$$\Delta G^{\neq} = \Delta H^{\neq} - T\Delta S^{\neq} = 9.276 \times 10^4 + 323 \times 22.7 = 1.00 \times 10^5\,\text{J}$$

|||||||||| 問 題 ||||||||||||||||||||||||||||||||||||||||||||||||||||||||||||||||||||||||||||||||||||||||

5.1 反応速度を支配する 4 つの因子を挙げ,それがどのように反応速度の因子となっているかを説明せよ.

5.2 ジメチルエーテルの気相における熱分解反応 $(CH_3)_2O \rightarrow CH_4 + H_2 + CO$ は 1 次反応で,速度定数は $k_r/s^{-1} = 1.60 \times 10^{13}\exp(-2.45 \times 10^5/RT)$ で与えられる.体積一定の容器内でジメチルエーテル蒸気を 550 °C に保つと 10 分後には容器内の圧力はいくらになるか.

演習問題

1. 1次反応で99.9%が反応するのに要する時間は，50%が反応するのに要する時間の何倍か．

2. エジプトのミイラの木片の ^{14}C に起因する放射能は $7.3\,\mathrm{min^{-1}\,g^{-1}}$ である．一方，生の木材の ^{14}C に起因する放射能は $12.6\,\mathrm{min^{-1}\,g^{-1}}$ である．このミイラの年代を決定せよ．^{14}C の半減期は $5730\mathrm{y}$ である．

3. 反応
$$A + 2B \rightarrow 2C + D$$
において，Bの濃度変化速度が $-3.2 \times 10^{-4}\,\mathrm{mol\,dm^{-3}\,s^{-1}}$ のとき，A, C, D のそれぞれの濃度変化速度を示せ．また，反応速度を示せ．

4. 水溶液中での反応
$$2\mathrm{Br^-} + \mathrm{H_2O_2} + 2\mathrm{H^+} \rightarrow \mathrm{Br_2} + 2\mathrm{H_2O}$$
において，速度 v は，$v = k[\mathrm{Br^-}][\mathrm{H_2O_2}][\mathrm{H^+}]$ で与えられる．$\mathrm{H_2O_2}$ の濃度が2倍になったとき，$\mathrm{Br^-}$ の濃度変化速度は何倍になるか．水に加えて反応液の容積を2倍にしたとき，反応速度は何倍になるか．

5. ある物質が10%分解するのに100秒を要した．分解反応を (1) 0次，(2) 1次，(3) 2次として，この物質が50%分解するのに要する時間を求めよ．

6. 金属表面でのギ酸の分解反応は1次反応で，速度定数は $140\,°\mathrm{C}$ で $5.5 \times 10^{-4}\,\mathrm{s^{-1}}$，$185\,°\mathrm{C}$ で $9.2 \times 10^{-3}\,\mathrm{s^{-1}}$ である．
   (1) 見かけの活性化エネルギーと頻度因子を求めよ．
   (2) 頻度因子の物理的意味を論ぜよ．

7. アセトアルデヒドの熱分解反応の機構は複雑であるが，2次反応とみなせる．ある温度での反応で，反応開始時のアセトアルデヒドの分圧が $1.00 \times 10^4\,\mathrm{Pa}$，30秒後の分圧が $0.320 \times 10^4\,\mathrm{Pa}$ であった．速度定数を求めよ．また，分圧が初めの 1/10 になるのに要する時間を求めよ．

8. 2次反応の速度定数は以下のようである．

T/K	273	279	285	291	297	303
$10^5\,k(\mathrm{dm^3\,mol^{-1}\,s^{-1}})$	5.60	11.8	24.5	48.8	100	208

アレニウスの式を求めよ．

9. 反応 $3\mathrm{A} \rightarrow \mathrm{P}$ に対応する3次反応
$$v = -\frac{dc}{dt} = kc^3 \tag{a}$$

の濃度 c の時間依存性を表す式を導け．

10 一酸化窒素と水素との反応の速度式は，一般に

$$v = -\frac{dP_{NO}}{dt} = kP_{NO}{}^m P_{H_2}{}^n \tag{a}$$

と表されるであろう．水素の分圧を一定に保った実験で，NO の初期減少速度は，NO の圧力が 1.00×10^5 Pa のとき $418\,\mathrm{Pa\,s^{-1}}$，0.50×10^5 Pa のとき $104\,\mathrm{Pa\,s^{-1}}$ であった．NO に関する反応次数 m を求めよ．

11 気相反応 $H_2 + I_2 \underset{k_-}{\overset{k_+}{\rightleftarrows}} 2HI$ は正反応も逆反応も 2 次反応である．この反応が平衡状態に達したときの平衡定数 K は $K = k_+/k_-$ となることを示せ．

12 アクロレイン CH_2CHCHO とブタジエン $CH_2CHCHCH_2$ の 290 °C における気相縮合反応を測定したところ次の結果が得られた．

t/s	0	181	542	925	1374	1988
P_{acro}	418.2	401.9	373.5	349.0	326.6	302.4
P_{buta}	242.0	222.7	192.7	167.0	143.4	118.2

この反応が 2 次反応であるか否かを調べるにはどうすればよいか．

13 酵素 E を触媒とする反応

$$E + S \underset{k_{-1}}{\overset{k_1}{\rightleftarrows}} X \underset{k_{-2}}{\overset{k_2}{\rightleftarrows}} E + P$$

で中間生成物 X の濃度が一定に達した状態における反応速度 $v = dc_P/dt$ を表す式を導け．それに基づいて，初期速度を表す式も導け．

14 次の用語を解説せよ．
 (1) 単純反応と複合反応　(2) 逐次反応　(3) 律速段階
 (4) 並発反応　(5) 連鎖反応　(6) 活性錯合体

15 過剰の二硫化炭素 CS_2 が存在する条件でのオゾン O_3 による酸化反応の反応速度を P_{O_3} の時間変化により測定した．その結果は次の通りである．

t/s	0	30	60	120	180	240
P_{O_3}/Pa	235	139	105	69	49	39

この反応 O_3 に関して 2 次反応であることを確認し，速度定数を求めよ．

16 反応 $A \to P$ が触媒上に吸着した $A(a)$ を経て次の機構で進行する．速度式を求めよ．
 (1) $A \underset{k_2}{\overset{k_1}{\rightleftarrows}} A(a)$
 (2) $A(a) \overset{k_3}{\longrightarrow} P$

9 原子の構造

9.1 放射能と放射性元素

核壊変は典型的な 1 次反応で,壊変の速度はその瞬間に存在する核の数 N に比例する.すなわち,原子の減少速度 $-dN/dt$ は

$$-dN/dt = \lambda N \tag{9.1}$$

となる.λ は**壊変定数**と呼ばれている.(9.1) 式を積分すると,$t=0$ における核の数を N_0 として

$$N/N_0 = e^{-\lambda t} \tag{9.2}$$

となる.すなわち,N は指数関数的に減少する.

放射性同位体の半減期 $t_{1/2}$ は壊変定数と次の関係がある〔(8.9) 式参照〕.

$$t_{1/2} = \ln 2/\lambda = 0.693/\lambda \tag{9.3}$$

9.2 水素原子のスペクトルとエネルギー量子

水素原子のスペクトル線群の波数 $\tilde{\nu}$ はリュードベリの式によって

$$\tilde{\nu} = R_\infty \left(\frac{1}{n^2} - \frac{1}{m^2} \right) \quad (n < m) \tag{9.4}$$

と表される.ここで,波数 $\tilde{\nu}$ は波数の逆数で,振動数 ν を光速度 c_0 で割ったものである.

$$\tilde{\nu} = \nu/c_0 \tag{9.5}$$

R_∞ はリュードベリ定数で,その値は $R_\infty = 109737.3 \, \text{cm}^{-1}$ である.(9.4) 式で n の値が $1, 2, 3, \cdots$ に対して $m > n$ の各々の値が各スペクトル線に対応している.

黒体輻射のスペクトルが短波長でエネルギー等分配則からずれることを説明するために,プランクは,電磁波のエネルギーは

$$E = nh\nu \quad (n = 0, 1, 2, \cdots) \tag{9.6}$$

で量子化されているとした.h は作用(エネルギー × 時間)の次元を持つ定数で,**プランク定数**という.その値は $h = 6.6262 \times 10^{-34} \, \text{Js}$ である.これをプランクの**エネルギー量子説**という.

他方,アインシュタインは,金属の表面に光を照射すると電子が飛び出してくる**光電効**

果などを説明するために，電磁波はエネルギー的に粒子のように振舞うという**光子説**を提唱した．光電効果で放出される電子の運動エネルギー U は照射する光線の波長 (振動数) できまる．光電効果を生じる最大波長 λ_{max} は金属内で電子が束縛されているエネルギー Φ によってきまり

$$U = h\nu - \Phi, \qquad \Phi = ch/\lambda_{max} = h\nu_{min} \tag{9.7}$$

の関係がある．Φ を**仕事関数**という．(9.7) 式は，$h\nu_{min}$ よりも光子のエネルギーが小さいと光電子は放出されないことを示している．λ_{max} を**長波長端**という．

光子の運動量 p は次式で与えられる．(問題 4.2)．

$$p = h\nu/c = h/\lambda \tag{9.8}$$

9.3 原子構造－ボーア模型

ボーアは次のことを仮定して水素原子のスペクトルを説明した．

> (1) 原子中の電子のエネルギーは量子化されており，とびとびの値をとる．これを**定常状態**という．定常状態にあるときは電子のエネルギーは一定に保たれ，光を放出しない．
> (2) 電子がある定常状態から別の定常状態に遷移するときに光の放出や吸収が起こる．光の振動数は
> $$h\nu = E_n - E_m \qquad (m, n \text{ は整数}) \tag{9.9}$$
> で与えられる．ここで，E_m, E_n は遷移前および遷移後のエネルギーである (**振動条件**)．
> (3) 定常状態にある電子は角運動量子が $h/2\pi$ の整数倍になっている．半径 r の円軌道を質量 m の粒子が速度 v で運動しているときの角運動量は $p = mvr$ であるから
> $$p = mvr = nh/2\pi \qquad (n = 1, 2, 3, \cdots) \tag{9.10}$$
> の関係がある．これを**量子条件**といい，整数 n を**量子数**という．

定常状態で円運動している電子の遠心力は核と電子のクーロン引力 $ze^2/4\pi\varepsilon_0 r$ と釣り合っているとして，その運動に量子条件 (9.10) 式を適応すると，円運動する電子の半径は

$$r_n = \frac{\varepsilon_0 n^2 h^2}{\pi m z e^2} \tag{9.11}$$

となる．ここで，ε_0 は真空中の**誘電率**である．水素 ($z = 1$) の $n = 1$ の最小軌道半径 a_0 を**ボーア半径**という．$a_0 = 0.052918\,\text{nm}$ である．

電子のエネルギー E は次のようになる (問題 3.3)．

$$E_n = -\frac{e^2}{8\pi\varepsilon_0 r_n} = -\frac{me^4}{8\varepsilon_0^2 h^2}\frac{1}{n^2} \tag{9.12}$$

すなわち,電子のエネルギーは量子化されており,量子数 n の 2 乗に比例して増大する.量子数によって規定される安定状態のエネルギーを**エネルギー準位**という.

電子が量子数 m の準位から量子数 n の準位へ遷移する際に発光や吸光が起こる.$m>n$ のときには発光,$m<n$ のときには吸光となる.遷移の際に 1 個の光子の放出か吸収が起こるとすると,ボーアの振動条件より

$$\Delta E = \frac{me^4}{8\varepsilon_0^2 h^2}\left(\frac{1}{n^2}-\frac{1}{m^2}\right) \tag{9.13}$$

となる.(9.13) 式を波数 $\tilde{\nu}$ で表すと

$$\tilde{\nu} = \frac{me^4}{8\varepsilon_0^2 ch^3}\left(\frac{1}{n^2}-\frac{1}{m^2}\right) \tag{9.14}$$

となる.この式と (9.5) 式を比較すると,リュードベリ定数は

$$R_\infty = me^4/8\varepsilon_0^2 ch^3 = 1.09678\times 10^7\,\mathrm{m}^{-1} \tag{9.15}$$

となる.この式から計算された値は水素原子のスペクトルから求めたリュードベリ定数と一致する*.

9.4 物質の波動性とシュレーディンガーの波動方程式

ドブロイは,電子は粒子であると同時に,光のような波としても振舞うという**物質波**の考えを提唱した.物質波の波長は,質量を m,速度を v として,(9.8) 式より

$$\lambda = h/p = h/mv \tag{9.16}$$

で与えられるとした.

物質波の概念に基づいて,1925 年,シュレーディンガーは原子内の電子の状態を表す基礎的な方程式として,次の式を得た.

$$H\psi = -\frac{\hbar^2}{2m}\left(\frac{\partial^2}{\partial x^2}+\frac{\partial^2}{\partial y^2}+\frac{\partial^2}{\partial z^2}\right)\psi + V(x,y,z)\psi = E\psi \tag{9.17}$$

ここで,$\hbar \equiv h/2\pi$,m は電子の質量,$V(x,y,z)$ はポテンシャルエネルギー,E は運動エ

---

* 電子の質量が陽子の質量に対して無視できないため,陽子も電子の運動につれてわずか運動する.そのために,電子の質量 m の代わりに換算質量 μ を用いる必要がある.陽子の質量を M とすると,$1/\mu = 1/m + 1/M$ である.μ を用いると,(9.15) 式の R_∞ は実験値 $1.097373\times 10^7\,\mathrm{m}^{-1}$ と完全に一致する.

ネルギーとポテンシャルエネルギーを合わせた全エネルギーである．(9.17) 式を**シュレーディンガーの波動方程式**という．ψ は物質波の状態を表す関数で，**波動関数**という．$\psi^2 d\tau$ は微小体積 $d\tau \equiv dxdydz$ 中に電子を見いだす確率に相当しており，ψ^2 を**確率密度**，ψ を**確率振幅**という．

(9.17) 式における

$$H \equiv -\frac{\hbar^2}{2m}\left(\frac{\partial^2}{\partial x^2}+\frac{\partial^2}{\partial y^2}+\frac{\partial^2}{\partial z^2}\right)+V(x,y,z)=-\frac{\hbar^2}{2m}\nabla^2+V \qquad (9.17')$$

は**ハミルトニアン** (**ハミルトン演算子**) と呼ばれている．$\nabla^2 \equiv \left(\frac{\partial^2}{\partial x^2}+\frac{\partial^2}{\partial y^2}+\frac{\partial^2}{\partial z^2}\right)$ は**ラプラス演算子**と呼ばれている．

ψ^2 が確率密度であるためには，関数 ψ は **1 価，連続，有限**の 3 条件を充さねばならない．ψ が上記の 3 条件を充すのは，E が一群の特定の値の場合に限られている．すなわち，エネルギー E は一群の特定の値に量子化される (例題 4)．(9.17) 式の解として得られる E を**固有値**といい，その E に対応する ψ を**固有関数**という．系の境界における条件を**境界条件**といい，境界条件によってエネルギーが自然に量子化される．

粒子が 1 個だけあるときは，粒子をどこかで見いだす確率は 1 であるから

$$\int_{-\infty}^{\infty} \psi^2 d\tau = 1 \qquad (9.18)$$

でなければならない．これを**規格化の条件**という．波動関数において ψ の符号が反転する面を**節面**という．節面が多い程エネルギーは高くなる．

9.5 水素原子

水素原子中の電子のポテンシャルエネルギーは

$$V(r) = -e^2/4\pi\varepsilon_0 r \qquad (9.19)$$

である．ここで，r は電子の原子核からの距離である．このような場合は，波動方程式を**極座標** (図 9.1) で表すと都合がよい．その結果の (9.17) 式は次のようになる．

$$\frac{1}{r^2}\frac{\partial}{\partial r}\left(r^2\frac{\partial\psi}{\partial r}\right)+\frac{1}{r^2\sin\theta}\frac{\partial}{\partial\theta}\left(\sin\theta\frac{\partial\psi}{\partial\theta}\right)$$
$$+\frac{1}{r^2\sin\theta}\frac{\partial^2\psi}{\partial\phi^2}+\frac{2m}{\hbar^2}\left(E+\frac{e^2}{4\pi\varepsilon_0 r}\right)\psi = 0 \qquad (9.20)$$

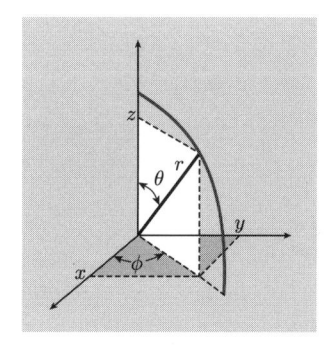

図 9.1 極座標

(9.20) 式の解は，それぞれ r, θ, ϕ だけの関数の積の形で得られる．すなわち

$$\psi(r,\theta,\phi) = R(r)\Theta(\theta)\Phi(\phi) \tag{9.21}$$

となる．$R(r)$ は ψ の動径部分を，$\Theta(\theta)\Phi(\phi)$ は ψ の角度部分を表している**角度波動関数**である．波動関数で表される電子の分布を**軌道関数**または**オービタル**と呼ぶ．

動径軌道関数 $R(r)$ から量子化されたエネルギー

$$E_n = \frac{me^4}{8\varepsilon_0^2 h^2}\frac{1}{n^2} \quad (n=1,2,3,\cdots) \tag{9.22}$$

が得られる．n は**主量子数**と呼ばれ，電子が運動する軌道の広がりとエネルギーを定める．

さらに $\Theta(\theta)$ から**方位量子数** l が，$\Phi(\phi)$ から**磁気量子数** m が導かれる．さらに，電子の自転の方向と関連づけて考えられる**スピン量子数** m_s がある．m_s は $+\frac{1}{2}$ と $-\frac{1}{2}$ の2つの量子数だけがある．

これら4つの量子数 n,l,m,s によって原子内の電子の状態が決定される．n,m,l の3つの量子数の間には

$$n = 1,2,3,\cdots$$
$$l = 0,1,2,\cdots,n-1$$
$$m = 0,\pm 1, \pm 2, \cdots, \pm l$$

の関係がある．一般に，主量子数 n に対して $2n^2$ 個の量子状態がある (演習問題11)．

軌道関数 (オービタル) を表すのに記号を用いる．主量子数はそのまま数で表し，方位量子数は次の記号を用いる．

方位量子数	0	1	2	3
記号	s	p	d	f

例えば，$n=1,l=1$ の軌道関数は記号 1p で，$n=2,l=2$ の軌道関数は記号 2d で表す．

表9.1 に水素原子の軌道関数の記号および動径部分と角度部分の関数形が示してある．s オービタルは角度部分が定数で，球対称に広がっていることがわかる．

表9.1 水素原子の軌道関数動径部分と角度部分 (z は核電荷)

n	l	m	記号	動径部分 $R(r)$	角度部分 $\Theta(\theta)\Phi(\phi)$
1	0	0	1s	$2\left(\frac{z}{a_0}\right)^{3/2} e^{-zr/a_0}$	$\left(\frac{1}{4\pi}\right)^{1/2}$
2	0	0	2s	$\left(\frac{z}{2a_0}\right)^{3/2}\left(2-\frac{zr}{a_0}\right)e^{-zr/2a_0}$	$\left(\frac{1}{4\pi}\right)^{1/2}$
2	1	0	2p$_z$	$\frac{1}{\sqrt{3}}\left(\frac{z}{2a}\right)^{3/2}\left(\frac{zr}{a_0}\right)e^{-zr/2a_0}$	$\left(\frac{3}{4\pi}\right)^{1/2}\cos\theta$
2	1	±1	2p$_x$	$\frac{1}{\sqrt{3}}\left(\frac{z}{2a_0}\right)^{3/2}\left(\frac{zr}{a_0}\right)e^{-zr/2a_0}$	$\left(\frac{3}{4\pi}\right)^{1/2}\sin\theta\cos\phi$
2	1		2p$_y$	$\frac{1}{\sqrt{3}}\left(\frac{z}{2a_0}\right)^{3/2}\left(\frac{zr}{a_0}\right)e^{-zr/2a_0}$	$\left(\frac{3}{4\pi}\right)^{1/2}\sin\theta\sin\phi$

a_0 はボーア半径で 5.3×10^{-11}m である (例題3(1) 参照)．

図 9.2(a) に動径部分が示してある. $n=2, l=0$ のオービタルには節面が 1 個, $n=2$, $l=1$ のオービタルには節面が 0 個と, $(n-l)-1$ 個の節面があることがわかる. 角度部分の節面の数は $l-1$ 個あり, その分だけ動径部分の節面が少なくなる. 角度部分も含めた全体の節面の数は $n-1$ 個と, n の値だけできまる. 図 9.2(b) には動径部分の確率密度に $4\pi r^2$ を乗じたものが示してある. これは, 原子核から r と $r+dr$ の球殻に電子を見いだす確率は, 確率密度 R^2 を半径 r, 厚さ dr の球殻全体にわたって積分したものになるからである. 球殻の体積は球面 $4\pi r^2$ に厚さ dr を掛けた $4\pi r^2 dr$ になる. $4\pi r^2 R^2$ を**動径分布関数**という.

図 9.3 に角度部分が示してある. 角度部分は原点からの距離が $\{\Theta\Phi\}$ の値となる点を示したものである.

(a) 動径軌動関数 $R_{nl}(r)$

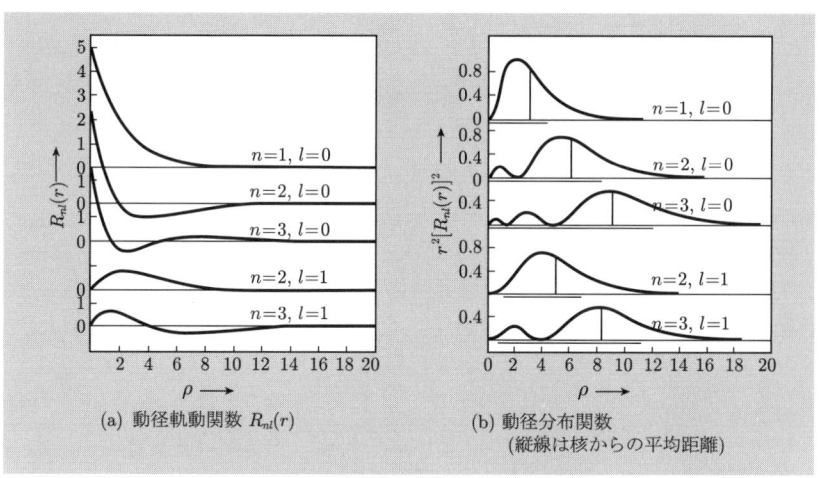

(b) 動径分布関数
(縦線は核からの平均距離)

図 9.2 $n=1, 2$ および 3 で $l=0$ および 1 に対する水素原子の動径軌道関数 $R_{nl}(r)$ と動径分布関数 $r^2[R_{nl}(r)]^2$. $\rho = r/a_0$

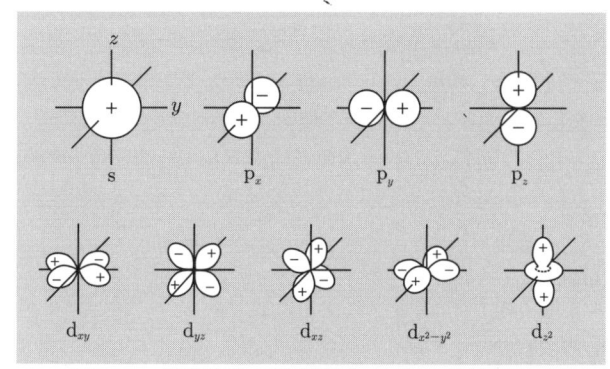

図 9.3 角度部分 p 軌道関数 (a) と d 軌道関数 (b)

9.6 電子配置と周期律

角運動(自転)にともない電子は微小な電磁石のように固有の磁性を持つと考えられる．これを**スピン**という．磁場が作用するとスピンは配向するが，その方向は2通りに限られている．スピン角運動量の磁場方向(z方向)の成分を$m_s h$と書くと

$$m_s = +1/2 \quad \text{または} \quad -1/2$$

である．この量子数だけは半整数である．m_sが$+\dfrac{1}{2}$のスピン軌道関数はαで，$-\dfrac{1}{2}$のスピン軌道関数はβで表す．

パウリは「1つの量子状態に入れる電子は1個に限られる」ことを発見した．これを**パウリの排他律**または**禁制原理**という．原子内の電子では，4つの量子数，n, l, m, m_sによって量子状態が決定されるので，同じn, l, m, m_sの値を持つ量子状態には，高々1個の電子しか入ることができない．

表9.2 各状態に入り得る電子の数

n	殻	l	記号	入り得る電子の数	
1	K	0	1s	2	$2 = 2 \times 1^2$
2	L	0	2s	2	$8 = 2 \times 2^2$
		1	2p	6	
3	M	0	3s	2	$18 = 2 \times 3^2$
		1	3p	6	
		2	3d	10	
4	N	0	4s	2	$32 = 2 \times 4^2$
		1	4p	6	
		2	4d	10	
		3	4f	14	

パウリの原理により各状態に入り得る電子の数は，表9.2に示すようになる．

基底状態にある原子では，原子番号Zの増大とともに電子の数も比例して増大するが，電子はエネルギーの低い軌道関数から順次充填されていく．この際，同じエネルギー準位の軌道関数に2個以上の電子が入る場合は，電子スピンを同じ向きに揃えて別の軌道関数に入れる(その方が電子間相互作用が小さくなる)．これを**フントの規則**という．原子内での電子の各軌道関数への詰まり方を，**電子配置**という．

水素原子の軌道関数のエネルギー準位は主量子数nだけできまり，nが同じであれば，l, m, m_sが異なっていてもエネルギーは等しい．しかし，水素以外の原子では複数個の電子が存在するために，電子間の相互作用によってエネルギー準位は方位量子数lにも依存する．一般にnが同じ場合，lの値が小さいほどエネルギー準位は低い．

図9.4に，原子番号の増大とともに各軌道関数のエネルギー準位がどのように変化するかが示してある．一般には同じnの軌道関数ではエネルギー準位はlの値が小さい順，すなわちs＜p＜d＜fの順になっている．しかし，d,fオービタルでは，nが1つ上のs,pオービタルのエネルギー準位よりも準位が高くなっているところがある．例えば原子番号が20のCaまでは3dオービタルの準位よりも4sオービタルの準位の方が低い．すなわち，4sオービタルの電子の方が3dオービタルの電子よりも安定である．同じような準位の逆転が，4d, 5d, 4f, 5fオービタルでも起こっている．特に4fオービタルでは5s, 5p, 6s

オービタルの準位よりも高く，5f オービタルでは 6s, 6p, 7s オービタルよりも準位が高い．

基底状態の原子の電子配置が表 9.3 に示してある．表に見られるように，原子の外側の電子配置は原子番号の増大とともに周期的に変化している．そのために，元素の性質も原子番号の増大とともに周期的に変化する．これを，**元素の周期律**という．化学結合には主として外側の電子が関与するので，元素の化学的な性質も周期的に変化するのである．最外殻の電子は化学反応に関与しているので，これを**価電子**という．

主量子数が同じである一群の軌道関数を**殻 (電子殻)** という．$n = 1, 2, 3, 4, 5$ の殻を記号 K, L, M, N, O で表す．n が同じで l が異なる軌道関数を**副殻**という．

He 以外の希ガス元素の最外殻の電子配置は $(ns)^2(np)^6$ となっている．希ガス元素が化学的に安定で化合物を作りにくいのは，その上の空の準位とのエネルギー差が大きいためである．事実，その差が小さくなる Kr や Xe ではいくつかの化合物が作られている．最外殻の電子配置が $(ns)^1$ から $(np)^6$ までの元素を**典型元素**，それ以外の元素を**遷移元素**という．遷移元素では，原子番号の増大にともなって内殻の d オービタルや f オービタルの電子が充たされていく．そのため，周期表で隣どうしの遷移元素が化学的な性質は互いに似ている．特に，f オービタルが順次充たされる一群の元素は，n が 2 つ少ない電子殻に電子が入るので，これを**内部遷移元素**という．内部遷移元素は特に化学的な性質が類似しているので，これらを分離するのは容易ではない．

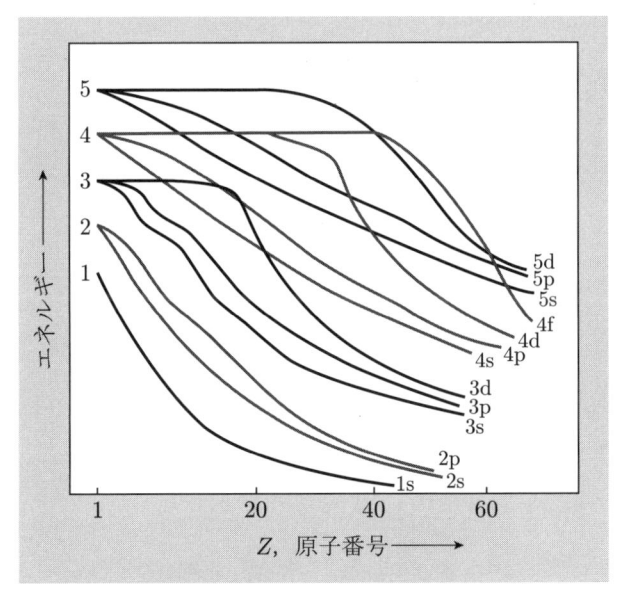

図 9.4 軌道関数のエネルギー準位

表 9.3　基底状態の原子の電子配置 (次頁へ続く)

周期	元素	K 1s	L 2s 2p	M 3s 3p 3d	N 4s 4p 4d 4f	O 5s 5p 5d 5f	P 6s 6p 6d	Q 7s
1	1 H	1						
	2 He	2						
2	3 Li	2	1					
	4 Be	2	2					
	5 B	2	2　1					
	6 C	2	2　2					
	7 N	2	2　3					
	8 O	2	2　4					
	9 F	2	2　5					
	10 Ne	2	2　6					
3	11 Na	2	2　6	1				
	12 Mg	2	2　6	2				
	13 Al	2	2　6	2　1				
	14 Si	2	2　6	2　2				
	15 P	2	2　6	2　3				
	16 S	2	2　6	2　4				
	17 Cl	2	2　6	2　5				
	18 Ar	2	2　6	2　6				
4	19 K	2	2　6	2　6	1			
	20 Ca	2	2　6	2　6	2			
	21 Sc	2	2　6	2　6　1	2			
	22 Ti	2	2　6	2　6　2	2			
	23 V	2	2　6	2　6　3	2			
	24 Cr	2	2　6	2　6　5	1	第一遷移元素		
	25 Mn	2	2　6	2　6　5	2			
	26 Fe	2	2　6	2　6　6	2			
	27 Co	2	2　6	2　6　7	2			
	28 Ni	2	2　6	2　6　8	2			
	29 Cu	2	2　6	2　6　10	1			
	30 Zn	2	2　6	2　6　10	2			
	31 Ga	2	2　6	2　6　10	2　1			
	32 Ge	2	2　6	2　6　10	2　2			
	33 As	2	2　6	2　6　10	2　3			
	34 Se	2	2　6	2　6　10	2　4			
	35 Br	2	2　6	2　6　10	2　5			
	36 Kr	2	2　6	2　6　10	2　6			
5	37 Rb	2	2　6	2　6　10	2　6	1		
	38 Sr	2	2　6	2　6　10	2　6	2		
	39 Y	2	2　6	2　6　10	2　6　1	2		
	40 Zr	2	2　6	2　6　10	2　6　2	2		
	41 Nb	2	2　6	2　6　10	2　6　4	1	第二遷移元素	
	42 Mo	2	2　6	2　6　10	2　6　5	1		
	43 Tc	2	2　6	2　6　10	2　6　6	1		
	44 Ru	2	2　6	2　6　10	2　6　7	1		
	45 Rh	2	2　6	2　6　10	2　6　8	1		
	46 Pd	2	2　6	2　6　10	2　6　10			
	47 Ag	2	2　6	2　6　10	2　6　10	1		
	48 Cd	2	2　6	2　6　10	2　6　10	2		
	49 In	2	2　6	2　6　10	2　6　10	2　1		
	50 Sn	2	2　6	2　6　10	2　6　10	2　2		
	51 Sb	2	2　6	2　6　10	2　6　10	2　3		

表 9.3(続き)

周期	元素	K	L		M			N				O				P			Q
		1s	2s	2p	3s	3p	3d	4s	4p	4d	4f	5s	5p	5d	5f	6s	6p	6d	7s
	52 Te	2	2	6	2	6	10	2	6	10		2	4						
	53 I	2	2	6	2	6	10	2	6	10		2	5						
	54 Xe	2	2	6	2	6	10	2	6	10		2	6						
	55 Cs	2	2	6	2	6	10	2	6	10		2	6			1			
	56 Ba	2	2	6	2	6	10	2	6	10		2	6			2			
	57 La	2	2	6	2	6	10	2	6	10		2	6	1		2			
	58 Ce	2	2	6	2	6	10	2	6	10	2	2	6			2			
	59 Pr	2	2	6	2	6	10	2	6	10	3	2	6			2			
	60 Nd	2	2	6	2	6	10	2	6	10	4	2	6			2			
	61 Pm	2	2	6	2	6	10	2	6	10	5	2	6			2			
	62 Sm	2	2	6	2	6	10	2	6	10	6	2	6			2			
	63 Eu	2	2	6	2	6	10	2	6	10	7	2	6			2			
	64 Gd	2	2	6	2	6	10	2	6	10	7	2	6	1		2			
	65 Tb	2	2	6	2	6	10	2	6	10	9	2	6			2			
6	66 Dy	2	2	6	2	6	10	2	6	10	10	2	6			2			
	67 Ho	2	2	6	2	6	10	2	6	10	11	2	6			2			
	68 Er	2	2	6	2	6	10	2	6	10	12	2	6			2			
	69 Tm	2	2	6	2	6	10	2	6	10	13	2	6			2			
	70 Yb	2	2	6	2	6	10	2	6	10	14	2	6			2			
	71 Lu	2	2	6	2	6	10	2	6	10	14	2	6	1		2			
	72 Hf	2	2	6	2	6	10	2	6	10	14	2	6	2		2			
	73 Ta	2	2	6	2	6	10	2	6	10	14	2	6	3		2			
	74 W	2	2	6	2	6	10	2	6	10	14	2	6	4		2			
	75 Re	2	2	6	2	6	10	2	6	10	14	2	6	5		2			
	76 Os	2	2	6	2	6	10	2	6	10	14	2	6	6		2			
	77 Ir	2	2	6	2	6	10	2	6	10	14	2	6	7		2			
	78 Pt	2	2	6	2	6	10	2	6	10	14	2	6	10					
	79 Au	2	2	6	2	6	10	2	6	10	14	2	6	10		1			
	80 Hg	2	2	6	2	6	10	2	6	10	14	2	6	10		2			
	81 Tl	2	2	6	2	6	10	2	6	10	14	2	6	10		2	1		
	82 Pb	2	2	6	2	6	10	2	6	10	14	2	6	10		2	2		
	83 Bi	2	2	6	2	6	10	2	6	10	14	2	6	10		2	3		
	84 Po	2	2	6	2	6	10	2	6	10	14	2	6	10		2	4		
	85 At	2	2	6	2	6	10	2	6	10	14	2	6	10		2	5		
	86 Rn	2	2	6	2	6	10	2	6	10	14	2	6	10		2	6		
	87 Fr	2	2	6	2	6	10	2	6	10	14	2	6	10		2	6		1
	88 Ra	2	2	6	2	6	10	2	6	10	14	2	6	10		2	6		2
	89 Ac	2	2	6	2	6	10	2	6	10	14	2	6	10		2	6	1	2
	90 Th	2	2	6	2	6	10	2	6	10	14	2	6	10		2	6	2	2
	91 Pa	2	2	6	2	6	10	2	6	10	14	2	6	10	2	2	6	1	2
	92 U	2	2	6	2	6	10	2	6	10	14	2	6	10	3	2	6	1	2
	93 Np	2	2	6	2	6	10	2	6	10	14	2	6	10	5	2	6		2
	94 Pu	2	2	6	2	6	10	2	6	10	14	2	6	10	6	2	6		2
7	95 Am	2	2	6	2	6	10	2	6	10	14	2	6	10	7	2	6		2
	96 Cm	2	2	6	2	6	10	2	6	10	14	2	6	10	7	2	6	1	2
	97 Bk	2	2	6	2	6	10	2	6	10	14	2	6	10	7	2	6	2	2
	98 Cf	2	2	6	2	6	10	2	6	10	14	2	6	10	9	2	6	1	2
	99 Es	2	2	6	2	6	10	2	6	10	14	2	6	10	11	2	6		2
	100 Fm	2	2	6	2	6	10	2	6	10	14	2	6	10	12	2	6		2
	101 Md	2	2	6	2	6	10	2	6	10	14	2	6	10	13	2	6		2
	102 No	2	2	6	2	6	10	2	6	10	14	2	6	10	14	2	6		2
	103 Lr	2	2	6	2	6	10	2	6	10	14	2	6	10	14	2	6	1	2

(58 Ce–71 Lu: ランタノイド / 第三遷移元素)
(89 Ac–103 Lr: アクチノイド元素 / 第四遷移元素)

---例題 1---　　　　　　　　　　　　　　　　　　　　　　　　　　---原子核---

(1) U-238 の半減期は 4.468×10^9 y (y : year) である．最終崩壊生成物は Pb-206 で，その中間生成物の半減期はいずれも U-238 の半減期に比べて非常に小さい (物理化学 表 9.3 参照)．前カンブリア期の地層の鉱石中には，Pb-206 と U-238 が 1 : 3.5 の割合で含まれている．すべての Pb-206 が U-238 から生じたとして，鉱石の年代を決定せよ．

(2) カリウムには β 線と γ 線を放出して崩壊をする放射性同位体 K-40 が 0.0117 ％含まれている．K-40 の半減期は 1.28×10^9 y である．カリウムは人体に 0.35 wt ％含まれている．体重 60 kg の人の体内で毎秒放出される β 線と γ 線の個数はいくらか．

【解答】　(1) (9.3) 式より，U-238 の崩壊定数 λ は $\lambda = \ln 2 / 4.468 \times 10^9 \, \text{y}^{-1}$ である．質量の比が 1 : 3.5 であるから，原子数の比は $1/206 : 3.5/238 = 1 : 3.03$ である．$t = 0$ の U-238 の原子数を N_0，t 年後の原子数を N とすると Pb 原子の数 (崩壊した U 原子の数) は $N_0 - N$ である．

$$N = N_0 \exp(-\lambda t), \quad (N_0 - N)/N = \exp(\lambda t) - 1 = \frac{1}{3.03}$$

となる．ゆえに $t = \ln(1/3.03 + 1) \times 4.468 \times 10^9 / \ln 2 = 8.57 \times 10^9$ y となる．

(2) 体重 60 kg の人体に含まれている K-40 の質量と原子の個数は

$$6 \times 10^4 \times 3.5 \times 10^{-3} \times 1.17 \times 10^{-4} = 2.46 \times 10^{-2} \, \text{g}$$
$$2.46 \times 10^{-2} \times 6.02 \times 10^{23}/40 = 3.70 \times 10^{20} \, \text{個}$$

である．崩壊定数は $\lambda = \ln 2/(1.28 \times 10^9 \times 365 \times 24 \times 60 \times 60) = 1.72 \times 10^{-17} \, \text{s}^{-1}$ である．毎秒の崩壊数は，$\exp(-x) = 1 - x$ の近似を用いて

$$N = 3.70 \times 10^{20} \times [1 - \exp(-1.72 \times 10^{-17})] = 3.70 \times 10^{20} \times 1.72 \times 10^{-17}$$
$$= 6.4 \times 10^3 \, \text{s}^{-1}$$

////////// 問　題 //

1.1 Ra-226 は α 崩壊してラドンに変わり，ラドンはさらに α 崩壊して，ポロニウムに変わる．ポロニウムは β 崩壊してアスタチンに変わり，さらに α 崩壊してビスマスに変わる．この変化を核化学方程式で表せ．ラジウムの原子番号は 88 である．

1.2 Ra-226 の半減期は 1600 y である．1 g の Ra-226 から 1 年間で発生するラドンの総体積は標準状態でおよそいくらになるか．

1.3 Ra-226 の崩壊で生成する Rn の半減期は 3.824 d (d : day) である．密閉容器中に 1 g の Ra-226 を保管したときの定常的な Rn の原子数はいくらか．

例題 2 ──────────────────────────────── 量子論 ──

電磁波のエネルギー $\varepsilon = h\nu$ が連続的に変化するとすると，振動数 ν の電磁波の温度 T における平均エネルギー $\langle E(\nu)\rangle$ は，ボルツマンのエネルギー等分配則により

$$\langle E\rangle = \frac{\int_0^\infty \varepsilon \exp(-\varepsilon/kT)d\varepsilon}{\int_0^\infty \exp(-\varepsilon/kT)d\varepsilon} = kT \tag{a}$$

となる．他方，電磁波のエネルギーが $\varepsilon = h\nu$ の整数倍に量子化されるとすると，平均エネルギー $\langle E(\nu)\rangle$ は次式で表されることを示せ．

$$\langle E\rangle = \frac{\sum n\varepsilon \exp(-n\varepsilon/kT)}{\sum \exp(-n\varepsilon/kT)} = \frac{\varepsilon/kT}{\exp(\varepsilon/kT)-1} \times kT \tag{b}$$

【解答】 (a) 式では，$1/kT = a$ とおいて

$$\int \exp(-ax)dx = \frac{1}{a}$$

$$\int x\exp(-ax)dx = -\partial\left[\int \exp(-ax)dx\right]/\partial a = \frac{1}{a^2}$$

より $\langle E\rangle = kT$ となる．

(b) 式では，分母は初項 1，公比 $\exp(-\varepsilon/kT)$ の無限等比級数であるから $\sum \exp(-n\varepsilon/kT) = [1-\exp(-\varepsilon/kT)]^{-1}$．分子は分母を $-\partial/\partial(1/kT)$ で微分したものであるから

$$\sum n\varepsilon \exp(-n\varepsilon/kT) = -\partial\left[\sum \exp(-n\varepsilon/kT)\right]/\partial(1/kT)$$

$$= -\frac{\partial}{\partial(1/kT)}\left[\frac{1}{1-\exp(-\varepsilon/kT)}\right] = \frac{\varepsilon\exp(-\varepsilon/kT)}{[1-\exp(-\varepsilon/kT)]^2}$$

より $\langle E\rangle = \varepsilon/[1-\exp(\varepsilon/kT)] = h\nu/[\exp(h\nu/kT)-1]$ となる．この式は，エネルギー等分配則の式 kT の代わりに，$kTp(h\nu/kT)$ $[p(x) = x/(\exp x - 1)]$ とおいた形となっている．$p(x) = x/(\exp x -1)$ は**プランク関数**と呼ばれている．

|||||||||| 問 題 ||||||||||||||||||||||||||||||||||||||||||||||||||||||||||||||||||||||

2.1 次の粒子のドブロイ波の波長を求めよ．
(1) 200 V で加速された電子　　(2) 300 K における根平均 2 乗速度の水素原子

2.2 Cs, K, Li および Pt の仕事関数は，それぞれ 1.95, 2.28, 2.93 および 5.64 eV である．これらの金属の赤色波長端を求め，$\lambda = 100$ nm の紫外線を照射する際に放出される光電子の最大運動エネルギーを計算せよ．

---例題 3---──────────────────────────────── ボーア模型─

(1) ボーアの理論に基づいて，水素原子の基底状態における電子の速度を求めよ．また，この電子のド・ブロイ波長を求めよ．
(2) ボーアの理論における定常状態の軌道の長さは電子波の波長の整数倍であることを示せ．

【解答】 (1) ボーアの模型では，電子の円軌道の半径 r について，遠心力 mv^2/r とクーロン引力 $e^2/4\pi\varepsilon_0 r^2$ とが釣り合っているから，電子の質量を m として

$$\frac{mv^2}{r} = \frac{e^2}{4\pi\varepsilon_0 r^2}$$

である．ボーア半径は $a_0 = 5.292 \times 10^{-11}$ m であるから

$$v = \frac{e}{(4\pi\varepsilon_0 mr)^{1/2}} = \frac{1.602 \times 10^{-19}}{(4 \times 3.14 \times 8.854 \times 10^{-12} \times 9.109 \times 10^{-31} \times 5.292 \times 10^{-11})^{1/2}}$$
$$= 2.19 \times 10^6 \, \text{m s}^{-1} \quad (秒速 2200\,\text{km})$$

となる．ド・ブロイ波長は

$$\lambda = \frac{h}{mv} = 6.626 \times 10^{-34} / 9.109 \times 10^{-31} \times 2.19 \times 10^6 = 3.32 \times 10^{-10}\,\text{m} = 0.332\,\text{nm}$$

(2) 軌道の長さは $l_n = 2\pi r_n = \dfrac{2\varepsilon_0 n^2 h^2}{me^2}$ である．(9.11) の式の r_n を代入すると

$$\lambda = \frac{h}{mv} = \frac{h(4\pi\varepsilon_0 mr_n)^{1/2}}{me} = \frac{2n\varepsilon_0 h^2}{me^2} = n \times 2\pi r_1$$

問題

3.1 He^+ について観測される 329170, 390120, 411460, 421330 cm^{-1} のスペクトル線をリュードベリ型の式を用いて整理せよ．またその結果をボーアの理論によるエネルギー準位図によって説明せよ．またさらに，長波長側に見られるスペクトル群の波数を計算せよ．

3.2 ハイゼンベルクの不確定性原理によると，電子の位置と運動量は測定によって同時に正確に定めることはできない．それぞれの不確定性を $\Delta x, \Delta p$ とすると

$$\Delta x \Delta p \geqq h$$

となる．このことから，ボーア模型で基底状態にある電子の速度と位置の不確定性の程度を検討せよ．

3.3 ボーア模型による水素原子のエネルギー準位を計算せよ．

---例題 4--- シュレーディンガーの活動方程式---

1 次元の井戸型ポテンシャル

$$V(0 < x < l) = 0, \quad V(x \leq 0) \to \infty, \quad V(x \geq l) \to \infty \tag{a}$$

の中にある粒子の波動関数およびエネルギー準位を求めよ.

【解答】 (a) 式は,ポテンシャルは区間 $0 \sim l$ で 0 で,それ以外の区間では無限大であることを示しており,粒子は区間 $0 \sim l$ の外に出ることはできない.$V = 0$ であるから,井戸の中の粒子には外力は作用していない.$0 < x < l$ の区間では,(9.17) 式は

$$\frac{d^2\psi}{dx^2} + \frac{2m}{\hbar^2} E\psi = 0 \tag{b}$$

となる.この微分方程式は,ψ を x で 2 回微分すると元の ψ に定数を掛けた形となるので,一般解は,A, B を任意の定数として

$$\psi(x) = A\sin\left[\left(\frac{2mE}{\hbar^2}\right)^{1/2} x\right] + B\cos\left[\left(\frac{2mE}{\hbar^2}\right)^{1/2} x\right] \tag{c}$$

となる.区間の外には粒子は存在しないから,井戸の外では $\psi = 0$ ($\psi^2 = 0$) である.ψ に関する 3 条件から,ψ は井戸の壁でも連続でなければならないので,$x = 0$ および $x = l$ で $\psi = 0$ である.$\cos 0 = 1$ であるから,$x = 0$ で $\psi = 0$ であるためには $B = 0$ でなければならない.また $\sin(n\pi) = 0$ $(n = 1, 2, \cdots)$ であるから,$x = l$ で $\psi = 0$ であるためには $(2mE/\hbar^2)^{1/2} l = n\pi$ でなければならない.したがって

$$E_n = \frac{\pi^2 \hbar^2}{2ml^2} n^2 = \frac{h^2}{8ml^2} n^2 \tag{d}$$

となる.規格化の条件 $\int_0^l \psi_n^2(x) dx = 1$ より,$A = \sqrt{2/l}$ となる.したがって,固有関数は次式となる.

$$\psi_n = \left(\frac{2}{l}\right)^{1/2} \sin\left(\frac{n\pi x}{l}\right) \tag{e}$$

|||||||||| 問 題 ||||||||||||||||||||||||||||||||||||||||||||||||||||||||||||||||||||||||||||||||||||||||||||||||||||||||||||

4.1 例題 4 の結果に基づいて,幅 $l = 1.0$ nm の井戸内の電子を $n = 0$ から $n = 1$ の状態および $n = 1$ から $n = 2$ の状態に励起するのに要する光線の波長を計算せよ.また,振動数および波数も計算せよ.

4.2 ハイゼンベルグの不確定性原理によると,電子の位置 q と運動量 p を同時に定めることができず,それぞれの不確定性を $\Delta q, \Delta p$ とすると $\Delta q \Delta p \geq h$ の関係がある.このことからボーアの原子模型における電子の状態を論じよ.

4.3 リチウム原子に対するシュレーディンガー方程式を書け.

---- 例題 5 ---- 水素原子 ----

水素原子の $l = 2, m = \pm 1$ に対する角度波動関数は

$$Y(\theta, \phi) = (15/8\pi)^{1/2} \sin\theta \cos\theta\, e^{\pm i\phi}$$

である．ここで，θ は極座標の天頂角，ϕ は方位角である．これらの線形 1 次結合により 2 つの実関数 $Y'(\theta, \phi)$ および $Y''(\theta, \phi)$ を作り，これらの関数が互いに直交することを証明せよ．また，$[Y'(\theta, \phi)]^2$ と $[Y''(\theta, \phi)]^2$ の断面を 2 次元平面にプロットせよ．

【解答】　オイラーの公式 $e^{\pm ix} = \cos x \pm i\sin x$ より，線形 1 次結合

$$Y'(\theta, \phi) \equiv \sqrt{2}\frac{[Y_+(\theta, \phi) + Y_-(\theta, \phi)]}{2}, \quad Y''(\theta, \phi) \equiv \sqrt{2}\frac{[Y_+(\theta, \phi) - Y_-(\theta, \phi)]}{2i}$$

が実関数である．$\sqrt{2}$ は規格化の定数である．オイラーの公式で $x = \phi$ とおいて

$$Y'(\theta, \phi) = (15/4\pi)^{1/2} \sin\theta \cos\theta \cos\phi, \quad Y''(\theta, \phi) = (15/4\pi)^{1/2} \sin\theta \cos\theta \sin\phi$$

となる．$[Y'(\theta, \phi)]^2$ のプロットが右に示してある．$[Y''(\theta, \phi)]^2$ はこれを 90 度回転したものとなる．直交であることは

$$\int_{-\pi/2}^{\pi/2} d\theta \int_0^{2\pi} d\phi [Y'(\theta, \phi) Y''(\theta, \phi)]$$
$$= (15/8\pi) \int_{-\pi/2}^{\pi/2} d\theta [\sin^2\theta \cos^2\theta] \int_0^{2\pi} d\phi [\cos\phi \sin\phi]$$
$$= 0$$

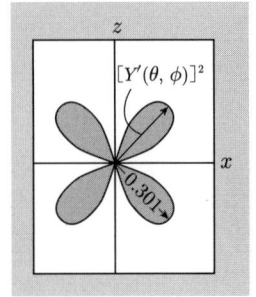

となることから証明される $\left(\int_0^{2\pi} d\phi [\cos\phi \sin\phi] = \int_0^{2\pi} d\phi [\cos 2\phi]/2 = 0 \right)$．

問題

5.1 水素原子の 1s オービタルにおいて，電子密度が最大となる動径はボーア半径に等しいことを示せ．

5.2 水素原子の 1s, 2s, および 2p オービタルは互いに直交条件 $\int \psi_a \psi_b d\tau = 0$ を充たすことを示せ．

5.3 1s 軌道関数は表 9.1 に示してある．水素原子において核から $a_0 = 0.0529\,\mathrm{nm}$ 以内の距離に 1s 電子を見いだす確率を求めよ．

―― 例題 6 ――――――――――――――――――――――――――― 電子配置 ――

(1) H^-, C^+, Na^+, Al, P^{3+}, および Cl の基底状態における電子配置を推定し，可能な最高の酸化状態を示せ．

(2) 超ウラン元素プルトニウムは 94 番元素である．Pu の電子配置を推定し，それに基づいて Pu の化学的性質を論ぜよ．

【解答】 (1) 電子数は原子番号とイオンの価数できまる．基底状態であるから，電子は，エネルギー準位の低い軌道関数から順次充填していく．フントの規則により可能な限りスピンは平行となる．電子配置および酸化状態は下の表のようになる．

記号	原子番号	電子数	1s	2s	2p	3s	3p
H^-	1	2	↑↓				
C^+	6	7	↑↓	↑↓	↑↑↑		
Na^+	11	10	↑↓	↑↓	↑↓↑↓↑↓		
Al	13	13	↑↓	↑↓	↑↓↑↓↑↓	↑↓	↑
P^{3+}	15	12	↑↓	↑↓	↑↓↑↓↑↓	↑↓	
Cl	17	17	↑↓	↑↓	↑↓↑↓↑↓	↑↓	↑↓↑↓↑

可能な最高の酸化状態では，電子配置は閉殻となるので $H^- : H^+$, $C^+ : C^{4+}$, $Na^+ : Na^+$, $Al : Al^{3+}$, $P^{3+} : P^{5+}$, $Cl : Cl^{7+}$ である．

(2) 88 番元素の Ra の電子配置は，$5s^2 5p^6 5d^{10} 6s^2 6p^6 7s^2$ で，5f と 6d, 6f オービタルが空いている．89 番目の電子は 5f か 6d のいずれかに入ると考えられるが，その間のエネルギー差は少なく，スペクトルの実測で定めるしか方法がない．89 番，90 番では 6d に電子が入るが 91 番，92 番 (U) では 6d に 1 個入り，残りは 5f に入る (表 9.3)．以下原子番号の増大とともに電子は基本的には 5f に入るので，89 番 (Ac) 以下は内部遷移元素となる (アクチノイド)．Pu の電子配置は $5s^2 5p^6 5d^{10} 5f^6 6s^2 6p^6 7s^2$ となっている．化学的な性質は 89 番から 103 番まで，非常によく似ている．

|||||||||| 問 題 ||||||||||||||||||||||||||||||||||||||||||||||||||||||||||||||||||||||||||

6.1 鉄の $K_\alpha X$ 線の波長は L 殻の電子が空の K 殻に落ちる際に放出される電磁波で，その波長は 0.1932nm である．X 線が放出される前後の電子配置を書け．また，この 2 つの電子配置間のエネルギー差を計算せよ．

6.2 単体の化学的な性質は，元素の周期表における位置によっておおよそきまる．例えば，最も活性が強い非金属はフッ素で，金属はセシウム (フランシウムの単体が得られればおそらくフランシウム) である．このことを電子配置に基づいて説明せよ．

演習問題

1. ウランの同位体 ^{238}U の半減期は 4.468×10^9 y, ^{235}U の半減期は 7.038×10^8 y である. 現在の両者の存在比 99.275% と 0.720% から, 地球誕生の際には両者は同量あったと仮定したときの地球の年齢を推定せよ.

2. 原子炉や核爆発で生成する放射性同位体の中でも, 特に有害なものに, Sr-90(28.8 y), Cs-137(30.17 y), I-131(8.04 d), Kr-85(10.7 y), H-3(12.33 y) がある〔( ) は半減期〕. 原子炉の事故などで外部に放出されたこれらの放射性同位体の量が初めの 1/10 および 1/100 になるのに要する時間を求めよ.

3. アインシュタインの相対性理論によると, 質量の変化 Δm はエネルギーの変化 ΔE と $\Delta E = c^2 \Delta m$ の関係で結びつけられる. c は光速度で, $2.99793 \times 10^8 \, \mathrm{m \, s^{-1}}$ である. 陽子と中性子から $^4_2$He が生成するときの質量欠損に相当するエネルギー変化を求めよ. ただし $^4_2$He の相対原子質量は 4.00260 である.

4. 原子核の崩壊によって放出される α 粒子の初速度は光速の 1/20 程度であり, β 粒子の初速度は速いものでは光速の 0.99 倍にも達する. このような α 粒子および β 粒子の波長を求めよ. どちらの物質波の方が波長が短いか.

5. プランクのエネルギー量子説とアインシュタインの光量子説の違いを説明せよ.

6. 基底状態にある水素原子及び He$^+$ のイオン化エネルギーをジュール単位及びエレクトロンボルト単位で求めよ. これらをイオン化するのに必要な電磁波の最長波長はいくらか.

7. ボーア模型に基づいて, He$^+$ の 2s オービタルの半径を水素原子に 1s オービタルの半径と比較せよ.

8. 一般には運動量は質量と速度の積 $p = mv$ で定義されるが, 光子については静止質量が 0 であるので, このようには運動量を定義することはできない. アインシュタインの特殊相対性理論によれば, 質量とエネルギーは等価で, $E = mc^2$ の関係にある. ここで, c は光速度である. この式から, 光子の運動量の定義式 $p = h/\lambda$ を導け.

9. He 原子のシュレーディンガー波動方程式を書き表せ.

10. 水素原子の $l = 2, m = 0$ と $l = 1, m = 1$ の角度波動関数
$$Y_1(\theta, \phi) = K_1(3\cos^2\theta - 1) \text{ と } Y_2(\theta, \phi) = K_2 \sin\theta \cos\phi$$
は直交していることを示せ. ここで, K_i は規格化定数である.

11. 主量子数が n の電子殻に収容され得る電子の数は $2n^2$ であることを示せ.

12. 波動関数で符号が + から − に反転する面を節面という. 水素原子の 2s オービタルの節面の核からの距離を求めよ.

13. 一辺が l の立方体に閉じ込められている粒子のエネルギー準位は, $E(n_x, n_y, n_z) = h^2(n_x^2 + n_y^2 + n_z^2)/8ml^2$ で与えられる. エネルギーが低い最初の 3 つの準位の縮重度 (同じエネルギーを持つ準位の数) を求めよ.

14. 3 個の独立な 2p 軌道関数 (表 9.1) で, $r = $ 一定, としたとき, p$_x$, p$_y$, p$_z$ はそれぞれ x 軸, y 軸, z 軸上に中心を持つ球形となり, 球の表面は原点に接していることを示せ.

10 化学結合と分子構造

10.1 水素分子イオン H_2^+

H_2^+ は2個の核(陽子)と1個の電子からなり,その間のクーロン相互作用は,図10.1に示してあるように,3個のクーロン相互作用の和になる.ハミルトニアン(ハミルトン演算子)は次のように表される.

$$H = -\frac{\hbar^2}{2m}\nabla^2 - \frac{1}{4\pi\varepsilon_0}\left(\frac{e^2}{r_A} + \frac{e^2}{r_B} - \frac{e^2}{r_{AB}}\right) \tag{10.1}$$

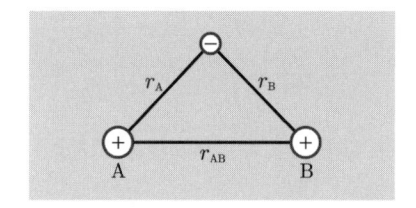

図 10.1 H_2^+ における座標の記号

ここで,核A, Bは電子に比べて質量が大きいので,その運動は無視してある.シュレーディンガーの波動方程式は次のようになる.

$$H\psi = E\psi \tag{10.2}$$

(10.1)式のように,3個以上の粒子からなり,ポテンシャルエネルギーの項が簡単な関数で表されない力学系のシュレーディンガー波動方程式は厳密には解けない.そこで近似解を求める.$r_{AB} \to \infty$ では,電子は核AまたはBのいずれかと結合して水素原子となるので,$\psi \to u_{1s_A}$ または $\psi \to u_{1s_B}$ となるはずである.ここで,u_{1s_A} は水素原子Aの1s軌道関数である.そこで,分子軌道を,u_{1s_A} と u_{1s_B} の線形1次結合で近似する.

$$\phi = c_1 u_{1s_A} + c_2 u_{1s_B} \tag{10.3}$$

ここで,ϕ は近似された分子軌道関数,c_1, c_2 は係数である(**LCAO-MO*法**).(10.3)式を(10.2)式に代入して,左側から ϕ にかけて全空間にわたって積分をとると

$$\int \phi H \phi \, d\tau = \int \phi E \phi \, d\tau = E \int \phi^2 \, d\tau \tag{10.4}$$

---
*linear combination of atomic orbitals-molecular orbital

となる．エネルギー E は次の式で計算される．

$$E = \frac{\int \phi H \phi d\tau}{\int \phi^2 d\tau} = \frac{\sum_{m=1}^{2}\sum_{n=1}^{2} c_m c_n H_{mn}}{\sum_{m=1}^{2}\sum_{n=1}^{2} c_m c_n \Delta_{mn}} \tag{10.5}$$

ここで，Δ は積分

$$\Delta = \int u_{1s_A} u_{1s_B} d\tau \tag{10.6}$$

で与えられる数値で，**重なり積分**と呼ばれている*．また，H_{11}, H_{12} などは

$$H_{11} = \int u_{1s_A} H u_{1s_A} d\tau \tag{10.7}$$

$$H_{12} = \int u_{1s_A} H u_{1s_B} d\tau \tag{10.8}$$

である．H_{ii} は**クーロン積分**，H_{ij} $(i \neq j)$ は**共鳴積分**と呼ばれている．クーロン積分は電子のクーロン相互作用に関係した項を含んでいる．

　変分原理によって，E が最小となるように係数 c_1, c_2 を定めると，最もよい近似の分子軌道関数 ϕ が得られる（演習問題 10.2）．(10.3) 式を (10.5) 式に代入すると，エネルギー E は

$$E = \frac{c_1{}^2 H_{11} + 2c_1 c_2 H_{12} + c_2{}^2 H_{22}}{c_1{}^2 + 2c_1 c_2 \Delta + c_2{}^2} \tag{10.9}$$

となる．(10.9) 式の E を最小とする $\{c_1, c_2\}$ の組を見いだすために，(10.9) 式の両辺を c_1, c_2 で微分して，$\partial E/\partial c_1 = 0$, $\partial E/\partial c_2 = 0$ とおくと

$$\begin{aligned}(H_{11} - E)c_1 + (H_{12} - \Delta E)c_2 &= 0 \\ (H_{21} - \Delta E)c_1 + (H_{22} - E)c_2 &= 0\end{aligned} \tag{10.10}$$

を得る．この $\{c_1, c_2\}$ を未知数とする連立 1 次方程式は，係数で作った行列式が 0 の場合に限り，$c_1 = c_2 = 0$ でない解を持つ．すなわち

$$\begin{vmatrix} H_{11} - E & H_{12} - \Delta E \\ H_{21} - \Delta E & H_{22} - E \end{vmatrix} = 0 \tag{10.11}$$

の場合に限り意味のある解を持つ．この式を**永年方程式**という．$H_{11} = H_{22}$ であり，$H_{12} = H_{21}$ であるから (10.11) 式は

---

* $\int u_{1s_A} u_{1s_A} d\tau = \int u_{1s_B} u_{1s_B} d\tau = 1$ （規格化されている）．

$$(H_{11} - E)^2 - (H_{12} - \Delta E)^2 = 0 \tag{10.12}$$

となる．これを解くと

$$E_\mathrm{s} = \frac{H_{11} + H_{12}}{1 + \Delta} \tag{10.13}$$

$$E_\mathrm{a} = \frac{H_{11} - H_{12}}{1 - \Delta} \tag{10.14}$$

となる．図 10.2 に (10.13) 式と (10.14) 式で計算したエネルギー E_s と E_a がプロットしてある．図中，破線は厳密な計算の結果である．E_s は 0 よりも小さな値となり，結合が安定に生成することを示している．共鳴積分は負で大きな値を持つので，E_s の値が負になるのである．近似計算では核間距離 $r_\mathrm{AB} = 0.132$ nm で E_s は最小となり，安定な結合が生成することを示している．E_s の最小値は 1.77 eV (171 kJ mol^{-1}) である．他方，E_a は常に正で，r_AB の増大とともに単調に減少する．すなわち，核間には斥力しか働かず，安定な結合は生成しない．

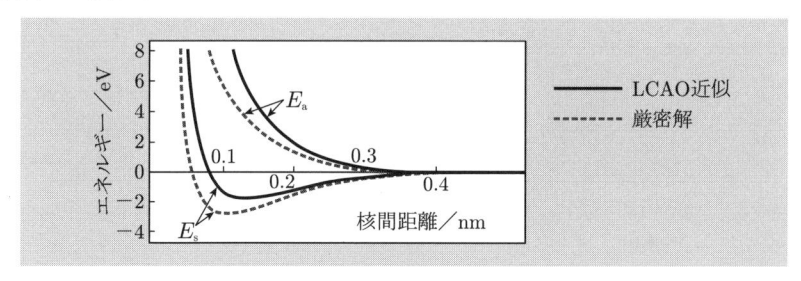

図 10.2 H_2^+ のエネルギー曲線

(10.13) 式と (10.14) 式を (10.11) 式に代入して c_1 と c_2 の比を求めると

(E_s の場合) $c_1/c_2 = 1$, (E_a の場合) $c_1/c_2 = -1$

となる．これと，規格化の条件

$$\int \phi^2 d\tau = c_1{}^2 + 2c_1 c_2 \Delta + c_2{}^2 = 1$$

とから c_1, c_2 を求めると

(E_s の場合) $c_1 = c_2 = \dfrac{1}{\sqrt{2(1+\Delta)}}$, ($E_\mathrm{a}$ の場合) $c_1 = -c_2 = \dfrac{1}{\sqrt{2(1-\Delta)}}$

となる．このようにして E_s と E_a に対応して得られる近似波動関数 ϕ_s と ϕ_a は

$$\phi_\mathrm{s} = \frac{1}{\sqrt{2(1+\Delta)}}(u_{1s_\mathrm{A}} + u_{1s_\mathrm{B}}) \tag{10.15}$$

$$\phi_\mathrm{a} = \frac{1}{\sqrt{2(1-\Delta)}}(u_{1s_\mathrm{A}} - u_{1s_\mathrm{B}}) \tag{10.16}$$

である．ϕ_s の添字 s は symmetric の略で，u_{1s_A} と u_{1s_B} を交換しても ϕ_s は変化せず，対称であることを意味している．ϕ_a の添字 a は anti-symmetric の略で，u_{1s_A} と u_{1s_B} を交換すると ϕ_a は符号だけが反転する，反対称であることを意味している．

ϕ_s を**結合性分子軌道関数**，ϕ_a を**反結合性分子軌道関数**という．図 10.3(a) と (b) にそれぞれ ϕ_s と ϕ_a が示してある．ϕ_s は u_{1s_A} と u_{1s_B} は同じ符号（同位相）で重なり合うので，電子波の干渉で 2 つの核の間で電子波の振幅が大きくなり，核の中間での電子の存在確率（電子密度）が高くなっている．核の中間の電子が両側の核を静電気引力で引き付けるので，核の間に結合力が生ずることになる．他方，ϕ_a は u_{1s_A} と u_{1s_B} が反対符号（逆位相）で重なり合うので，電子波の干渉で 2 つの核の間で電子波が打ち消し合い，核の中間での電子の存在確率（電子密度）が小さくなっている．そのために核間の静電気斥力が直接に作用するようになり，互いに反発することになる．反結合性分子軌道関数 ϕ_a には符号が反転する節面が 1 つある．

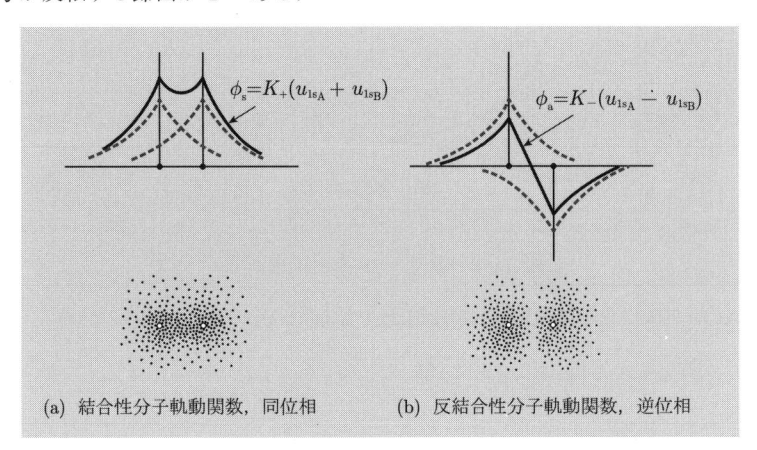

(a) 結合性分子軌動関数，同位相   (b) 反結合性分子軌動関数，逆位相

図 10.3 H_2^+ の結合性分子軌道関数と反結合性分子軌道関数

10.2 水素分子 H_2

水素分子の化学結合は，異なった 2 つの近似法，すなわち，LCAO-MO 法と原子価結合法とで説明される．

LCAO-MO 法では，H_2^+ の分子軌道関数（MO）に電子 1，2 が入るとする．電子間の相互作用を無視すると，基底状態の H_2 の分子軌道関数（結合性軌道関数）は，2 個の電子 1，2 に関し

$$\phi_s{}^{MO} = \phi_s(1)\phi_s(2)$$
$$= K_+\{u_{1s_A}(1) + u_{1s_B}(1)\}\{u_{1s_A}(2) + u_{1s_B}(2)\} \tag{10.17}$$

と表される．ここで，$K_+ = 1/2(1 + \Delta)$ は規格化の定数である．(10.17) 式の近似波動関数を用いてエネルギーを核間距離の関数として計算すると，$r_{AB} = 0.085\,\mathrm{nm}$ でエネルギーは最小値 $-2.68\,\mathrm{eV}\,(259\,\mathrm{kJ\,mol^{-1}})$ となる．

原子価結合法では，2 個の原子が近付いたときに結合が生成すると考え，2 個の水素原子が無限に離れているときの状態を示す波動関数から出発する．2 個の水素原子（基底状態）が無限に離れているときの状態を示す波動関数は，それぞれ独立の波動関数の積になるので

$$u_{1s_A}(1)\ u_{1s_B}(2) \quad \text{または} \quad u_{1s_A}(2)\ u_{1s_B}(1)$$

で与えられる．前者は核 A に電子 1 が，核 B に電子 2 が属している状態を示し，後者はその逆の状態を示している．ハイトラーとロンドンの考えの基礎は，分子中の 2 個の電子は区別できない，ということである．この条件を充す波動関数には

$$\phi_s{}^{VB} = K_+\{u_{1s_A}(1)\ u_{1s_B}(2) + u_{1s_A}(2)\ u_{1s_B}(1)\} \tag{10.18}$$
$$\phi_a{}^{VB} = K_-\{u_{1s_A}(1)\ u_{1s_B}(2) - u_{1s_A}(2)\ u_{1s_B}(1)\} \tag{10.19}$$

の 2 つがある．ϕ_s は対称な波動関数 ϕ_a は反対称な波動関数である．E_s は $r_{AB} = 0.087\,\mathrm{nm}$ で最小となり，その値は $-3.14\,\mathrm{eV}\,(303\,\mathrm{kJ\,mol^{-1}})$ である．これは，LCAO-MO 法よりも実測値 $(458\,\mathrm{kJ\,mol^{-1}})$ に近い．

10.3　パウリの原理と波動関数の反対称性

パウリの原理は，「2 個以上の電子からなる多電子系の波動関数は，任意の 2 個の電子の交換に対して反対称でなければならない」と表現される．

例えば，反対称軌道関数である (10.19) 式で，電子 1 と 2 の両方が同じ軌道関数 u_{1s_A} に属するとすると

$$\phi_a = K\{u_{1s_A}(1)\ u_{1s_A}(2) - u_{1s_A}(2)\ u_{1s_A}(1)\} = 0$$

となる．これは，そのような状態が出現する確率が 0 であることであり，2 個の電子が同じ軌道関数に入る確率が 0 であることを意味している．したがって，(10.19) 式はパウリの原理を充たしている．

対称な軌道関数 (10.18) 式はパウリの原理を充たしていないが，スピン波動関数を含む完全な電子波動関数はパウリの原理を充たしている．スピン量子数 $\frac{1}{2}$ の波動関数を α，$-\frac{1}{2}$ の波動関数を β で表すと，2 個の電子 1, 2 に対するスピン波動関数は次の 4 通りが考えられる．

$\alpha(1)\alpha(2)$ （対称） (10.20a)

$\beta(1)\beta(2)$ （対称） (10.20b)

$[\alpha(1)\beta(2) + \beta(1)\alpha(2)]/\sqrt{2}$ （対称） (10.20c)

$[\alpha(1)\beta(2) - \beta(1)\alpha(2)]/\sqrt{2}$ （反対称） (10.20d)

パウリの原理を充足するために，空間部分が対称な波動関数 ϕ_s には反対称な (10.20d) が組み合わされ，空間部分が反対称な波動関数 ϕ_a には対称な (10.20a) – (10.20c) が組み合わされる（表 10.1）．後者の組合せでは，スピン軌道の相互作用により，エネルギー準位がわずかではあるが 3 つに分裂する．したがって，前者を一重項，後者を三重項という．

表 10.1 2 個の電子系の反対称波動関数

軌道関数	スピン関数	総スピン	記号
ϕ_s	$(\alpha_1\beta_2 - \alpha_2\beta_1)/\sqrt{2}$	0	$^1\Sigma$（一重項）
ϕ_a	$\alpha_1\alpha_2$ $(\alpha_1\beta_2 - \alpha_2\beta_1)/\sqrt{2}$ $\beta_1\beta_2$	1	$^3\Sigma$（三重項）

10.4 分子軌道法による 2 原子分子の結合

MO 法によって，2 原子分子の結合を系統的に説明することができる．例えば，He_2^+ には 3 個の電子がある．そのうち 2 個は，結合性 MO, ϕ_s に入る．スピン波動関数は α と β で，(10.20d) の反対称の組合せとなっている．これを，電子対 ↑↓ で表す．ϕ_s は 2 個の電子で満員となるので，3 番目の電子は反結合性 MO, ϕ_a に入る．この電子はスピンが対にならないので，その磁性が相殺されない（**常磁性**）．それに対し，スピンが相殺されていて電子スピンによる磁性を持たない物質を**反磁性**という．2 個の電子が ϕ_s に入ることにより，電子が 1 個だけの H_2^+ の結合のおよそ 2 倍の結合エネルギーが生まれる．しかし，3 番目の電子を ϕ_a に持ち上げるのに ϕ_s に入るときに生まれるエネルギーとほぼ同じエネルギーを必要とする．したがって，He_2^+ の結合エネルギーは H_2^+ の結合エネルギーにほぼ等しい．

He_2 では 4 個の電子があり，2 個は ϕ_s に入るが，残りの 2 個は ϕ_a に入る．そのために，2 個の電子が ϕ_s に入ることにより得られるエネルギーは 2 個の電子が ϕ_a に入ることによりすべて失われる．すなわち，He_2 は生成しない．

MO 法では**結合次数**を次のように定義する．

$$結合次数 = (結合性 MO の電子数 - 反結合性 MO の電子数) \div 2$$

原子波動関数の 1 次結合（LCAO）で MO を作る際に，次の条件がある．

(1) 原子軌道関数のエネルギー値が近いこと．
(2) 原子軌道関数の重なりが大きいこと (**最大重なりの原理**)．
(3) 分子軸に対する対称性が等しいこと．

2p 電子が関与する LCAO-MO では，条件 (1) と条件 (3) により，2s 軌道の電子は MO の形成に寄与しない．2 組の 2p 原子軌道関数が x 軸に沿って接近して MO を形成する場合，u_A と u_B をそれぞれ原子 A と原子 B の原子軌道関数として

(1) $u_A(p_x)$ と $u_B(p_x)$ が同位相で接近すると分子軸に対称な結合性 MO が形成され，逆位相で接近すると分子軸に対称な反結合性 MO が形成される．分子軸に対称な結合を **σ 結合**という．規格化の定数を省略すると，これらの MO は次のようになる．

$$\sigma(p_x) = u_A(p_x) - u_B(p_x) \tag{10.21a}$$

$$\sigma^*(p_x) = u_A(p_x) + u_B(p_x) \tag{10.21b}$$

(2) $u_A(p_y)$ と $u_B(p_y)$ が同位相で分子軸に節面を持つ結合性 MO を形成し，逆位相で分子軸に節面を持つ反結合性 MO を形成する．分子軸に節面を持つ結合を **π 結合**という．規格化の定数を省略すると，これらの MO は次のようになる．

$$\pi(p_y) = u_A(p_y) + u_B(p_y) \tag{10.22a}$$

$$\pi^*(p_y) = u_A(p_y) - u_B(p_y) \tag{10.22b}$$

10.5　異核 2 原子分子の結合と結合の極性

異なる原子からなる 2 原子分子では，原子が電子を引き付ける力に差があるために，電子の分布は対称とならず，いずれかの核に偏る．そのために，結合は部分的にイオン性を帯びる．イオン性を帯びた結合を**極性**であるという．共有結合に対応する対称な電子分布に対する波動関数を ψ_c，電荷が一方の原子へ移動してイオン結合に対応する電子分布に対する波動関数を ψ_i とすると，結合に与っている電子の波動関数は

$$\phi = c_1 \psi_c + c_2 \psi_i \tag{10.23}$$

で近似される．ϕ を用いて計算したエネルギーが最小となるように係数 c_1, c_2 を定めると，係数の 2 乗の比 $c_1{}^2 : c_2{}^2$ が結合における共有性とイオン性の割合を示している．$+q$ の正電荷と $-q$ の負電荷が距離 r を隔てて位置しているとき，電荷を結ぶベクトル量

$$\mu = qr \tag{10.24}$$

を**双極子モーメント**という.HCl などのように,外部電場がなくても電荷が固定してずれているものを,**永久双極子モーメント**という.他方,H_2 や N_2 などのような対称な分子では,外部電場の作用によって正電荷と負電荷の重心がずれ,双極子モーメントが誘起される.これを**誘起双極子モーメント**という.永久双極子モーメントを持つ分子を**極性分子**,そうでない分子を**無極性分子**という.

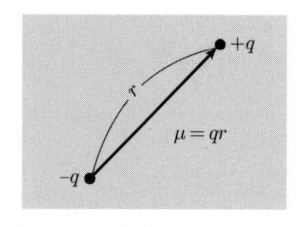

図 10.4 双極子モーメント

多くの極性分子では,q は 10^{-10} esu (electro static unit:静電単位) 程度であり,結合距離 r は 10^{-8} cm 程度であるから,qr は 10^{-18} esu cm 程度である.10^{-18} esu cm を双極子モーメントの単位として用いることがあり,これを **Debye**(デバイ)といい,記号 D で表す.D = 10^{-20} esu m. esu = 3.33564×10^{-10} C. D = 3.33564×10^{-30} C m. C m = 2.9979×10^{29} D である.

CH_4 分子中の C–H 結合も永久双極子モーメントを持っている.このような個々の結合の双極子モーメントを**結合モーメント**という.CH_4 分子は C 原子が正四面体の重心の位置にあり,4 本の C–H 結合が頂点へ向かっている.そのため,4 つの双極子モーメントのベクトル和は 0 となり,分子全体としては無極性である.

原子が電子を引き付ける相対的な強さを,**電気陰性度**という.ポーリングは,共通結合においてイオン性が増大するにつれて結合エネルギーが大きくなることに着目して,電気陰性度を次のように定義した.元素 A,B の電気陰性度を x_A,x_B とすると

$$23|x_A - x_B|^2 = D(A-B) - \{D(A-A) + D(B-B)\}/2 \tag{10.25}$$

ここで,$D(A-B)$ は結合 A–B の結合エネルギーなどである.係数 23 は Le V = 23 kcal mol^{-1} の換算からくるもので,ポーリングの時代には結合エネルギーは kcal mol^{-1} 単位で表されていたためである.kJ mol^{-1} で表す場合は係数 96.1 となる.

マリケンは,電気陰性度を原子のイオン化ポテンシャル E_i と電子親和力 E_{ea} の算術平均

$$x = \frac{E_i + E_{ea}}{2} \tag{10.26}$$

と定義した.E_i と E_{ea} を L eV 単位で表すと,ポーリングの定義とマリケンの定義の間には

$$x \,(マリケン) \fallingdotseq 2.8x \,(ポーリング)$$

の関係がある.

表 10.2 ポーリング尺度による典型元素の電気陰性度/L eV

H 2.1							
Li 1.0	Be 1.5	B 2.0		C 2.5	N 3.0	O 3.5	F 4.0
Na 0.9	Mg 1.2	Al 1.5		Si 1.8	P 2.1	S 2.5	Cl 3.0
K 0.8	Ca 1.0	Sc 1.3	Ti – Ga 1.7 ± 0.2	Ge 1.8	As 2.0	Se 2.4	Br 2.8

表 10.3 電気陰性度の差から求めた結合エネルギーと実測値

| AB | $x_A - x_B$ | $D(A-B)/\text{kJ mol}^{-1}$ ||
		計算値	実測値
LiF	3.0	996	573
LiCl	2.0	544	481
LiBr	1.8	456	423
LiI	1.5	343	247
NaCl	2.1	556	410
NaBr	1.9	464	366
NaI	1.6	351	297
HF	1.9	602	565
HCl	0.9	397	428
HBr	0.7	335	362
HI	0.4	268	295

10.6 共有結合と分子の立体構造

［共有結合の方向性］ 共有結合には方向性があり，結合は特定の方向で強くなる．例えば，H_2O 分子の 2 本の O–H 結合は 104.5° で開いており，NH_3 分子の 3 本の N–H 結合は 107° で開いていて，アンモニアはピラミッド形の立体構造をしている．これは，これらの分子中の共有結合に方向性があり，最大重なりの原理によって特定の方向で結合が強くなるからである．すなわち，共鳴部分や交換積分は負で，軌道関数の重なりが大きいほど絶対値が大きくなるからである．NH_3 の結合角は 90° と考えられるが，実測では結合角は 107° で，予想よりはやや大きい．これは，N 原子の電気陰性度が大きいために H 原子の電荷が N 原子の方へ引き寄せられ，H 原子が若干の + 電荷を帯びて，互いに反発するためと説明される．

［混成軌道関数］ CH_4 分子は 4 個の H 原子が正四面体の頂点に位置し，C 原子は重心の位置にある．C 原子の電子配置は $1s^2 2s^2 2p^2$ であるから，メタンの C 原子が 4 価の結

合をすること，およびその構造が正四面体であることは，そのままでは説明できない．メタンの正四面体構造は，混成軌道関数を用いて説明される．それによると，C原子が4価の結合を作るときには，2s電子が1個2p軌道に励起される．これを**昇位**という．励起に要するエネルギーは $272\,\mathrm{kJ\,mol^{-1}}$ であるが，その結果新たに2本のC–H結合が作られ，その結合エネルギーはC–H 1本につき $425\,\mathrm{kJ\,mol^{-1}}$ であるから，十分に補償される．このようにして得られるC原子の4個の非共有原子軌道関数 $2\mathrm{s},\, 2\mathrm{p}_x,\, 2\mathrm{p}_y,\, 2\mathrm{p}_z$ は線形1次結合によって次の軌道関数を作る．

$$\begin{aligned} t_1 &= (\mathrm{s} + \mathrm{p}_x + \mathrm{p}_y + \mathrm{p}_z)/2, & t_2 &= (\mathrm{s} + \mathrm{p}_x - \mathrm{p}_y - \mathrm{p}_z)/2 \\ t_3 &= (\mathrm{s} - \mathrm{p}_x + \mathrm{p}_y - \mathrm{p}_z)/2, & t_4 &= (\mathrm{s} - \mathrm{p}_x - \mathrm{p}_y + \mathrm{p}_z)/2 \end{aligned} \tag{10.27}$$

$t_1,\, t_2,\, t_3,\, t_4$ を **sp^3 混成軌道関数**という．$t_1,\, t_2,\, t_3,\, t_4$ は互いに直交しており(問題4.3)，かつ等価で各々が正四面体の頂点の方向へ広がっており，メタンの構造をよく説明する．

エチレン $\mathrm{CH}_2=\mathrm{CH}_2$ 中のCのように，3個の原子と結合しているC原子の結合と構造は sp^2 混成軌道関数によって，アセチレン $\mathrm{CH}\equiv\mathrm{CH}$ のCのように，2個の原子と結合しているC原子の結合は sp 混成軌道関数によって説明される．混成軌道関数には，d軌道関数が寄与するものもある．表10.4に，s, p, d原子軌道関数からなる混成軌道関数の立体構造，およびいくつかの例が示してある．

表10.4　s, p, d 混成軌道関数の立体構造と例

分子の形	結合軌道	例
直線 XY_2	$sp,\, pd$	$BeCl_2,\, Hg(CH_3)_2,\, Hg_2Cl_2$
平面三角 XY_3	$sp^2,\, dp^2,\, sd^2,\, d^3$	$BCl_3,\, NO_3^-$
三方錐 XY_3	$p^3,\, pd^2$	$PH_3,\, AsH_3$
四面体 XY_4	$sp^3,\, sd^3$	$CH_4,\, CrO_4^{2-}$
平面正方形 XY_4	$sp^2d,\, p^2d^2$	XeF_4
三方両錐 XY_5	$sp^3d,\, spd^3$	PF_5
八面体 XY_6	sp^3d^2	SF_6
五方両錐 XY_7	sp^3d^3	IF_7

10.7　π 結 合

エチレンのC原子は sp^2 混成により平面三角形の結合をしている．この混成軌道関数は軸対称で，σ結合を形成する．したがって，エチレンの6個の原子は平面上にあり，結合角は120°に近い(図10.5a)．分子は xy 面にあるとすると，C原子で混成軌道の形成に参加している $2\mathrm{p}_z$ は，xy 面に垂直方向に広がっている．隣接したC原子の $2\mathrm{p}_z$ は互いに側面で重なり合って結合を形成する〔図10.5(b)〕．この結合は結合軸に節面を持つの

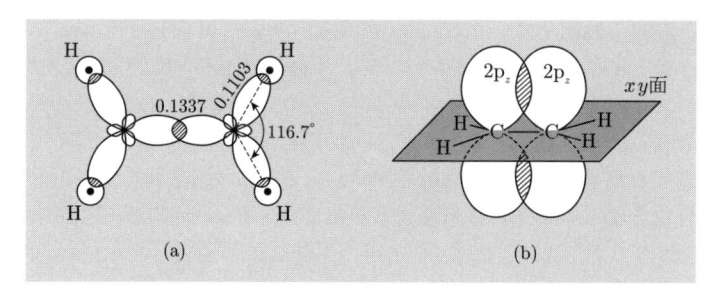

図 **10.5** エチレンの σ 結合 (a) と π 結合 (b)

で，**π 結合**である．π 結合を形成している電子を **π 電子**という．π 結合の結合エネルギーは σ 結合に比べると少し小さいので，π 結合は反応性に富んでいる．

隣接した C 原子の p_z が逆位相で重なり合うと，反結合性の π 結合となる．C=C 二重結合のまわりで CH_2 が作る三角面が回転する場合は，$90°$ の回転で π 結合が切れ，$180°$ の回転で反結合性 π 結合となる．そのため，C=C 二重のまわりの回転は常温では起こらない．実際，エチレンの 1, 2 置換体にはシス型とトランス型の**幾何異性体**が存在する．

一般に $(-CH=CH-CH=)_n$ のように単結合と二重結合が交互に現れる結合では，π 電子が全体にわたって非局在化されている．このような結合を**共役二重結合**という．ベンゼン C_6H_6 は共役二重結合が環状につながって，π 電子は環全体に非局在化している．非局在化した π 電子は，共役二重結合内を自由に移動している．そのために，ベンゼン環が多数縮合した構造の平面状巨大分子からなる黒鉛は電気伝導性を持つ．

表 **10.5** 炭化水素における C–C 結合の結合距離と結合エネルギー

化 合 物	結合距離 (Å)	結合エネルギー (kJ mol^{-1})
エ タ ン　CH_3-CH_3	1.534	368
エ チ レ ン　$CH_2=CH_2$	1.337	682
アセチレン　$CH\equiv CH$	1.203	962

10.8 配位結合と錯塩

一方の化学種が空のオービタルを提供し，他方の化学種は非共有電子対を提供して形成される共有結合を**配位結合**という．例えば，アンモニア NH_3 の N 原子は最外殻の $2s^2\,2p^3$ 電子のうち，2 個の電子が結合に参加しないで残っている（**非共有電子対**）．H^+ イオンは 1s 軌道関数が空いている．そこで，NH_3 分子が H^+ イオンと結合する際には，N 原子が非共有電子対を提供し，H^+ イオンが空の軌道を提供して共有結合を形成する．その結果，アンモニアの N 原子は電子 1 個を提供したことになり，価電子は C 電子と同じく 4

個になる．これらの価電子は (10.27) 式で与えられる混成軌道を形成して 4 個の H 原子と共有結合を形成する．NH_4^+ イオンはメタンと同じ正四面体構造となっている．

クロム，マンガン，鉄，コバルト，ニッケル，銅などの遷移元素の原子イオンは，3d 軌道関数が一部しか詰まっておらず，空いている（表 9.3 参照）．そのため，これらの原子やイオンは非共有電子対を持つ化学種と**配位結合**を形成する．配位結合により生成する化合物を**配位化合物**といい，特に遷移元素を電子対受容体とする配位化合物を**錯体**という．また，錯体がイオンで塩となっているものを特に**錯塩**と呼んでいる．電子対を提供して中心原子と結合する化学種を**配位子**といい，結合している配位子の数を**配位数**という．錯体は，結合する配位子の数によって様々な立体構造をとる．表 10.6 に，種々の錯体の配位数，立体構造，および例が示してある．

錯体の立体構造は，中心原子の d 軌道関数を含む混成軌道関数の形状に基づいて説明される．それを，Cu^+，Cu^{2+}，および Cr^{3+} イオンの NH_3 との錯体について説明しよう．安定なアンミン錯体は Cu^+ では $[Cu(NH_3)_2]^+$，Cu^{2+} では $[Cu(NH_3)_4]^{2+}$，Cr^{3+} では $[Cr(NH_3)_6]^{3+}$ である．これらはそれぞれ直線構造，平面正方形構造，および正八面体構造をとる．これらの中心イオンの可能な電子配置と，考えられる空軌道の混成軌道関数が図 10.6 に示してある．Cu^{2+} の電子配置から推して，sp^3 と dsp^2 の 2 通りの空軌道の混成軌道関数が考えられる．$[Cu(NH_3)_4]^{2+}$ の構造が平面正方形であることから，dsp^2 混成を形成していると考えられる．多くの Cu^{2+} 錯イオンはこの構造をとる．それは，配位子間の斥力を小さくするためと考えられる．実際，配位子が小さい $[CuCl_4]^{2-}$ などでは正四面体構造となっている．

ヘキサフルオロコバルト（Ⅲ）錯イオン $[CoF_6]^{3-}$ とヘキサアンミンコバルト（Ⅲ）錯イオン $[Co(NH_3)_6]^{3+}$ は，共に八面体構造であるが．磁性の測定から，$[CoF_6]^{3-}$ は 4 個の不

表 10.6　錯体の配位数，立体構造，および例

配位数	構造（混成軌道を作るのに用いられる AO）	例
2	直線状（dp, sp）	$[Ag(CN)_2]^-$, $[Cu(CN)_2]^-$
4	正四面体（sp^3）	$[BeF_4]^{2-}$, $Ni(CO)_4$, $[Cu(CN)_4]^{3-}$
4	正方形（dsp^2, sp^2d）	$[Ni(CN)_4]^{2-}$, $Cu(NH_3)_4^{2+}$, $AuCl_4^{3-}$
5	三方両錐（dsp^3, sp^3d）	$Fe(CO)_5$
6	正八面体（d^2sp^3, sp^2d）	$[Fe(Ⅱ)(CN)_6]^{4-}$, $[Fe(Ⅲ)(CN)_6]^{3-}$, $[Co(NH_3)_6]^{3+}$, $[Co(CN)_6]^{3-}$

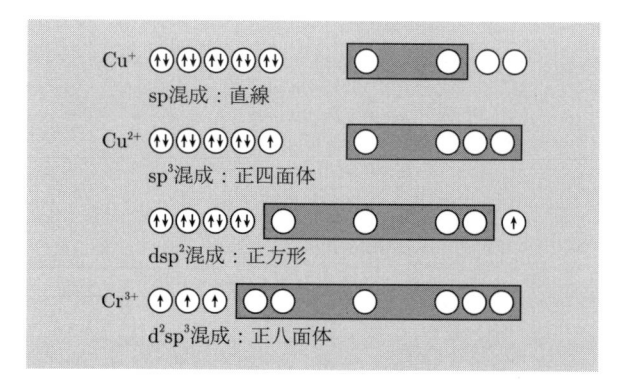

図 10.6 中心原子の空軌道の混成軌道関数

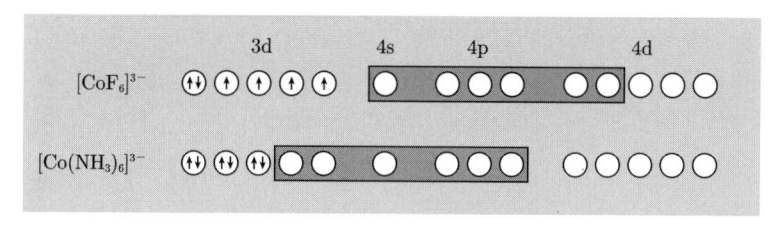

図 10.7 Co^{3+} の電子配置

対電子を持つのに，$[Co(NH_3)_6]^{3+}$ は不対電子を 1 個も持たないことがわかっている．混成軌道法の考えにしたがえば，各々の錯イオンにおける Co^{3+} の電子配置は図 10.7 のようでなければならない． で囲んだ軌道に配位子からの電子対を受け入れるので，同じ八面体でも，一方は sp^3d^2，他方は d^2sp^3 混成である．

このような違いは，金属イオンと配位子との静電相互作用を重視する**結晶場理論**によって説明される．d 軌道には図 10.8 に示すように，5 種類がある．これらの 5 つの軌道は，電場あるいは磁場がなければ縮退しており，同じエネルギーを持つ．配位子がイオンを取り囲むと，その電場によって縮退が解け，エネルギー準位が分裂する．正八面体構造では，八面体の頂点に向かっている $d_{x^2-y^2}$ と d_{z^2} 軌道関数が配位子との強い相互作用を受け，そのエネルギー準位が押し上げられる．一方，残りの 3 つの軌道関数はあまり影響されないので，5 つの d 軌道関数のエネルギー準位は高低 2 つのグループに分かれる．分裂の大きさ Δ は配位子の種類によって異なり，次のように大別される．

強い分裂 ：CO, CN^-, NO_2^-
中程度の分裂 ：NH_3, H_2O
弱い分裂 ：OH^-, ハロゲン化物イオン

遷移元素が作る錯体には有色のものが多い．これも，分裂したエネルギー準位間を，Δ に相当するエネルギーを持つ光子を吸収して d 電子が遷移するためである．

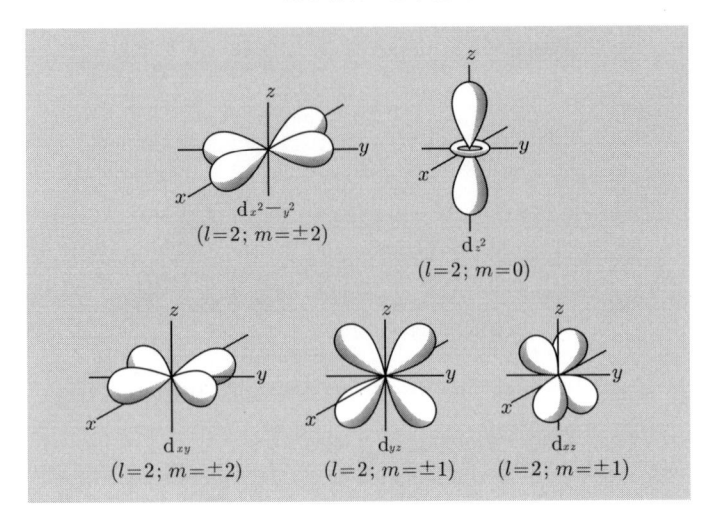

図 10.8　d 軌道関数の形状

ルイスは，H$^+$（プロトン）の授受に基づくブレンステッドの酸・塩基定義酸を非水溶媒介系に適応できるようにさらに拡張して，酸を電子対の受容体，塩基を電子対の供与体と定義した（1923 年）．この定義によれば，配位結合の形成は，まさに酸・塩基の中和反応である．NH$_3$ と H$^+$ との反応や NH$_3$ と BCl$_3$ との反応も酸・塩基反応である．

10.9　水素結合

電気陰性度が大きい N，O，F 原子と結合している水素原子は，その電子が結合している N，O，F 原子の方へ強く引き寄せられ，水素原子核の正電荷の遮蔽が弱くなる．このような H 原子は非共有電子を持つ原子の電子と，静電相互作用によって弱い結合を形成する．これを**水素結合**という．水素結合の結合エネルギーは 20 kJ mol^{-1} 程度で，共有結合の 1/10 程度である．

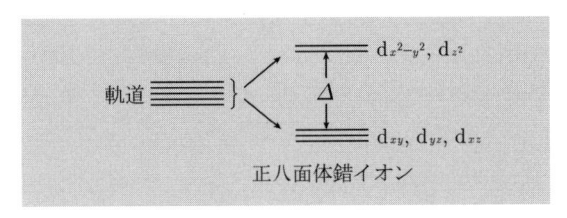

図 10.9　d 軌道関数のエネルギー準位の分裂

―― 例題 1 ―――――――――――――――――― 分子軌道法と原子価結合法 ――

原子間距離が非常に大きくなったとき，原子価結合法（VB 法）による近似波動関数は正しい状態を与えるが，分子軌道法（MO 法）による近似波動関数は正しい状態を与えないことを示し，その理由を説明せよ．

【解答】 VB 法の結合性波動関数は，原子 A の 1s 波動関数 u_{1s_A} 等を用いて

$$\phi^{\mathrm{VB}} = K_+^{\mathrm{VB}}\{u_{1s_A}(1)u_{1s_B}(2) + u_{1s_A}(2)u_{1s_B}(1)\}$$

で与えられる〔(10.18) 式〕．ここで，(1), (2) は電子の番号である．他方，MO 法の結合性波動関数は

$$\phi^{\mathrm{MO}} = K_+^{\mathrm{MO}}\{u_{1s_A}(1) + u_{1s_B}(1)\}\{u_{1s_A}(2) + u_{1s_B}(2)\}$$

で与えられる〔(10.17) 式〕．ϕ^{MO} を展開すると

$$\phi^{\mathrm{MO}} = K_+^{\mathrm{MO}}\{u_{1s_A}(1)u_{1s_B}(2) + u_{1s_A}(2)u_{1s_B}(1) + u_{1s_A}(1)u_{1s_A}(2) + u_{1s_B}(1)u_{1s_B}(2)\}$$

となる．この式で，初めの 2 項が ϕ^{VB} に相当しており，後の 2 項はそれぞれ両方の電子が核 A あるいは核 B に所属しているイオン項 H_A^-, H_B^+ および H_A^+, H_B^- に対応している．これらの項の係数も前の 2 項の係数と同じであるから，MO 法ではイオン項を VB 法の波動関数と同じ重みで取り入れていることになる．しかし，核 A と核 B が遠ざかると，イオン状態はエネルギーが高いので実現されなくなる．したがって，MO 法は正しい状態に対応しなくなる．

|||||||||| 問　題 ||||||||||||||||||||||||||||||||||||||||||||||||||||||||||||||||||||||||||||||||||

1.1 極性分子である HCl 分子に対して，VB 法と MO 法のどちらより実際に近い波動関数を与えるかを検討し，両者の結果を近付けるためにはどのような修正を加えればよいかを考察せよ．

1.2 MO 法による水素分子の近似波動関数

$$\phi_s = K_+\{u_{1s_A}(1) + u_{1s_B}(1)\}\{u_{1s_A}(2) + u_{1s_B}(2)\}$$
$$\phi_a = K_-\{u_{1s_A}(1) - u_{1s_B}(1)\}\{u_{1s_A}(2) - u_{1s_B}(2)\}$$

の規格化定数は

$$K_+ = 1/(2+2\Delta), \quad K_- = 1/(2-2\Delta)$$

となることを証明せよ．ここで，ϕ_s, ϕ_a はそれぞれ結合性 MO，反結合性 MO，$\Delta \equiv \int u_{1s_A}(1) u_{1s_B}(1) d\tau$（重なり積分）である．

1.3 反対称スピン軌道関数 $\{\alpha(1)\beta(2) - \alpha(2)\beta(1)\}/\sqrt{2}$ はパウリの原理を充たしていることを証明せよ．

---例題 2---　　　　　　　　　　　　　　　　　　　　　　　　　　　　結合次数と磁性---

(1) O_2 分子は常磁性を示す．O_2 分子における結合の次数を推定し，この分子が常磁性を示す理由を説明せよ．

(2) 等核 2 原子分子と同じ考えで，CN，CO，NO における結合の次数を推定し，磁性の有無を検討せよ．

【解答】 (1) O_2 分子には電子は全部で 16 個あるが，K 殻の電子 4 個はエネルギー値が離れていて結合に関与しない．残り 12 個の電子のうち，4 個は $\sigma(2s)$ と $\sigma^*(2s)$ に入る．$\sigma(2p_x)$ と $\pi(2p_y)$ と $\pi(2p_z)$ に 6 個の電子が入る．残りの 2 個の電子は $\pi^*(p_y)$ と $\pi^*(p_z)$ に，フントの規則にしたがってスピンを揃えて入る．この関係が右図に示してある．結合次数は $(6-2) \div 2 = 2$．

(2) L 殻の電子（価電子）は，CN，CO，NO の順に 9, 10, 11 個である．このうち 4 個は $\sigma(2s)$，$\sigma^*(2s)$ に入る．

CN では残りの 5 個が結合性の $\sigma(2p_x)$，$\pi(2p_y)$，$\pi(2p_z)$ に入るので結合次数は 5/2 次で，スピン 1 個の常磁性を示す．

CO 分子の価電子は 10 個で，$\sigma(2p_x)$，$\pi(2p_y)$，$\pi(2p_z)$ に 6 個の電子が入り，結合次数は 6/2．反磁性．

NO 分子の価電子は 11 個で，$\sigma(2p_x)$，$\pi(2p_y)$，$\pi(2p_z)$ に 6 個の電子が入り，残り 1 個が反結合性のいずれかに入る．結合次数は $(6-1)/2 = 5/2$．常磁性．

|||||||||| 問　題 ||||||||||||||||||||||||||||||||||||||||||||||||||||||||||||||||||||||||

2.1 第 2 周期の 2 原子分子 B_2, C_2, N_2, O_2, および F_2 のうち，B_2 と O_2 は常磁性を示すが，他の分子は磁性を示さない．これらの分子における MO への電子の配置を検討し，結合次数を定めよ．その結果に基づいて，空気中における酸素と窒素の役割の相違を説明せよ．

2.2 気体状の C_2^+ イオンと C_2^- イオンにおける電子の充填から，これらのイオンにおける C–C 結合の次数を推定せよ．また，磁性の強度についても検討せよ．

---例題 3---　　　　　　　　　　　　　　　　　　　　　　　　　　　　　　　結合の極性---

(1) BrF の双極子モーメントは 1.29 D で，結合距離は 0.17555 nm である．結合のイオン性（％）はいくらか．また，2 原子分子の結合のイオン性 IC（％）と電気陰性度の差 $|x_A - x_B|$ には

$$\text{IC}(\%) = 16 \times |x_A - x_B| + 3.5(x_A - x_B)^2 \tag{a}$$

の関係がある（ハニー–スミスの式）．Br と F の電気陰性度の差はいくらか．

(2) F_2，Br_2，および BrF の結合エネルギーは 159.0，192.9，および 233.5 kJ mol^{-1} である．F と Br の電気陰性度の差を求め，(1) の結果と比較せよ．

【解答】 (1) Br–F の結合が 100％イオン結合であるとすると，電子の電気量は 1.602×10^{-19} C $= 4.80 \times 10^{-10}$ esu であるから，双極子モーメントの値は

$$\mu = 1.602 \times 10^{-19} \times 0.17555 \times 10^{-9} = 2.812 \times 10^{-29} \, \text{C m} = 8.43 \, \text{D}$$

である．実際の双極子モーメントは 1.29 D であるから，結合のイオン性 IC (％) は

$$\text{IC}(\%) = (1.29/8.43) \times 100 = 15.3\,\%$$

となる．(a) 式より次のようになる．

$$|x_A - x_B| = \{-16 + (16^2 + 4 \times 3.5 \times 15.3)^{1/2}\}/(2 \times 3.5) = 0.81 \, \text{L eV}^{1/2}$$

(2) (10.25) 式より

$$96.1 \times |x_A - x_B|^2 = \{233.5 - (159.0 + 192.9)/2\}$$

$$|x_A - x_B| = 0.77 \, \text{L eV}^{1/2}$$

となり，かなりよく一致する．

|||||||||| 問　題 ||||||||||||||||||||||||||||||||||||||||||||||||||||||||||||||||||||||||||||||||||||||

3.1 F のイオン化ポテンシャルは 3.45 L eV，電子親和力は 17.42 L eV，Br については 3.37 L eV と 11.84 L eV である．電気陰性度およびその差を計算し，例題 3 の結果と比較せよ．

3.2 水分子の双極子モーメントは 1.85 D，結合角は 104.5° である．O–H 結合の双極子モーメント（結合モーメント）を求めよ．

3.3 HF，HCl，HBr，および HI の双極子モーメント/D は 1.98，1.03，0.79，および 0.38 であり，結合距離/nm は 0.0917，0.127，0.141，および 0.160 である．これらの分子における結合のイオン性（％）を計算せよ．また，双極子モーメントの値と電気陰性度の差を比較せよ．電気陰性度/L eV$^{1/2}$ は H，F，Cl，Br，I の順に 2.1，4.0，3.0，2.8，2.5 である．

3.4 典型元素の金属，非金属の分類と電気陰性度の値との間にどのような関係があるか．

── 例題 4 ────────────────────────── 結合と構造 ──

(1) メチレン CH_2 は炭化水素の光分解の際などに生成する，反応性に富む分子で，H–C–H の結合角は 180°（直線），結合距離は 0.103 nm であることが知られている．CH_2 における結合を，MO 法に基づいて説明せよ．また，CH_2 が反応性に富む理由を説明せよ．

$$\overset{180°}{\overset{\frown}{\text{H–C–H}}} \ \ \text{0.103 nm}$$

(2) 二酸化炭素 CO_2 は直線分子である．CO_2 における結合を，MO 法に基づいて説明せよ．

【解答】 (1) CH_2 における炭素の電子配置は $1s^2\ 2s^2\ 2p^2$ である．H 原子との結合に関与する価電子は L 殻の $2s^2\ 2p^2$ 電子である．p オービタルの方が外側に広がっているので，これらが優先的に結合に関与すると考えられるが，その場合は結合角は 90° に近くなるはずである．しかし，実際は結合角が 180° の直線分子であるから，sp 混成を形成していると考えられる．そのために，2s 電子の 1 つが 2p オービタルに昇位していると考えられる．したがって，結合に関与していない 2 個の 2p 電子があり，そのために CH_2 は反応性に富んでいる．

(2) CO_2 では C と結合している原子が O である点で CH_2 と異なっている．O 原子の電子配置は $1s^2\ 2s^2\ 2p^4$ であるから，分子軸を x 軸とすると，O 原子の $2p_x$ オービタルの電子が C 原子の sp 混成オービタルの電子と軸性の σ 結合を形成していると考えられる．

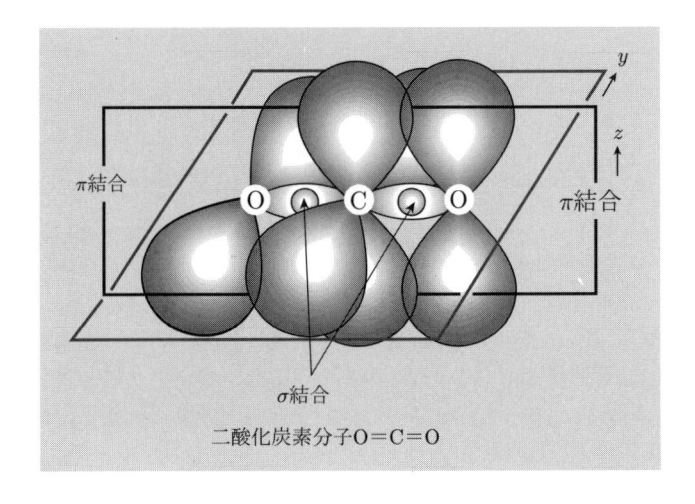

二酸化炭素分子 O=C=O

σ結合に参加していないC原子のp_y, p_zオービタルの電子は分子軸と垂直方向に広がっており，O原子のp_y, p_zオービタルの電子とπ結合を形成する．したがってC=O=Cの左側のπ結合がy軸方向に広がっているとすれば，右側のπ結合はz軸方向に広がっている（図）．それぞれのO原子にはさらに結合に関与していない2組の非共有電子対がある．

問題

4.1 水H_2Oにおける結合を論じ，その構造を推定せよ．

4.2 ヨウ素I_2は水に溶けないが，KI水溶液にはI_3^-となって溶ける．I_2もI^-も原子価オービタルは満ちているのでこの間には結合を生じないように思われるが，実際には直線状のI_3^-を生じる．I_3^-における結合を論じ，I–I結合の次数を推定せよ．

4.3 sp^3混成オービタル

$$t_1 = \frac{s + p_x + p_y + p_z}{2}, \quad t_2 = \frac{s + p_x - p_y - p_z}{2}$$

$$t_3 = \frac{s - p_x + p_y - p_z}{2}, \quad t_4 = \frac{s - p_x - p_y + p_z}{2}$$

は互いに直交することを証明せよ．

4.4 不活性元素のうち，原子番号が大きいKrとXeはフッ素や酸素との化合物を作る．XeO_3の構造を推定せよ．

─ 例題 5 ─────────────────────────────────── π 結合 ─

プロピレン $CH_3CH=CH_2$ およびブタジエン $CH_2=CH-CH=CH_2$ における σ 結合と π 結合について考察し，分子の構造を推定せよ．

【解答】 プロピレン $CH_3CH=CH_2$ の CH_3-R の結合においては C 原子が sp^3 混成を形成してメタン型の正四面体構造をとっている．他方，$R-CH=CH_2$ の C 原子は，sp^2 混成で平面正三角形の構造をとっており，3 本の σ 結合を形成すると考えられる．残りの p 電子は C-C 間で π 結合を形成する．したがって，$R-CH=CH_2$ は平面構造で，$CH=CH_2$ 結合のまわりでは分子内回転はできない．

ブタジエンは 2 個の $-CH=CH_2$ を C-C 単結合で結合した構造であるので，エチレンと同様に，$CH_2=CH-CH=CH_2$ のすべての C 原子は sp^2 混成軌道関数による σ 結合で骨格を形成していると考えられる．その場合は，C 原子は同一平面上にあり，結合角は 120° に近いことになる．さらに，すべての C 原子は分子面に垂直に広がった p 軌道関数を持っている．これらの p 電子は互いに重なりあい，分子全体にわたる π 結合を形成している．これにより π 電子は分子全体に広がって非局在化しており，結合の安定化をもたらしている．図にブタジエンの骨格と結合距離の実測値から推定した結合次数が示してある．

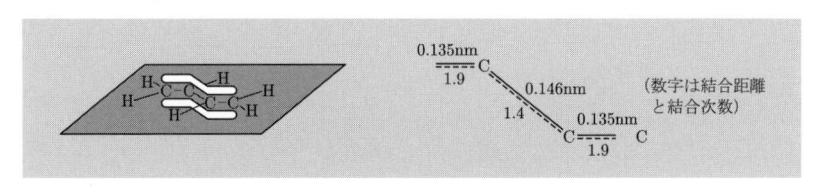

(数字は結合距離と結合次数)

||||||| **問 題** |||||||||||||||||||||||||||||||||||||||||||||||||||||||||||||||||||||||||||||||||

5.1 井戸型ポテンシャルの近似を用いて，ブタジエンおよびヘキサトリエン $CH_2=CH-CH=CH-CH=CH_2$ の π 電子を励起するのに要する最小エネルギーと励起光の波長を求めよ．また，一般に，$CH_2(=CH-CH)_n=CH_2$ 型の分子（ポリエン）の π 電子を励起するのに要する最小エネルギーは，n の増大とともに減少することを示せ．CH-CH 結合の距離は 0.146 nm，$CH=CH$ 結合の距離は 0.135 nm である．

5.2 ヒュッケル近似では，すべてのクーロン積分が等しく (α)，隣接した原子間の共鳴積分だけが等しく (β)，それ以外の共鳴積分は 0 とし，重なり積分もすべて 0 とする．ヒュッケル近似によって，エチレンの π 電子のエネルギーの近似値を表す永年方程式は

$$\begin{vmatrix} \alpha - E & \beta \\ \beta & \alpha - E \end{vmatrix} = 0$$

となることを示し，π 電子のエネルギーを α と β で表せ．

---例題 6--- 錯体

(1) $[Fe(CN)_6]^{3-}$ も $[FeF_6]^{3-}$ も正八面体構造で,前者は 1 個の不対電子による常磁性であるのに,後者は 5 個の不対電子による常磁性を示す.これを説明せよ.
(2) フッ化ホウ素 BF_3 の立体構造およびそれがアンモニア NH_3 と作る分子錯体 $H_3N:BF_3$ はエタンと同じ立体構造をとる.これを説明せよ.

【解答】 (1) Fe^{3+} の電子配置は下に示すようになる.この図で枠内の空の軌道が d^2sp^3 または sp^3d^2 混成軌道を形成すると正八面体構造となる.$[Fe(CN)_6]^{3-}$ で不対電子が 1 個となるのは,Δ が大きいため 5 個の電子がすべて低い方の 3 つの軌道関数に入るためである.一方 $[FeF_6]^{3-}$ では図 10.9 の Δ が小さいために,フントの規則にしたがってスピンが平行となり不対電子数が 5 となり,4d オービタルを用いた sp^3d^2 混成軌道が形成される.

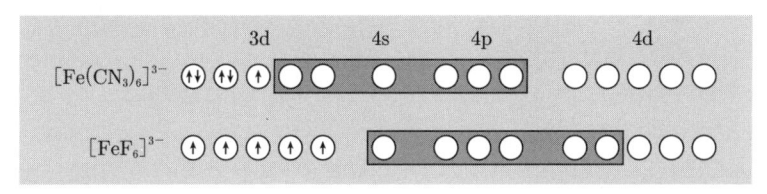

(2) B 原子の電子配置は $1s^2\ 2s^2\ 2p$ であるが F 原子と 3 組の共有結合を形成しているので,BF_3 では 2s 電子が 2p 軌道に昇位して,sp^2 混成軌道を形成しており,立体構造は平面三角形であると推定される.分子錯体は $F_3B:NH_3$ では,B 原子は N 原子の電子対を共有するので,価電子は 4 個となり,C 原子と等電子的である.ゆえに,メタンと同じ正四面体構造で結合していると考えられる.他方,N 原子は B 原子へ電子対を提供するので,価電子は 4 個となり,同じく C 原子と等電子的である.結局,$H_3N:BF_3$ はエタンに類似の構造をとると推定される.以上の推定が正しいことは実験で確かめられている.BF_3,NH_3,および $F_3B:NH_3$ の構造に関するデーターが右に示してある.

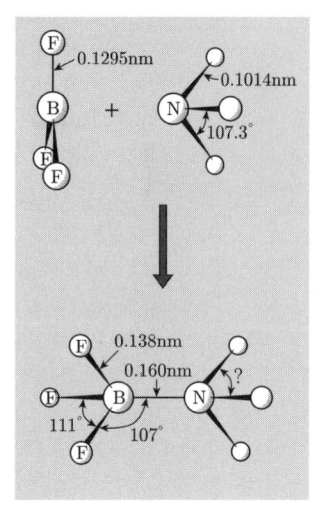

||||||||| 問 題 |||||||||||||||||||||||||||||||||||||||||||||||||||||||||||||||||||

6.1 塩素酸における結合やその構造も,塩素と酸素との間での配位結合の形成によって説明される.イオン ClO^-,ClO_2^-,ClO_3^-,ClO_4^- の構造を配位結合の立場に基づいて説明し,$HClO$,$HClO_2$,$HClO_3$,$HClO_4$ の酸としての強度の差について考察せよ.

10 化学結合と分子構造
演 習 問 題

1 ボルン-オッペンハイマー近似によって，水素分子のハミルトン演算子を書け．

2 変分原理は次のように表現される．
「所与のハミルトン演算子 H に対し，近似波動関数から計算されるエネルギーは，その演算子の厳密解の最低エネルギー値よりも必ず大きく，もしもエネルギー値が等しいときは，波動関数は最低エネルギー状態に対応する厳密解となっている」
すなわち，最低エネルギーを W_0，近似波動関数を ϕ とすると

$$\frac{\int \phi^* H \phi \, d\tau}{\int \phi^* \phi \, d\tau} = E \geqq W_0 \tag{a}$$

であり，$E = W_0$ のときは ϕ は H の最低エネルギー状態に対応する厳密解である．ここで ϕ^* は ϕ の共役複素関数である．これを証明せよ．

3 O_2 の結合距離は 0.112 nm であるが，O_2^- の結合距離はそれよりも大きく，0.121 nm である．これを説明せよ．

4 白リンの分子 P_4 は正四面体構造で，各 P 原子は 3 個の P 原子と結合している．正四面体における 6 本の P–P 結合はいずれも等価で，結合距離は 0.221 nm である．原子化熱から求めた P_4 における P–P の平均結合エネルギーは 201 kJ mol^{-1} である．また，気体状 P_4 は高温で P_2 に解離する．解離エネルギーは +283 kJ mol^{-1} であり，P_2 における結合距離は 0.1894 nm である．

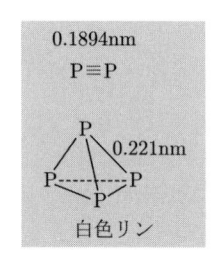

(1) P_2 における結合次数はいくらか．
(2) P_2 における結合エネルギーはいくらか．
(3) P_2 と N_2 の結合エネルギーを比較し，窒素の安定形が N_2 であるのに対し，リンの安定形は P_4 であることを説明せよ．N_2 の結合エネルギーは 945 kJ mol^{-1} である．

5 オキソニウムイオン H_3O^+ における結合を説明し，その立体構造を推定せよ．

6 CH_3Cl の双極子モーメントは 1.86 D である．C–H 結合の双極子モーメントを 0.4 D として，CH_2Cl_2 の双極子モーメントを求めよ．CH_3Cl および CH_2Cl_2 はほぼ正確な正四面体構造をとっている．

7 クロロベンゼンの双極子モーメントは 1.55 D である．o-ジクロロベンゼン，m-ジクロロベンゼン，および p-ジクロロベンゼンの双極子モーメントを推定し，実測値 2.25 D，16.7 D，および 0 D と比較せよ．

8 ヒュッケル近似に基づいてブタジエンの π 電子のエネルギーを表す永年方程式を求め，エネルギーをクーロン積分 α と共鳴積分 β で表せ．

9 ヒュッケル近似に基づいてベンゼンの π 電子のエネルギーを表す永年方程式を求め，エネルギーをクーロン積分 α と共鳴積分 β で表せ．

10 1 mol の水素と 1 mol のシクロヘキセン⬡が反応するとき 120.5 kJ の熱を放出し，3 mol の水素が 1 mol のベンゼンと反応するときには 208.4 kJ の熱を放出する．ベンゼンの安定化エネルギー（共鳴エネルギー）を求めよ．

11 sp^2 混成オービタル

$$u_1 = \left(\frac{1}{3}\right)^{1/2} u(2s) + \left(\frac{2}{3}\right)^{1/2} u(2p_x)$$

$$u_2 = \left(\frac{1}{3}\right)^{1/2} u(2s) - \left(\frac{1}{6}\right)^{1/2} u(2p_x) + \left(\frac{1}{2}\right)^{1/2} u(2p_y)$$

$$u_3 = \left(\frac{1}{3}\right)^{1/2} u(2s) - \left(\frac{1}{6}\right)^{1/2} u(2p_x) - \left(\frac{1}{2}\right)^{1/2} u(2p_y)$$

は互いに直交することを証明せよ．

12 ベンゼン，フェノール，安息香酸，および p-オキシ安息香酸の昇華熱は，それぞれ，43.9, 67.4, 91.2, 115.9 kJ mol^{-1} である．これらの違いを結晶における水素結合に基づいて考察せよ．

11 固体の構造と結合

11.1 結晶構造

　結晶を構成する原子や分子を単なる点で置き換えた配列を，**空間格子**という．空間格子の基本単位を**単位格子**という．

　例えば，塩化セシウム CsCl の結晶は，図 11.1 に示すように，正六面体の頂点に 6 個の Cs^+ があり，その中心に Cl^- がある構造である．この結晶における Cs^+ と Cl^- は構造上は完全に等価である．このような空間格子を**体心立方格子**という．一方，塩化ナトリウムの単位格子は，図 11.2 に示すように，CsCl のものよりもかなり複雑で，単位格子から Na^+ だけ，あるいは Cl^- だけを取り出した格子は，図 11.3 に示すように，正六面体の各面の中心にも格子点がある**面心立方格子**となっている．

　一般に，単位格子は平行六面体で，その大きさと形は，図 11.4 に示すように，3 本の相交わる辺 (軸という) の長さ a, b, c およびそれらの辺がなす角 α, β, γ によって定まる．これら 6 つの定数を**格子定数**という．単位格子はその対称性によって 7 種の**結晶系**に分類される．7 種の結晶系が図 11.5 および表 11.1 の左欄に示してある．これらの 7 種の結晶系は，同種の粒子だけに注目したときの構造によってさらに細かく分類される．例えば，CsCl の単位格子は六方晶系に属する体心立方格子であるが，これを Cs^+ だけあるいは Cl^- だけに注目すると，正六面体の頂点にだけ格子点がある単純立方格子となっている．このように，同種の構成粒子だけに注目した単位格子を，考案者の名前によって**ブラヴェ格子**という．ブラヴェ格子には 14 種ある．それらの構造と名称が図 11.5 と表 11.1 の右欄に示してある．

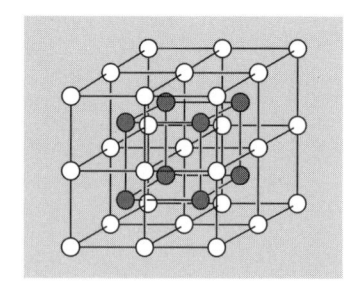

図 11.1　塩化セシウムの結晶構造
　　　　 (○と●は異種のイオン)

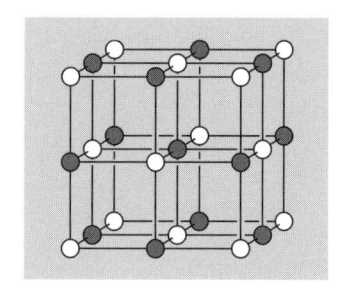

図 11.2　塩化ナトリウムの単位格子

図 11.3　面心立方格子

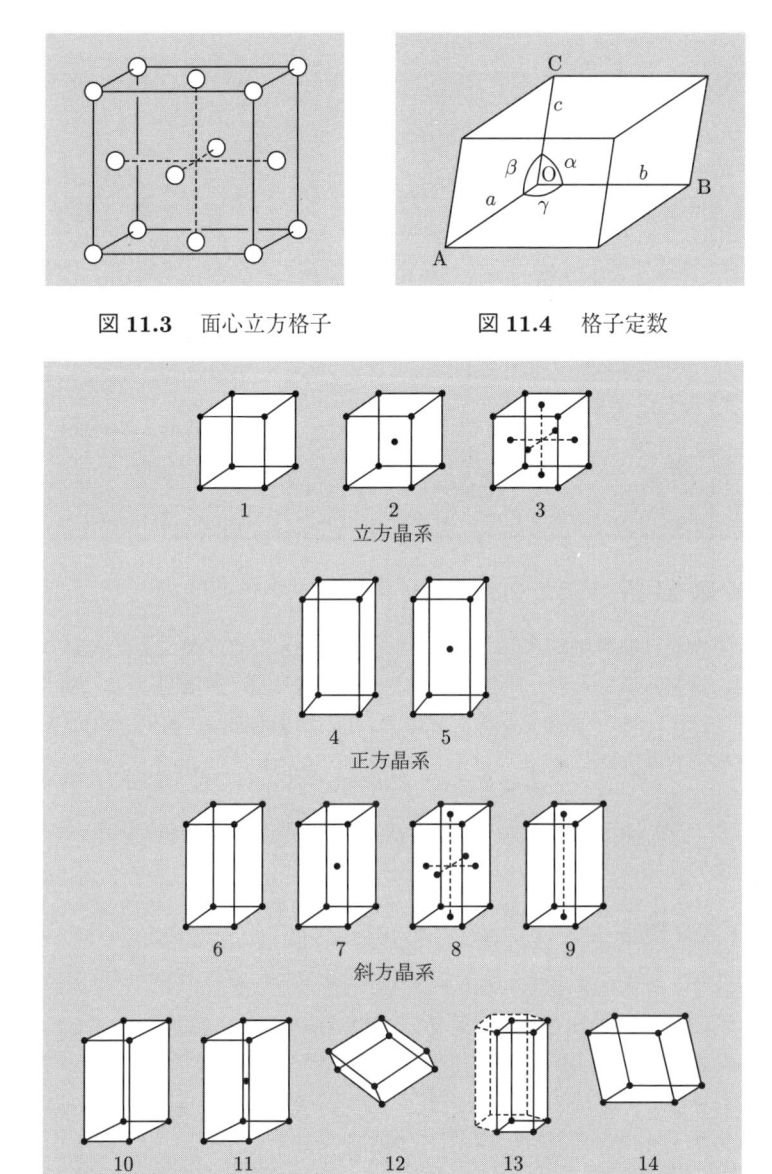

図 11.4　格子定数

1　2　3
立方晶系

4　5
正方晶系

6　7　8　9
斜方晶系

10　11
単斜晶系

12
三方晶系

13
六方晶系

14
三斜晶系

図 11.5　ブラヴェ格子の構造

表 11.1 結晶系, 格子定数, ブラヴェ格子

結晶系	軸	角	ブラヴェ格子	
立方晶系	$a=b=c$	$\alpha=\beta=\gamma=90°$	1.	単純立方格子
			2.	体心立方格子
			3.	面心立方格子
正方晶系	$a=b\neq c$	$\alpha=\beta=\gamma=90°$	4.	単純正方格子
			5.	体心正方格子
斜方晶系	$a\neq b\neq c$	$\alpha=\beta=90°$	6.	単純斜方格子
			7.	体心斜方格子
			8.	面心斜方格子
			9.	底心斜方格子
単斜晶系	$a\neq b\neq c$	$\alpha=\gamma=90°, \beta\neq 90°$	10.	単純単斜格子
			11.	底心単斜格子
三方晶系	$a=b=c$	$\alpha=\beta=\gamma\neq 90°$	12.	単純三方格子
六方晶系	$a=b\neq c$	$\alpha=\beta=90°, \gamma=120°$	13.	単純六方格子
三斜晶系	$a\neq b\neq c$	$\alpha\neq\beta\neq\gamma$	14.	単純三斜格子

11.2 X 線回折

X線などを結晶に照射すると, 結晶内で平行に配列した格子面によりX線が反射される. 格子面に対し角 θ で入射したX線が第一の格子面と第二の格子面で反射されるときのX線の光路差は, 格子面の間隔を d として, $2d\sin\theta$ である. 反射されたX線が干渉によって強め合う条件は

$$2d\sin\theta = n\lambda \quad (n=1,2,3,\cdots) \tag{11.1}$$

でなる. ここで, λ はX線の波長, n は反射の次数と呼ばれる整数である. この関係を, **ブラッグの反射条件**という.

11.3 イオン結晶

ハロゲン化アルカリは典型的なイオン結晶である. ハロゲン化アルカリの結晶構造は, NaCl型とCsCl型とに分類される. 前者を**岩塩型構造**, 後者を**塩化セシウム型構造**という. 岩塩型構造は, 各々が面心立方格子をとる陽イオンと陰イオンが, 1辺の1/2だけずれて組み合わされた構造となっており, 各イオンの配位数は6である. それに対し, 塩化セシウム型構造では, 各イオンの配位数は8である.

イオン結晶の構造や配位数は, 陽イオンと陰イオンの半径の比できまる. 立方晶系の MX型の1–1イオン結晶の構造と配位数は表11.2のようになる.

イオン間の相互作用は引力と斥力からなる. 1対のイオン間のポテンシャルエネルギーは

$$u = -\frac{z_+ z_- e^2}{4\pi\varepsilon_0 r} + \frac{b^2}{r^n} \tag{11.2}$$

表 11.2

半径比	配位数	構造
$0.255 < R_+/R_- < 0.414$	4	閃亜鉛鉱型 (六方晶系ならウルツ鉱型)
$0.414 < R_+/R_- < 0.732$	6	岩塩型
$0.732 < R_+/R_- < 1$	8	塩化セシウム型

表 11.3 マーデルング定数の値

構造	A	構造	A
NaCl	1.748	ZnO	1.641
CsCl	1.763	Cu_2O	4.116
CuCl	1.638	CaF_2	5.039

で与えられる．ここで，z_+, z_- はそれぞれ陽イオンと陰イオンの価数，r はイオン間の距離である．n は**ボルン指数**と呼ばれており，イオンの電子配置によって異なるが，5～12 の値をとると実験値との一致がよい．$b(>0)$ は経験的なパラメーターである．

結晶 1 mol あたりのポテンシャルエネルギーの総和を**格子エネルギー**という．イオン間距離無限大のときをゼロ点にとると，格子エネルギーは

$$U = -\frac{Lz_+z_-e^2}{4\pi\varepsilon_0 r}A\left(1 - \frac{1}{n}\right) \tag{11.3}$$

となる (問題 3.1)．これを**ボルン-ランデの式**という．ここで，r_0 は最隣接イオン間の距離，L はアボガドロ数，A は**マーデルング定数**と呼ばれている定数である．A は結晶構造によって異なる．結晶内における対イオンの配位数が大きくなるほど A は大きくなる．表 11.3 にマーデルング定数の値が示してある

格子エネルギーはエネルギー保存則によって熱的なデータからも求められる．すなわち，格子エネルギーは 1 mol のガス状のイオンと結晶中のイオンのポテンシャルエネルギーの差であるから，エネルギー保存則より

$$\Delta U = \Delta H + \Delta S + \frac{1}{2}\Delta D + E_i - E_{ea} \tag{11.4}$$

の関係がある (例題 3)．ここで，ΔH：結晶の生成熱，ΔS：単体の昇華熱，ΔD：単体の原子化熱，E_i：金属原子のイオン化エネルギー，E_{ea}：非金属原子の電子親和力，である．

11.4 共有結合結晶

結晶を構成する原子が共有結合で結合している結晶を，**共有結合結晶**という．ダイヤモンドは典型的な共有結合結晶で，すべての炭素原子が正四面体の結合角で結合しており，配位数 4 の CuCl 型構造をとっている (図 11.6)．すなわち，すべての炭素原子が sp^3 混成軌道関数による共有結合で互いに結合していることになる．C–C 間の結合エネルギーは

大きく，格子エネルギー (この場合は炭素原子ガスとのエネルギー差) は 715 kJ mol^{-1} である．そのため，ダイヤモンドはあらゆる固体の中で最も硬度が高い．

14 族 (炭素族) 元素の単体のうち，Si, Ge, Sn (β スズ：灰色スズ) は CuCl 型構造をとっており，それぞれの格子エネルギーは 456, 377, 305 kJ mol^{-1} である．

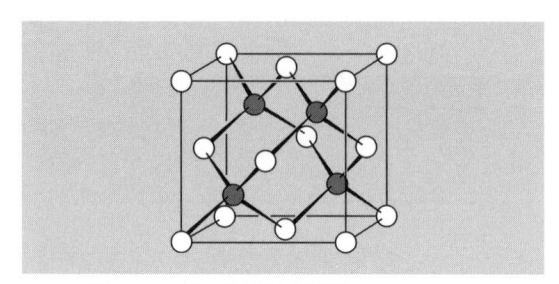

図 11.6　CuCl 型結晶構造
(○を Cu$^+$ とすると ● が Cl$^-$)

11.5　分子結晶

分子が集合した結晶を**分子結晶**という．分子結晶では分子はファン・デル・ワールス力や水素結合で凝集している．最も簡単な分子結晶は希ガス元素の固体で，単に原子が最密充填しているだけである．原子は面心立方格子を形成し，各原子の配位数は 12 である．

一般に分子は球形でない．その場合は，結晶構造は分子の形状に大きく影響される．図 11.7 にはアセチレンの結晶構造が示してある．アセチレンや二酸化炭素のような棒状の分子やベンゼンのような板状の分子からなる結晶では，分子軸が交互に直交する配置をとることが多い．

分子結晶の特別なものとして，**水素結合性分子結晶**がある．水は各々の酸素原子が 2 個の水素と水素結合を形成するので，正四面体構造の配置で他の酸素原子と結合し，ダイヤモンド型の構造となる．そのために，水は同族の水素化物に比して融点や沸点が異常に高い．同様の傾向は，水素結合を形成する HF や NH$_3$ においても見られる．

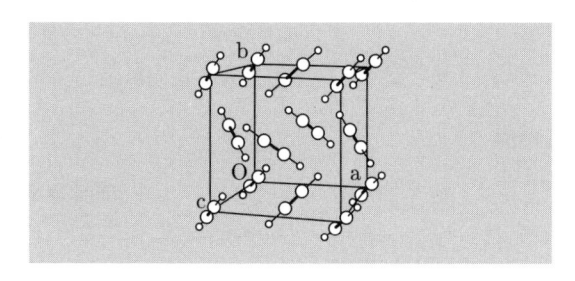

図 11.7　アセチレンの結晶構造

11.6 金　属

　金属は球形の金属原子が格子状に配列した構造をしており，その結晶構造は主として**六方最密構造，立方最密構造**および**体心立方構造**である．このうち，六方最密構造と立方最密構造は大きさの等しい球を最も密に充填した**最密充填構造**となっている．これらの構造では配位数は 12 で，体心立方格子における配位数は 8 である．立方最密構造の空間格子は面心立方格子である．図 11.8 に金属の結晶構造が示してある．

　金属によっては温度によって結晶構造が変化するものがある．一般には最密充填構造から体心立方構造に変化するものが多い．

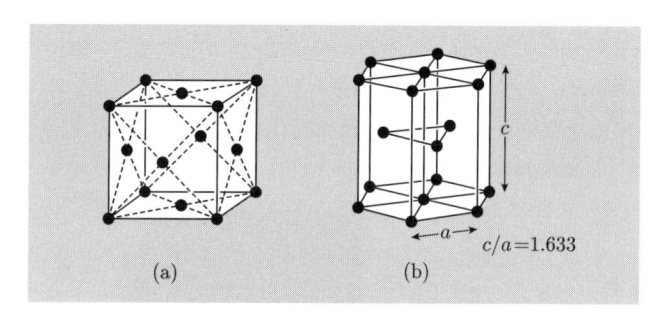

図 11.8　面心立方格子 (a) と六方最密構造 (b)

　金属の特性は電気・熱の良導体であること，光沢があって光をよく反射すると同時に不透明で光をよく吸収すること，展性・延性に富み可塑性が大きいこと，などである．金属のこれらの特性は**自由電子**の存在によっている．自由電子は，金属を構成する価電子が金属結晶全体にわたって非局在化され，自由に動き回れるようになったものと理解される．分子における共有結合では電子は原子間に局在化されている．自由電子による金属原子間の結合を，**金属結合**という．したがって，自由電子の数が増せば結合も強くなる．例えば，カリウムの融解熱と気化熱の和は 79.8 kJ mol^{-1} であるが，同じ周期のカルシウムでは 159 kJ mol^{-1} である．遷移金属の結合は典型元素の金属に比べてかなり強く，鉄は 504 kJ mol^{-1}，タングステンは 834 kJ mol^{-1} である．遷移金属の場合，内殻の d 電子が部分的に結合に寄与して，原子間に共有結合を生成しているためと説明されている．

　自由電子の諸性質は，金属結晶全体に非局在化された分子軌道関数を考えることによって説明される．Na$_2$ 分子の結合は，3s 軌道関数の線形 1 次結合で作られる MO

$$\sigma(3s) = K_+\{u_{3s_A}(1) + u_{3s_B}(2)\} \tag{11.5a}$$

$$\sigma^*(3s) = K_-\{u_{3s_A}(1) - u_{3s_B}(2)\} \tag{11.5b}$$

のうち，エネルギーが低い $\sigma(3s)$ に 2 個の電子が入ることによって形成される．

金属結合の場合，結晶を構成する原子の数が非常に大きいので，それらの1次結合で無数のMOが作られる．これらのMOは2つのエネルギー帯を形成する(図11.9)．このMOには2個の電子を収容できるのに，Naには1個の3s電子しかないので，エネルギーの低いエネルギー帯の半分に電子が詰まることになる．このような電子は，同じ帯の空いているエネルギー準位に入ることによって，結晶内を自由に移動する．これが，MO模型による金属の自由電子の説明である．

Mgは3sに2個の価電子を持っているので，下のエネルギー帯は一杯になっている．しかし，詳細な計算を行うと，空の3p帯のエネルギーが十分に低くて3s帯と重なっている．そのために，3s帯の電子が空の3p帯を使って自由に移動できる．

一方，ダイヤモンドのような絶縁体では，電子が充満している充満帯とその上の空の帯とのエネルギーのギャップが大きく，電子は空の帯に上がれない．そのために，電子は移動できないのである．

[**半導体**] ケイ素やゲルマニウムの結晶は半導体になる．半導体の電気伝導度は $10^4 \sim 10^{-7}\,\mathrm{S\,m^{-1}}$ 程度で，絶縁体の $10^{-12} \sim 10^{-20}\,\mathrm{S\,m^{-1}}$ よりも著しく大きい．

ケイ素やゲルマニウムの結晶には充満帯しかないが，充満帯のすぐ上に熱エネルギー kT で電子が励起される程度のところに空のエネルギー準位がある．そのために，充満帯の電子の一部は熱的に励起されて空の準位に移り，自由に動けるようになる．このような物質を**真性半導体**という．

ケイ素やゲルマニウムは14族元素で4価の結合をするが，これに微量の13族元素あるいは15族元素の単体を混入させると，不純物による準位を生じ，半導体となる．このような半導体を**外来型半導体**という．13族元素(BやGa)を添加すると，価電子は1個少ない原子が結晶格子に入るために，電子の**受容体**(**アクセプター**)となる．アクセプター準位は充満帯から電子を受取り，充満帯に正孔を生じる．このような半導体をp型半導体という．正孔の移動によって電荷が運ばれる．他方，15族元素(PやAs)を添加すると，価電子が1個多い原子が結晶格子に入るために，電子の**供与体**(**ドナー**)となり，ドナー準位を空の帯のすぐ下に生じる．この場合は，ドナー準位の電子が上の空の帯に励起されて移動するようになる．このような半導体をn型半導体という．

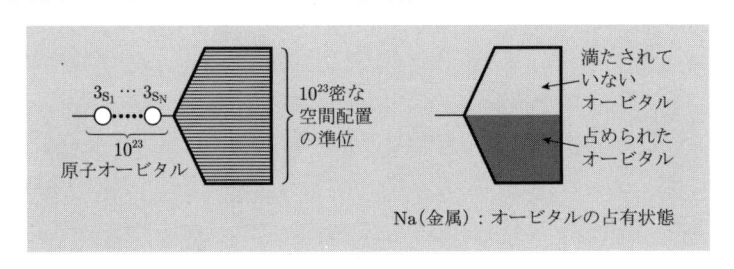

図11.9 NaにおけるMOとエネルギー帯

---例題 1---　　　単純立方格子---

(1) 右図に示す単純立方格子の単位格子に含まれる粒子数を求めよ．図中，(101)等の番号は粒子の座標 $(x\,y\,z)$ を表している．また，各粒子の配位数はいくらか．

(2) 同じ大きさの互いに接した球からなる単位格子における粒子の密度 ρ は，幾何学的な計算により

$$\rho = ZM/LV \qquad (\text{a})$$

で与えられる．ここで，Z は単位格子に含まれる粒子数，M はモル質量，L はアボガドロ数で，V は

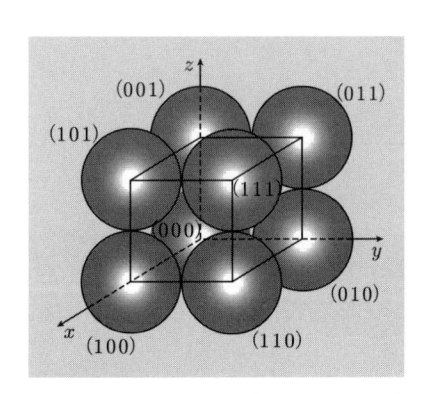

$$V = abc(1 - \cos^2\alpha - \cos^2\beta - \cos^2\gamma + 2\cos\alpha\cos\beta\cos\gamma)^{1/2} \qquad (\text{b})$$

である（$a, b, c, \alpha, \beta, \gamma$ は格子定数）．ポロニウムは室温では単純立方格子構造をとり，$\alpha = 0.336\,\text{nm}$ である．ポロニウムの密度を計算せよ．ポロニウムの原子量は 209 である．

【解答】 (1) 各格子点は 8 個の単位格子が接しており，粒子は 1/8 ずつ分配されている．単位格子中の格子点は 8 個であるから，粒子数は $Z = (1/8) \times 8 = 1$ である．配位数は 6．

(2) 単純立方格子では $\alpha = \beta = \gamma = 90°$ であるから $V = abc$ である．したがって

$$\rho = 209 \times 10^{-3}/\{6.02 \times 10^{23} \times (3.36 \times 10^{-10})^3\}$$
$$= 9.15 \times 10^3\,\text{kg}\,\text{m}^{-3} = 9.15\,\text{g}\,\text{cm}^{-3}$$

|||||||||| 問 題 ||||||||||

1.1 単位格子中の粒子間の距離 l は，粒子の座標を $(x_1\,y_1\,z_1), (x_2\,y_2\,z_2)$ として

$$\begin{aligned}l = \{&a^2(x_1 - x_2)^2 + b^2(y_1 - y_2)^2 + c^2(z_1 - z_2)^2 \\&- 2ab(x_1 - x_2)(y_1 - y_2)\cos\gamma - 2ac(x_1 - x_2)(z_1 - z_2)\cos\beta \\&- 2bc(y_1 - y_2)(z_1 - z_2)\cos\alpha\}^{1/2}\end{aligned} \qquad (\text{a})$$

で与えられる．単純立方格子構造のポロニウムの対角の位置 $(0\,0\,0)$ と $(1\,1\,1)$ にある原子間の距離を求めよ．

---例題 2--- 配位数と密度

塩化銀 AgCl における Ag^+ と Cl^- のイオン半径は 0.126 nm と 0.181 nm である．結晶は NaCl 型構造をとることを確かめよ．単位格子を相互に貫入したブラヴェ格子として表し，イオンの座標を示せ．両イオンの配位数および格子中の粒子数 Z_+, Z_-, Z はそれぞれいくらか．$a = 0.55491$ nm である．密度を計算せよ．

【解答】 イオン半径の比は

$$R_+/R_- = 0.126/0.181 = 0.696$$

で，表 11.2 のデータから岩塩 (NaCl) 型であることがわかる．

1 つの Ag^+ が原点 $(0\,0\,0)$ にあるとすると，最初の Cl^- は $\left(\frac{1}{2}\,0\,0\right)$ にある．Ag^+ の座標は面心立方格子の座標に等しいから，$(0\,0\,0), \left(\frac{1}{2}\,\frac{1}{2}\,0\right), \left(\frac{1}{2}\,0\,\frac{1}{2}\right)$，および $\left(0\,\frac{1}{2}\,\frac{1}{2}\right)$ である．Cl^- の座標は $\left(\frac{1}{2}\,0\,0\right), \left(0\,\frac{1}{2}\,0\right), \left(\frac{1}{2}\,\frac{1}{2}\,\frac{1}{2}\right)$，および $\left(0\,0\,\frac{1}{2}\right)$ である．

Ag^+ は 6 個の Cl^- に囲まれており，Cl^- は 6 個の Ag^+ に囲まれている．したがって，配位数は 6 である．1–1 型の塩であるから，両者は当然ながら一致する．

密度は例題 1(a) 式で与えられる．面心立方格子の Z は 4 であるから，$Z_+ = Z_- = 4$ で，AgCl を分子とみなしたときの粒子数 Z も 4 である．式量は AgCl $= 107.88 + 35.45 = 143.33$ であるから

$$\rho = \frac{4 \times 143.33 \times 10^{-3}}{6.022 \times 10^{23} \times (5.5491 \times 10^{-10})^3}$$
$$= 5.57 \times 10^3 \,\mathrm{kg\,m^{-3}} = 5.57 \,\mathrm{g\,cm^{-3}}$$

である．

|||||||||| 問 題 ||||||||||||||||||||||||||||||||||||||||||||||||||||||||||||||||||||||||||||||||||

2.1 波長 0.154 nm の X 線を用いると，KCl の結晶からの最初の反射角は $\theta = 14°12'$ で起こる．単位格子の一辺の長さと結晶の密度を求めよ．なお，KCl は岩塩型の構造をとる．

2.2 図 11.8b に示す六方最密構造における単位格子中の粒子数 Z は 2 であることを示し，最密充填における粒子の空間占有率を計算せよ．格子定数 a と c には $c = 2(2/3)^{1/2}a$ の関係があり，$\gamma = 120°$ である．

2.3 金属亜鉛の結晶は六方最密構造をとり，$a = 0.2665$ nm, $c = 0.4949$ nm である．原子の座標を定めよ．配位数を求め，亜鉛の密度および単位格子の基底面における原子間距離を計算せよ．六方最密構造では $Z = 2$ である．

―例題 3― 格子エネルギー

(1) 結晶の格子エネルギーは，エネルギー保存則により，(11.4) 式を用いて，熱力学的にも求められる．(11.4) 式の関係を**ボルン-ハーバーサイクル**という．(11.4) 式によるボルン-ハーバーサイクルを図に表し

$$\Delta H = -411, \quad \Delta S + \frac{1}{2}D = 229, \quad E_i = 495.4, \quad E_{ea} = -348.5 \,\text{kJ mol}^{-1}$$

を用いて，NaCl の格子エネルギーを計算せよ．

(2) ボルン-ランデの式 (11.3) を用いて，$n = 10$ として NaCl の格子エネルギーを計算し，熱力学的なデータによる結果と比較せよ．岩塩型結晶のマーデルング定数は 1.748，NaCl の最隣接イオン間距離は 0.281 nm である．

【解答】 (1) (11.4) 式のエネルギー関係は，右図のように表される．

$$\Delta U = -411 - 229 - 495.4 + 348.5$$
$$= -787 \,\text{kJ mol}^{-1}$$

であるから，格子エネルギーは $-787 \,\text{kJ mol}^{-1}$．

(2) $U = -\{6.022 \times 10^{23} \times (1.602 \times 10^{-19})^2/(4\pi \times 8.854 \times 10^{-12} \times 2.81 \times 10^{-10})\} \times 1.748(1 - 1/10) = -7.78 \times 10^5 \,\text{J mol}^{-1} = -778 \,\text{kJ mol}^{-1}$.

実測値との比較には，n の値を調節して行うことができる．この場合，$n = 10$ と置くと熱力学的な結果との一致がよい．

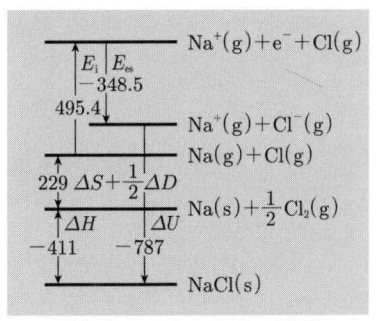

塩化ナトリウム生成の過程
(数値は kJ mol^{-1})

|||||| 問 題 ||||||

3.1 1対のイオン間のポテンシャルエネルギーは引力と斥力の和として (11.2) 式で与えられる．(11.2) 式より (11.3) 式を導け．

3.2 アルカリ金属は蒸気中で 2 原子分子 M_2 となって，共有結合を形成している．Li_2 の結合距離は 0.267 nm，結合エネルギーは 49.7 kJ mol^{-1} であるのに，金属における値は 0.304 nm と 158 kJ mol^{-1} である．共有結合の方が結合距離が小さいので結合エネルギーは大きいと考えられるのに，実際は金属の方が結合エネルギーが大きい．このことを説明せよ．

3.3 ダイヤモンドの格子エネルギーは $-715 \,\text{kJ mol}^{-1}$ である．ダイヤモンドにおける C–C 結合のエネルギーを求め，炭化水素の C–C 結合のエネルギー値 347 kJ mol^{-1} と比較せよ．

演 習 問 題

1. 体心立方格子の単位格子に含まれる粒子数 Z を求めよ．また，配位数はいくらか．
2. アルゴンの結晶は面心立方格子構造である．20 K において $a = 0.543\,\text{nm}$ である．アルゴンの有効原子直径を計算せよ (問題 1.1 の式を用いる)．
3. ダイヤモンドの 2 つの格子面の距離は 0.154 nm である．これらの面から $n = 1, \theta = 30°$ で回折される X 線の波長はいくらか．
4. 次の熱的データーのうち，必要なものを用いて塩化亜鉛の格子エネルギーと塩素原子の電子親和力を求めよ．

$$\Delta H_\text{f}^{\ominus}(\text{Zn, 気体}) = 131\,\text{kJ mol}^{-1}$$
$$\Delta H_\text{f}^{\ominus}(\text{Zn}^+, \text{気体}) = 1043\,\text{kJ mol}^{-1}$$
$$\Delta H_\text{f}^{\ominus}(\text{Zn}^{2+}, \text{気体}) = 2783\,\text{kJ mol}^{-1}$$
$$\Delta H_\text{f}^{\ominus}(\text{Cl, 気体}) = 122\,\text{kJ mol}^{-1}$$
$$\Delta H_\text{f}^{\ominus}(\text{Cl}^-, \text{気体}) = -246\,\text{kJ mol}^{-1}$$
$$\Delta H_\text{f}^{\ominus}(\text{ZnCl}_2) = -415\,\text{kJ mol}^{-1}$$

5. 塩化ナトリウムの結晶のボルン指数について，ポーリングは $n = 8$ とした．他方，結晶の反発力から求めたボルン指数は $n = 9.1$ である．塩化ナトリウムの格子エネルギーの計算値の相違は何 % か．
6. NaCl も CaO も同じ岩塩型結晶構造をとるが，NaCl の融点が 808 °C であるのに，CaO の融点は 2572 °C と高い．これを説明せよ．
7. Li_4 の結合性および反結合性分子軌道関数を書き，それらのオービタルの節面の数およびオービタルへの電子の配置を図で示せ．
8. 0 °C における氷の昇華熱は $51.06\,\text{kJ mol}^{-1}$ である．氷における水素結合のエネルギーを求めよ．

問 題 解 答

第 1 章

1.1 次元を [ ] で示すと，SI 単位系では [圧力] = kg m^{-1} s^{-2}，[体積] = m^3 である．したがって，[圧力 × 体積] = kg m^2 s^{-2} となり，エネルギーの次元となる (表 0.2 参照)．

1 atm は 0 °C の水銀柱 76 cm に相当する圧力で，水銀の密度は 0 °C, 1 atm で 13.5951 g cm^{-3} であり，重力の加速度の標準値は 980.665 cm s^{-2} であるから

$$1\,\text{atm} = 76.000 \times 13.5951 \times 980.665$$
$$= 1.01325 \times 10^6\,\text{dyn cm}^{-2} = 1.01325 \times 10^5\,\text{N m}^{-2}$$
$$= 1.01325 \times 10^5\,\text{Pa}$$

$$1\,\text{dm atm}^3 = 1.01325 \times 10^9\,\text{dyn cm} = 1.01325 \times 10^2\,\text{J}$$

これは，1 atm 下で体積を 1 dm^3 膨張させるのに要する仕事に相当している．

1.2 40 m の海底での大気の圧力は $4 + 1 = 5$ atm であり，地上の圧力の 5 倍である．したがって，吸入する酸素の量も 5 倍．

1.3 酸素量は 5 倍になっているので，1/5 に希釈すればよい．したがって，空気：ヘリウム $= 1 : 4$ の割合で混合するとよい．全圧は 5 atm で，4/5 がヘリウムであるから，ヘリウムの分圧は 4 atm (空気の分圧が 1 atm になっている)．

1.4 容器中の圧力をパスカルで表すと

$$P = 10^{-10} \times 101325/760 = 1.33 \times 10^{-8}\,\text{Pa}$$

である．$T = 300$ K, $V = 10^{-3}$ m^3 であるから，気体の物質量は

$$n = \frac{PV}{RT} = \frac{(1.33 \times 10^{-8}\,\text{Pa}) \times (10^{-3}\,\text{m}^3)}{(8.314\,\text{J K}^{-1}\,\text{mol}^{-1}) \times (300\,\text{K})} = 5.33 \times 10^{-15}\,\text{mol}$$

分子数 $= Ln = (6.022 \times 10^{23}\,\text{mol}^{-1}) \times (5.33 \times 10^{-15}\,\text{mol}) = 3.21 \times 10^9$

1.5 気体の質量は $51.124 - 50.107 = 1.017$ g．気体の物質量は

$$n = \frac{(1.01325 \times 10^5\,\text{Pa}) \times (1.234 \times 10^{-3}\,\text{m}^3)}{(8.314\,\text{J K}^{-1}\,\text{mol}^{-1}) \times (298.15\,\text{K})} = 5.044 \times 10^{-2}\,\text{mol}$$

分子量 $= 1.017/5.044 \times 10^{-2}\,\text{mol} = 20.16$，気体はネオン

1.6 物質量は $N_2 : 0.0536$, $O_2 : 0.0313$, $CO_2 : 0.0114$ mol．理想気体の状態式より，分圧は

$$P(N_2) = (0.0536\,\text{mol}) \times (8.314\,\text{J K}^{-1}\,\text{mol}^{-1}) \times (300\,\text{K})/(10^{-3}\,\text{m}^3)$$
$$= 1.34 \times 10^5\,\text{Pa} = 1.32\,\text{atm}$$

$$P(O_2) = 0.781 \times 10^5\,\text{Pa} = 0.770\,\text{atm}$$

$$P(CO_2) = 0.284 \times 10^5\,\text{Pa} = 0.281\,\text{atm},\ 全圧は\ P = 2.37\,\text{atm}$$

2.1 平均速度は分子量の平方根に反比例する (演習問題 3 参照)．この関係は温度によらない．したがって，平均速度の比は

$$\overline{u}(\text{He})/\overline{u}(\text{Ar}) = (40.0/4.00)^{1/2} = 3.16$$

2.2 1 mol では $N = L$ であるから，$U_m = \sum \varepsilon_i = \sum m u_i^2/2$, $\overline{u^2} = \sum u_i^2/L$ である．

$mL = M$ であるから，$\overline{u^2} = 2U_m/M$ である．これを (1.7) 式に代入して $(n=1)$，$PV = RT$ を用いて直ちに $(\overline{u^2})^{1/2} = (3RT/M)^{1/2}$ が得られる．

2.3 平均速度の比は $\overline{u}(\text{He})/\overline{u}(\text{N}_2) = (28.0/4.00)^{1/2} = 2.64$．潜水病の原因は，作業者が海上に戻る際に，高圧下で血液に溶解した空気が急速な圧力低下で放出され，気泡となって血行を阻害するからである．気体の放出速度が大きいと，上昇 (減圧) 速度をその分大きくすることができる．

2.4 放出速度の比は $u(\text{H}_2)/u(\text{D}_2) = \sqrt{2} = 1.41$ である．0.015 % から 50 % まで濃縮するには，濃度を 3333 倍に高めなければならない．したがって，濃縮回数を x とすると

$$(1.41)^x = 3333, \quad x = \ln 3333 / \ln 1.41 = 23.6 \fallingdotseq 24$$

2.5 i 種の分子の質量を m_i，分子数を N_i，根平均 2 乗速度を $\overline{u_i{}^2}$，立方体の容器の体積を V とすると，i 種の分子が一つの壁の単位面積に及ぼす力 F_i は (1.4) 式より，$\sum u_i{}^2 = N\overline{u_i{}^2}/l$ の関係を用いて

$$F_i = N_i m_i \overline{u_{ix}{}^2}/l \tag{a}$$

である．容器中に $1, 2, \cdots, i, \cdots, r$ 種の分子があるとすると，これらの分子が及ぼす力は，個々の分子の力の和になるから

$$F = \sum N_i m_i \overline{u_{ix}{}^2}/l \tag{b}$$

となる．圧力は単位面積に及ぼす力であるから，(1.7) 式と同様にして

$$P = \sum N_i m_i \overline{u_{ix}{}^2}/3V \tag{c}$$

である．一方，i 種の分子のみが存在するときに壁に及ぼす力 F_i が分圧 P_i に相当するから

$$P_i = N_i m_i \overline{u_{ix}{}^2}/3V \tag{d}$$

である．(d) 式を (c) 式と比較することにより

$$P = \sum P_i \tag{e}$$

となる．すなわち，全圧は分圧の和に等しい．

3.1 $PV^3 - n(bP + RT)V^2 + n^2 aV - n^3 ab = 0$

3.2 上問の結果より，$n = 1$，第 2 項の P を RT/V とおいて，$B = bRT - a$．

3.3 ファン・デル・ワールスの状態式は例題 3 の解答の (a) 式に変形される．臨界点は $P-V$ 曲線の変曲点であるから $dP/dV = 0$, $d^2 P/dV^2 = 0$ である．これより

$$\frac{dP}{dV} = -\frac{RT_c}{(V_c - b)^2} + \frac{2a}{V_c{}^3} = 0, \quad \frac{2a}{V_c{}^3} = \frac{RT_c}{(V_c - b)^2} \tag{a}$$

$$\frac{d^2 P}{dV^2} = \frac{2RT_c}{(V_c - b)^3} - \frac{6a}{V_c{}^4} = 0, \quad \frac{3a}{V_c{}^4} = \frac{RT_c}{(V_c - b)^3} \tag{b}$$

となる．(a) 式を (b) 式で割ると，$V_c = 3b$．これを (a) 式に代入すると $T_c = 8a/27Rb$ となる．これらの値を例題 3 の解答の (a) 式に代入すると，$P_c = a/27b^2$ となる．

3.4 上問の結果より，ファン・デル・ワールスの定数は臨界定数を用いて，(1.13) 式で表される形となる．これらを例題 3 の解答の (a) 式に代入すると

$$P = \frac{8P_c V_c}{3T_c} T \left(\frac{1}{V - V_c/3} \right) - \frac{3P_c V_c{}^2}{V^2}$$

第 1 章の問題解答

となる．整理すると
$$\left[\frac{P}{P_c} + 3\left(\frac{V_c}{V}\right)^2\right]\left[\frac{V}{V_c} - \frac{1}{3}\right] = \frac{8}{3}\frac{T}{T_c}$$
となる．換算変数 P_r, V_r, T_r を用いると，これは (1.14) 式と同じである．このように，換算量を用いて表したファン・デル・ワールスの状態式には分子の個性が関係する定数が現れない．

3.5 $\quad a = 3P_c V_c^2 = 0.841\,\text{atm}\,\text{dm}^6\,\text{mol}^{-2}$ \hfill (a)

$\quad b = V_c/3 = 0.0300\,\text{dm}^3\,\text{mol}^{-1}$ \hfill (b)

$\quad R = 8P_c V_c/3T_c = 0.0620\,\text{dm}^3\,\text{atm}\,\text{K}^{-1}\,\text{mol}^{-1}$ \hfill (c)

となる．(c) 式より V_c を P_c, T_c, R で表して (a), (b) 式に代入し，$R = 0.0821\,\text{dm}^3\,\text{atm}\,\text{K}^{-1}\,\text{mol}^{-1}$ として計算すると
$$a = 27(RT_c)^2/64P_c = 1.48\,\text{atm}\,\text{dm}^6\,\text{mol}^{-2}, \quad b = RT_c/8P_c = 0.0397\,\text{dm}^3\,\text{mol}^{-1}$$
となる．これらの値が定数として用いられている．

演習問題

1 $\quad n = PV/RT$, $R = 8.31\,\text{J}\,\text{K}^{-1}\,\text{mol}^{-1}$ であるから
$$n = 5.01 \times 10^5 \times 1.23/8.31 \times 300 = 247\,\text{mol}$$

2 ドルトンの結果は
$$V = V_1 + V_2 + \cdots + V_i + \cdots + V_N = \sum V_i \tag{a}$$
と表される．混合前の各成分気体は理想気体として振る舞うから，成分 i の気体にについて $PV_i = n_i RT$ の関係が成り立つ．i についてこれらの式の和をとると
$$P(V_1 + V_2 + \cdots + V_i + \cdots + V_N) = (n_1 + n_2 + \cdots + n_i + \cdots + n_N)RT \tag{b}$$
となる．$n_1 + n_2 + \cdots + n_i + \cdots + n_N = n$ は混合気体の全物質量である．これと (a) 式より
$$PV = nRT \tag{c}$$
となる．他方，分圧の定義より i 成分の分圧 P_i は，$P_i V = nRT$ で与えられる圧力である．この式の和をとると
$$(P_1 + P_2 + \cdots + P_i + \cdots + P_N)V = nRT \tag{d}$$
となる．この式と (c) 式とを比較すると，(1.3) 式となる．

3 平均速度は，(1.11) 式に積分公式を用いて
$$\overline{u} = \int_0^\infty u f(u) du = 4\pi \left(\frac{M}{2\pi RT}\right)^{3/2} \int_0^\infty u^3 \exp\left(\frac{Mu^2}{2RT}\right) du = \sqrt{\frac{8RT}{\pi M}}$$
となる．

4 平均 2 乗速度は
$$\overline{u^2} = \int_0^\infty u^2 f(u) du = 4\pi \left(\frac{M}{2\pi RT}\right)^{3/2} \int_0^\infty u^4 \exp\left(\frac{Mu^2}{2RT}\right) du = \frac{3RT}{M}$$
となる．したがって，根平均 2 乗速度は $\sqrt{3RT/M}$ となる．

1 mol の気体では $N = L$ であるから，$U_m = \sum \varepsilon_i^2/2$, $\overline{u^2} = \sum u_i^2/L = \sum u_i^2/N$ で直ちに同じ結果が得られる．

5 (1.11) 式の右辺は，u 以外の量をまとめて定数 A, B とすると

$$Au^2 \exp(-Bu^2) du$$

と書かれる．$Au^2 \exp(-Bu^2)$ が速度分布曲線であるので，これの u に関する導関数を 0 とおくと

$$2Au_\mathrm{m} \exp(-Bu_\mathrm{m}^2) - 2ABu_\mathrm{m}^3 \exp(-Bu_\mathrm{m}^2) = 0, \quad 1 - Bu_\mathrm{m}^2 = 0$$

となる．これより，$u_\mathrm{m} = \sqrt{2RT/M}$ が得られる．

$$(\overline{u^2})^{1/2} : \overline{u} : u_\mathrm{m} = 1 : 0.92 : 0.815$$

6 SI 単位で統一して計算する．$M = 28 \times 10^{-3}$ kg であるから

$25\,°\mathrm{C} : (\overline{u^2})^{1/2} = \sqrt{3 \times 8.314 \times 298/28 \times 10^{-3}} = 515\,\mathrm{m\,s^{-1}}$

$100\,°\mathrm{C} : (\overline{u^2})^{1/2} = \sqrt{3 \times 8.314 \times 373/28 \times 10^{-3}} = 576\,\mathrm{m\,s^{-1}}$

7 同じ温度での分子の平均速度は分子量の平方根に反比例する．流出速度は平均速度に反比例するから，結局，流出時間は分子量の平方根に比例する．したがって，He の流出時間は

$$10 \times \sqrt{4/2} = 14\,\text{分}$$

8 ファン・デル・ワールスの状態式は次のような考えから，理想気体の状態式を修正して導かれたものである．

(1) 分子間引力に関する補正：分子が器壁と衝突するとき，分子は近くの他の分子によって内部に引かれているので，気体の圧力 P は分子間引力が働かない場合よりも小さくなっている．この圧力低下は単位体積中の分子数の 2 乗 $(n/V)^2$ に比例している．比例定数を a とすると，補正された圧力は $P + n^2 a/V^2$ となる．

(2) 分子の大きさに関する補正：分子が一定の大きさを持つために，容器内で自由に運動できる空間は減少している (排除体積)．1 mol の分子あたりの排除体積を b とすると，分子が自由に運動できる空間の体積は $V - nb$ となる．

以上の補正を，理想気体の状態式 $PV = nRT$ の P と V に代入する．

9 $a = 3P_\mathrm{c} V_\mathrm{c}^2 = 1.748\,\mathrm{atm\,dm^6\,mol^{-2}}$, $b = V_\mathrm{c}/3 = 0.0241\,\mathrm{dm^3\,mol^{-1}}$ となる．これは表 1.1 の値 $a = 4.17$, $b = 0.0371$ との一致はあまりよくない．他方，$R = 8P_\mathrm{c}V_\mathrm{c}/3T_\mathrm{c}$ より V_c を $P_\mathrm{c}, T_\mathrm{c}, R$ で表して，$R = 0.08205\,\mathrm{dm^3\,atm\,K^{-1}\,mol^{-1}}$ を用いて計算すると

$$a = 27(RT_\mathrm{c})^2/64P_\mathrm{c} = 4.19\,\mathrm{atm\,dm^6\,mol^{-1}}$$

$$b = RT_\mathrm{c}/8P_\mathrm{c} = 0.0372\,\mathrm{dm^3\,mol^{-1}}$$

となる．これらの値は表 1.1 の値と一致している．

10 $a = 2.25\,\mathrm{dm^6\,atm\,mol^{-2}} = 2.25 \times 10^{-6} \times 101325\,\mathrm{m^6\,Pa\,mol^{-2}} = 0.228\,\mathrm{m^6\,Pa\,mol^{-1}}$

$b = 0.0428\,\mathrm{dm^3\,mol^{-1}} = 0.0428 \times 10^{-3}\,\mathrm{mol^{-1}}$

理想気体としたとき (1.1) 式により

$$P = \frac{nRT}{V} = \frac{1 \times 8.314 \times 273.15}{10^{-3}} = 2271\,\mathrm{kPa} = 22.4\,\mathrm{atm}$$

ファン・デル・ワールスの状態方程式 (1.12) にしたがうとしたとき

$$P = \frac{nRT}{V - nb} - \frac{n^2 a}{V^2} = \frac{1 \times 8.314 \times 273.15}{10^{-3} - 1 \times 42.8 \times 10^{-6}} - \frac{1^2 \times 0.228}{(10^{-3})^2} = 2145\,\mathrm{kPa} = 21.2\,\mathrm{atm}$$

11 (1.12) 式より，$n = 1$ として

$$z = PV_\mathrm{m}/RT = V_\mathrm{m}/(V_\mathrm{m} - b) - a/V_\mathrm{m} RT$$

となる。V_m は $15.0\,\text{dm}^3$ である。$a = 2.25\,\text{atm}\,\text{dm}^6\,\text{mol}^{-2}$, $b = 0.0428\,\text{dm}^3\,\text{mol}^{-1}$ を代入して $z = 0.998$ となる。理想気体からのずれは小さい．

第 2 章

1.1 (1) 水蒸気になされる仕事は，(2.4) 式より
$$w = 5RT\ln(5/1) = 33.32 \times 10^3\,\text{J}$$
(2) 理想気体の内部エネルギーは温度一定であれば体積によらないから
$$\Delta U = 0, \quad q = -w = -33.32 \times 10^3\,\text{J} \quad (\text{発熱})$$
(3) $\Delta H = H_2 - H_1 = (U_2 + P_2V_2) - (U_1 + P_1V_1) = \Delta U + P_2V_2 - P_1V_1 = 0$. 等温変化では理想気体のエンタルピーは圧力（体積）によらない（問題 2.3）．

1.2 (1) $q_P = \Delta H$ で，圧力一定の条件で放出される熱量は気体のエンタルピーの減少に等しい．水分子の運動の自由度は 6 であるから，
$$q_P = 5\,C_P(398 - 498) = -5 \times 4R \times 100 = -16.6 \times 10^3\,\text{J}$$
(2) $q_V = \Delta U = 5\,C_V(398 - 498) = -5 \times 3R \times 100 = -12.5 \times 10^3\,\text{J}$

1.3 1 mol のベンゼンが 80°C で占める体積は
$$22.4 \times (353/273) = 29.0\,\text{dm}^3$$
である．体積変化の仕事は
$$P\Delta V = 29.0\,\text{dm}^3\,\text{atm} = 2.93 \times 10^3\,\text{J}$$
である〔1 章問題 1.1 解答参照〕．蒸発熱に対する割合は
$$(2.93/31.7) \times 100 = 9.24\,\%$$
また，内部エネルギーの変化は
$$\Delta U = 31.7 - 2.93 = 28.8\,\text{kJ}$$

1.4 ファン・デル・ワールスの式を
$$P = \frac{nRT}{V - nb} - \frac{n^2 a}{V^2} \tag{a}$$
と変形すると
$$\left(\frac{\partial P}{\partial T}\right)_V = \frac{nR}{V - nb} \tag{b}$$
となる．これより
$$\left(\frac{\partial U}{\partial V}\right)_T = \frac{nRT}{V - nb} - \frac{nRT}{V - nb} + \frac{n^2 a}{V^2} = \frac{n^2 a}{V^2}$$
$$\Delta U = -an^2\left(\frac{1}{V_2} - \frac{1}{V_1}\right) \tag{c}$$
仕事は，(2.1) 式より
$$w = -n\left\{RT\ln\left(\frac{V_2 - nb}{V_1 - nb}\right) + an\left(\frac{1}{V_2} - \frac{1}{V_1}\right)\right\} \tag{d}$$
$q = \Delta U - w$ であるから，(c) 式と (d) 式より
$$q = nRT\ln\left(\frac{V_2 - nb}{V_1 - nb}\right) \tag{e}$$

2.1 マイヤーの式は，定積で気体の温度を上昇させるよりは，定圧で上昇させる方が，理想気体 1 mol につき $\Delta T \times R$ ($\Delta T \times 8.314$ J) だけ余分の熱を必要とすることを意味している．定圧では気体は膨張するので，大気を押し上げるために仕事をしている．このことは，気体の膨張で熱が仕事に変わっていることを意味しており，熱と仕事が等価であることを示唆している．

2.2 $w = -P_e \Delta V = -P_e nRT (1/P_2 - 1/P_1) = -2 \times 1.013 \times 10^5 \times 3 \times 8.314 \times 298 \times (1/2.026 \times 10^5 - 1/1.013 \times 10^5) = 7.43 \times 10^3$ J．一方，準静的に理想気体を 1 atm から 2 atm まで圧縮する際に気体になされる仕事は $w_r = nRT \ln (P_2/P_1) = 3 \times 8.314 \times 298 \times \ln 2 = 5.15 \times 10^3$ J．摩擦熱は $7.43 \times 10^3 - 5.15 \times 10^3 = 2.28 \times 10^3$ J．

2.3 $H = U + PV$ を $P = $ 一定，の条件で T で微分すると

$$\left(\frac{\partial H}{\partial T}\right)_P = C_P = \left(\frac{\partial U}{\partial T}\right)_P + P\left(\frac{\partial V}{\partial T}\right)_P \tag{a}$$

したがって

$$\left(\frac{\partial U}{\partial T}\right)_P = C_P - P\left(\frac{\partial V}{\partial T}\right)_P \tag{b}$$

また，$H = U + PV$ を $T = $ 一定，の条件で V で微分すると

$$\left(\frac{\partial H}{\partial V}\right)_T = \left(\frac{\partial U}{\partial V}\right)_T + V\left(\frac{\partial P}{\partial V}\right)_T + P \tag{c}$$

となる．理想気体では $(\partial P/\partial V)_T = -nRT/V^2$，$V(\partial P/\partial V)_T = -nRT/V = -P$ で，また $(\partial U/\partial V)_T = 0$ であるから

$$\left(\frac{\partial H}{\partial V}\right)_T = 0 \tag{d}$$

2.4 $H \equiv H(T, P)$ の全微分

$$dH = \left(\frac{\partial H}{\partial T}\right)_P dT + \left(\frac{\partial H}{\partial P}\right)_T dP$$

で $dH = 0$ とおくことにより

$$\mu = \left(\frac{\partial T}{\partial P}\right)_H = -\left(\frac{\partial H}{\partial P}\right)_T \bigg/ \left(\frac{\partial H}{\partial T}\right)_P = -\left(\frac{\partial H}{\partial P}\right)_T \bigg/ C_P \tag{e}$$

理想気体については演習問題 1 の結果から $\mu = 0$．

3.1 気体を圧縮する際に気体は外から仕事をされるので $w > 0$．一方，断熱変化であるから，$q = 0$．したがって，$\Delta U = w > 0$ で，内部エネルギーが増大する．仕事のエネルギーは気体分子の運動エネルギー（熱）に変わるから，ΔU の増大は温度の上昇となる．したがって，気体の断熱圧縮では温度が上昇する．

3.2 膨張後の温度を T_2 とすると，$(T_2/298) = (V_1/V_2)^{\gamma-1} = (1/1.2)^{\gamma-1}$ となる．アルゴンは $\gamma - 1 = 0.667$．窒素では $\gamma - 1 = 0.4$ である．アルゴンとすると，$T_2 = 298 \times (1/1.2)^{0.667} = 298 \times 0.885 = 264$ K $= -9°$C．他方，窒素では $T_2 = 298 \times (1/1.2)^{0.4} = 277$ K $= 4°$C．ゆえに，気体はアルゴン．

3.3 断熱変化であるから，$q = 0$，$w = \Delta U$ である．P_e は一定であるから

第 2 章の問題解答

$$w = -\int P_e dV = -P_e \Delta V \tag{a}$$

である．また，C_V も一定であるから

$$\Delta U = \int nC_V dT = nC_V \Delta T \tag{b}$$

である．(a) 式と (b) 式より

$$\Delta T = -P_e \Delta V / nC_V, \quad T_2 = T_1 - P_e \Delta V / nC_V \tag{c}$$

(c) 式より，断熱圧縮後の水素の温度は $P_e = nRT/V = 2.478 \times 10^4$ であるから

$$T_2 = 298 - 2.478 \times 10^4 \times (0.02 - 0.2)/(2 \times 2.5 \times 8.314) = 405\,\mathrm{K} = 132\,°\mathrm{C}$$

$$q = 0$$

$$w = \Delta U = nC_V \Delta T = 2 \times 2.5R \times (405 - 298) = 4.45\,\mathrm{kJ}$$

$$\Delta H = nC_P \Delta T = 2 \times 3.5R \times (405 - 298) = 6.23\,\mathrm{kJ}$$

4.1 この変化では窒素は外圧 10 atm に抗して断熱的に膨張する．気体が外界に対してする仕事は

$$w = P_e(V_2 - V_1) = P_e(2RT_2/P_2 - 2RT_1/P_1) \tag{a}$$

一方，理想気体の内部エネルギーは温度だけできまるから

$$\Delta U = -w = 2C_V(T_2 - T_1) \tag{b}$$

である．(a) 式と (b) 式から，$P_e = 10\,\mathrm{atm}$ とおいて

$$-2C_V(T_2 - T_1) = P_e(2RT_2/P_2 - 2RT_1/P_1)$$

$$-5R(T_2 - 298) = 20R(T_2/10 - 298/50)$$

$$T_2 = 230\,\mathrm{K}\,(-43\,°\mathrm{C})$$

$$\Delta U = 2.5R(230 - 298) \times 2 = -2.83 \times 10^3\,\mathrm{J}$$

$$\Delta H = 3.5R(230 - 298) \times 2 = -3.96 \times 10^3\,\mathrm{J}$$

4.2 空気は上昇で断熱的に膨張する．地上の気圧を 1 atm とすると $(1\,\mathrm{atm} = 1.013 \times 10^5\,\mathrm{Pa})$，温度を T_2 とすると，酸素も窒素も $\gamma = 1.4$ であることを考慮して，(2.18) 式より

$$T_2 = T_1(V_1/V_2)^{\gamma-1} = T_1(P_2/P_1)^{(\gamma-1)/\gamma}$$

$$= T_1 \times (0.64/1.013)^{2/7} = 305 \times 0.877 = 267\,\mathrm{K} = -6\,°\mathrm{C}$$

5.1 燃焼の化学反応式は

$$\mathrm{C_{10}H_8(s)} + 12\,\mathrm{O_2(g)} = 10\,\mathrm{CO_2(g)} + 4\,\mathrm{H_2O(\ell)}$$

である．標準生成熱のデータより，定圧反応熱は

$$\Delta H^\ominus = -393.51 \times 10 - 285.83 \times 4 - 77.7 = -5156.1\,\mathrm{kJ\,mol^{-1}}$$

反応にともなう体積変化は $\Delta n_\mathrm{g} = -2$ であるから，定積反応熱は

$$\Delta U = -5156.1 + 2 \times 8.314 \times 298/1000 = -5151.2\,\mathrm{kJ\,mol^{-1}}$$

5.2 メタンの生成反応は $C(黒鉛)+2H_2(g) = CH_4(g)$ で 25°C における標準生成熱は $\Delta H^\ominus = -74.8\,\mathrm{kJ\,mol^{-1}}$. 右図からわかるように

$$\Delta H_{673} = \Delta H_{298} + q_2 - q_1$$

の関係がある. $q_2 - q_1 = \int_{298}^{673} \Delta C_P dT$ である. 表 2.4 より

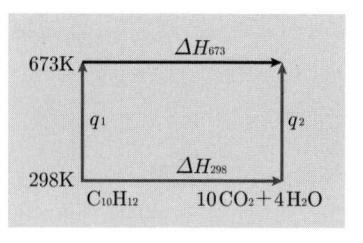

$$\Delta C_P = C_P(\mathrm{CH_4}) - C_P(\mathrm{C}) - 2 \times C_P(\mathrm{H_2}) = -47.9 + 36.6 \times 10^{-3}T + 5.62 \times 10^5 T^{-2}$$

$$q_2 - q_1 = \int_{298}^{673} \Delta C_P dT = -10.246\,\mathrm{kJ\,mol^{-1}}$$

$$\Delta H_{673} = -85\,\mathrm{kJ\,mol^{-1}}$$

5.3 溶解反応は $\mathrm{HCl(g) + aq = H^+(aq) + Cl^-(aq)}$, 表 2.3 より $\Delta H_\mathrm{f}^\ominus(\mathrm{HCl}) = -92.31\,\mathrm{kJ\,mol^{-1}}$ であるから

$$\Delta H^\ominus = [-167.44 - (-92.31)] = -75.13\,\mathrm{kJ\,mol^{-1}}$$

演習問題

1 $PV = nRT$ より, $(\partial V/\partial T)_P = nR/P$. これを関係式に代入すると右辺は $-V + V = 0$ となる.

2 1 mol の水蒸気が 100°C で占める体積は $22.4 \times (373/273) = 30.6\,\mathrm{dm^3}$ であるから, 体積変化の仕事は

$$P\Delta V = 30.6\,\mathrm{dm^3\,atm} = 3.10 \times 10^3\,\mathrm{J}$$

である. 蒸発熱に対する割合は

$$(3.10/40.66) \times 100 = 7.63\,\%$$

3 V を T, P の関数として微分すると

$$dV = \left(\frac{\partial V}{\partial T}\right)_P dT + \left(\frac{\partial V}{\partial P}\right)_T dP \tag{a}$$

また, T を P, V の関数として微分すると

$$dT = \left(\frac{\partial T}{\partial P}\right)_V dP + \left(\frac{\partial T}{\partial V}\right)_P dV \tag{b}$$

(b) 式を (a) 式に代入して整理すると

$$dV = \left(\frac{\partial V}{\partial T}\right)_P \left[\left(\frac{\partial T}{\partial P}\right)_V dP + \left(\frac{\partial T}{\partial V}\right)_P dV\right] + \left(\frac{\partial V}{\partial P}\right)_T dP$$

$$\left[1 - \left(\frac{\partial V}{\partial T}\right)_P \left(\frac{\partial T}{\partial V}\right)_P\right] dV = \left[\left(\frac{\partial V}{\partial T}\right)_P \left(\frac{\partial T}{\partial P}\right)_V + \left(\frac{\partial V}{\partial P}\right)_T\right] dP \tag{c}$$

V と P は独立に変えることができるから, (c) 式で dV と dP は独立な数である. そこで $dP \neq 0, dV = 0$ とすると

$$\left(\frac{\partial V}{\partial T}\right)_P \left(\frac{\partial T}{\partial P}\right)_V + \left(\frac{\partial V}{\partial P}\right)_T = 0$$

$$\left(\frac{\partial T}{\partial P}\right)_V = -\left(\frac{\partial V}{\partial P}\right)_T \bigg/ \left(\frac{\partial V}{\partial T}\right)_P = -\frac{1}{V}\left(\frac{\partial V}{\partial P}\right)_T \bigg/ \frac{1}{V}\left(\frac{\partial V}{\partial T}\right)_P = \frac{\kappa}{\alpha} \tag{d}$$

一方，U を T,V の関数として微分すると

$$dU = \left(\frac{\partial U}{\partial T}\right)_V dT + \left(\frac{\partial U}{\partial V}\right)_T dV \tag{e}$$

(b) 式を (e) 式に代入して整理すると

$$dU = \left(\frac{\partial U}{\partial T}\right)_V \left(\frac{\partial T}{\partial P}\right)_V dP + \left[\left(\frac{\partial U}{\partial T}\right)_V \left(\frac{\partial T}{\partial V}\right)_P + \left(\frac{\partial U}{\partial V}\right)_T\right] dV \tag{f}$$

また，U を P,V の関数として微分すると

$$dU = \left(\frac{\partial U}{\partial P}\right)_V dP + \left(\frac{\partial U}{\partial V}\right)_P dV \tag{g}$$

(f) 式と (g) 式より

$$\left[\left(\frac{\partial U}{\partial T}\right)_V \left(\frac{\partial T}{\partial P}\right)_V - \left(\frac{\partial U}{\partial P}\right)_V\right] dP = \left[\left(\frac{\partial U}{\partial V}\right)_P - \left(\frac{\partial U}{\partial V}\right)_T - \left(\frac{\partial U}{\partial T}\right)_V \left(\frac{\partial T}{\partial V}\right)_P\right] dV$$

$dV = 0$ とおくと

$$\left(\frac{\partial U}{\partial P}\right)_V = \left(\frac{\partial U}{\partial T}\right)_V \left(\frac{\partial T}{\partial P}\right)_V \tag{h}$$

$C_V = (\partial U/\partial T)_V$ であるから，(d) 式より次の関係になる．

$$\left(\frac{\partial U}{\partial P}\right)_V = C_V \frac{\kappa}{\alpha} \tag{i}$$

4 所与の関係式より，$(\partial U/\partial V)_T = T\alpha/\kappa - P$ となる．これを例題 2 の (d) 式に代入する．

5 モル体積は

$V = (18.016 \times 10^{-3}\,\mathrm{kg\,mol^{-1}})/(0.99708 \times 10^3\,\mathrm{kg\,m^{-3}}) = 18.07 \times 10^{-6}\,\mathrm{m^3\,mol^{-1}}$

$C_P - C_V = \alpha^2 VT/\kappa$

$\quad = (2.57 \times 10^{-4}\,\mathrm{K^{-1}})^2 (18.07 \times 10^{-6}\,\mathrm{m^3\,mol^{-1}})(298.15\mathrm{K})/(4.524 \times 10^{-10}\,\mathrm{Pa^{-1}})$

$\quad = 0.786\,\mathrm{Pa\,m^3\,K^{-1}\,mol^{-1}} = 0.786\,\mathrm{J\,K^{-1}\,mol^{-1}}$

これは C_P の約 1％である．

6 断熱変化であるから $d'w = dU = C_V dT$，理想気体については $d'w = -PdV = -nRT dV/V$ であるので

$$C_V dT/T = -nR dV/V$$

となる．T_1 と T_2 のあいだ，相当する V_1 と V_2 の間で上の式を積分すると

$$C_V \ln \frac{T_2}{T_1} = -nR \ln \frac{V_2}{V_1} = nR \ln \frac{V_1}{V_2} \tag{a}$$

となる．$nR/C_V = (C_P - C_V)/C_V = \gamma - 1$ であるから

$$\frac{T_2}{T_1} = \left(\frac{V_1}{V_2}\right)^{\gamma - 1} \tag{b}$$

となる．V_1, V_2 に相当する圧力を P_1, P_2 とすると

$$T_2/T_1 = P_2 V_2 / P_1 V_1$$

であるから (b) 式は

$$P_1 V_1^\gamma = P_2 V_2^\gamma, \quad PV^\gamma = 一定$$

7 $100\,°\mathrm{C}$ で $C_V = 29.82$, $\gamma = 1.279$ である．アンモニアの体積は $V_1 = 30.6\,\mathrm{dm}^3$．(2.19) 式より
$$1 \times 30.6^{1.279} = 2 \times V_2^{1.279}, \quad V_2 = 17.8\,\mathrm{dm}^3$$
$T_2 = P_2 V_2 / R$ より
$$T_2 = 2 \times 17.8 / 0.08206 = 434\,\mathrm{K}$$

8 体積 V_1 から V_2 まで断熱可逆的に圧縮する際になされる仕事は，例題 3 の (b) 式より
$$w = 8.314 \times (434 - 373)/0.279 = 29.82 \times (434 - 373) = 1.82 \times 10^3\,\mathrm{J}$$

9 空気は断熱膨張・圧縮を行うだけで，その過程で水蒸気が凝縮して熱が放出される．海面上で $1\,\mathrm{mol}$ の空気に含まれる水蒸気は，$1\,\mathrm{mol}$ の空気中の体積が $22.4 \times (303/273)\,\mathrm{dm}^3$ であるから
$$\frac{303}{273} \times \frac{4.24 \times 10^3}{1.013 \times 10^5} \times 0.8 = 22.4 \times 3.72 \times 10^{-2}\,\mathrm{mol}$$
この空気が $10\,°\mathrm{C}$ に冷却される際に $1\,\mathrm{mol}$ の空気中に残る水蒸気の量は
$$\frac{283}{273} \times \frac{1.23 \times 10^3}{1.013 \times 10^5} = 22.4 \times 1.26 \times 10^{-2}\,\mathrm{mol}$$
したがって，$2.46 \times 10^{-2}\,\mathrm{mol}$ の水が凝縮する．その際，空気 $1\,\mathrm{mol}$ あたり $0.999\,\mathrm{kJ}$ の熱が放出される．空気の定圧モル熱容量は $3.5R = 29.1\,\mathrm{J\,K^{-1}\,mol^{-1}}$ であるから，空気の温度は $999/29.1 = 34\,°\mathrm{C}$ 上昇する．

10 $\mathrm{O}_2\,0.5\,\mathrm{mol}$ より $\mathrm{CO}\,1\,\mathrm{mol}$ が生成するので，$1\,\mathrm{mol}$ の CO の生成による体積変化の仕事は
$$P\Delta V = 22.4 \times (298/273) \times 0.5 = 12.22\,\mathrm{dm}^3\,\mathrm{atm} = 1.24\,\mathrm{kJ}$$
$$\Delta U^\ominus = 110.57 - 1.24 = 109.33\,\mathrm{kJ}$$

11 右図のサイクルで考える．
$$\Delta H_{\mathrm{f},673\mathrm{K}}^\ominus = \Delta H_1 + \Delta H_{298}^\ominus + \Delta H_2$$
$$= \int_{673}^{298} \left\{ \frac{3}{2}(27.3 + 3.26 \times 10^{-3}T + 0.50 \times 10^5 T^{-2}) \right.$$
$$\left. + \frac{1}{2}(28.6 + 3.76 \times 10^{-3}T + 0.50 \times 10^5 T^{-2}) \right\} dT$$
$$-46 \times 10^3 \int_{298}^{673} (29.7 + 25.1 \times 10^{-3}T - 1.55 \times 10^5 T^{-2}) dT$$
$$= -2.20 \times 10^4 - 4.61 \times 10^4 + 1.54 \times 10^4 = -52.7\,\mathrm{kJ\,mol^{-1}}$$

第 3 章

1.1 $e_{\max}$ は
(1) $(800 - 600)/800 = 0.25$ (2) $(700 - 500)/700 = 0.286$
(3) $(600 - 400)/600 = 0.333$ (4) $(800 - 400)/800 = 0.5$

(4) の効率は (1) の 2 倍．一般に高温熱源の温度が等しければ，最大仕事効率は温度差に比例する．

2.1 $w = -(q_1 + q_2)$ であるから，$e_c = q_2/w = -q_2/(q_1 + q_2)$ である．一方，(3.3) 式より

$$\frac{q_1}{T_1} + \frac{q_2}{T_2} = 0 \tag{b}$$

の関係があるので次式となる．

$$e_c = \frac{T_2}{T_1 - T_2} \tag{c}$$

2.2 等温可逆膨張で水蒸気が吸収する熱量は

$$q = 3 \times 673 R \ln 3 = 18.44\,\mathrm{kJ}$$

断熱膨張により到達する温度 T_2 は，$\gamma = 4/3$ であるから

$$T_2 = 673 \times (1/5)^{1/3} = 394\,\mathrm{K}$$

(3.3) 式より

$$-w = e_{\max} q = \frac{q(T_1 - T_2)}{T_1}$$

の関係があるので

$$-w = 18.44 \times (673 - 394)/673 = 7.64\,\mathrm{kJ}$$

例題 1 の (c) 式より

$$V_4 = (V_1/V_2) \times V_3 = 5V_1$$

2.3 アルゴンは単原子分子で $\gamma = 5/3$ であるから

$$T_2 = 673 \times (1/5)^{2/3} = 230\,\mathrm{K}$$

$$-w = 18.44 \times (673 - 230)/673 = 12.14\,\mathrm{kJ}$$

アルゴンを作業物質とした方が効率は 0.658 で，水蒸気の場合の 0.415 の約 1.6 倍である．アルゴンの方が仕事効率が高いのは，C_P が小さく，T_2 がより低くなるからである．

3.1 定圧熱容量を C_P で一定とすると，エントロピー変化は

$$\Delta S = C_P \ln(373/273) = 0.312\, C_P$$

である．したがって

ヘリウム：$\Delta S = 0.312 \times 2.5R = 6.4\,\mathrm{J\,K^{-1}}$

メタン：$\Delta S = 0.312 \times 4R = 10.38\,\mathrm{J\,K^{-1}}$

3.2 $\Delta S = 3.5R \ln(873/298) = 31.3\,\mathrm{J\,K^{-1}\,mol^{-1}}$．これと例題の結果との差は 4 % である．

3.3 融解と蒸発のモルエントロピー変化は，それぞれ

$$\Delta S_\mathrm{f} = 8393/143.4 = 58.5\,\mathrm{J\,K^{-1}\,mol^{-1}}$$

$$\Delta S_\mathrm{v} = 25800/309.2 = 83.4\,\mathrm{J\,K^{-1}\,mol^{-1}}$$

蒸発のエントロピー変化の方が 1.4 倍以上も大きい．一般に融解のエントロピー変化より蒸発のエントロピー変化の方がかなり大きくなる．これは，蒸気 (気体) のエントロピーが液体のそれよりも大きいためである．

4.1 $C_P = \alpha T^3$ より，$\alpha = 0.929/15^3 = 2.75 \times 10^{-4}\,\mathrm{J\,K^{-1}\,mol^{-1}}$ である．

$$S^\ominus(15\,\mathrm{K}) = \int \frac{C_P dT}{T} = \frac{\alpha 15^3}{3} = 0.310\,\mathrm{J\,K^{-1}\,mol^{-1}}$$

4.2 H 原子は $2L$ 個あるので，エネルギーを無視したときの可能な H 原子の配置の総数は，$2^{2L} = 4^L$．しかし，これらの配置には下図の 5 通りのすべてが含まれている．そのうち，エネ

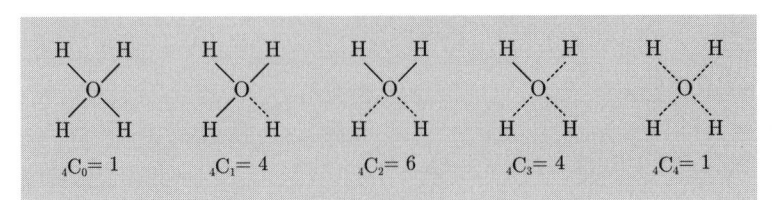

ルギー的に許されるのは中央の H_2O に相当するもので,その数は $_4C_2 = 6$ である.O 原子に 4 個の H 原子を − または ⋯ の結合で配置する配置の数は $2^4 = 16$ である.すなわち

$$\sum_{i=0}^{4} {}_4C_i = {}_4C_0 + {}_4C_1 + {}_4C_2 + {}_4C_3 + {}_4C_4 = 16$$

したがって,4^L 個の配置の中で,可能なものの数は $(6/16)^L$ 個である.これより

$$S = k\ln\left[2^{2L} \times \left(\frac{6}{16}\right)^L\right] = kL\ln\left(\frac{3}{2}\right) = 3.37\,\mathrm{J\,K^{-1}\,mol^{-1}}$$

なお,実測値は $3.4\,\mathrm{J\,K^{-1}\,mol^{-1}}$ である.

5.1 水は $10\,°\mathrm{C}$ から $36\,°\mathrm{C}$ に加熱されるので,水のエントロピー変化は

$$\Delta S_\text{水} = 4.18 \times 100 \times \ln(309/283) = 36.7\,\mathrm{J\,K^{-1}}$$

である.他方人体から水へ移動するエントロピーは,$36\,°\mathrm{C}$ で熱が流出するので

$$\Delta S_\text{人体} = 4.18 \times 100 \times (36 - 10)/309 = 35.2\,\mathrm{J\,K^{-1}}$$

このように,$\Delta S_\text{水} > \Delta S_\text{人体}$ で,人体 ($36\,°\mathrm{C}$) より水へ熱が移動する際に全体としてのエントロピーは増大している.発生するエントロピーは $1.5\,\mathrm{J\,K^{-1}}$ である.

演習問題

1 熱機関:$e_\text{max} = (723 - 313)/723 = 0.567,\ 56.7\,\%$

熱ポンプ(問題 2.2 の (c) 式より):$e_c = 313/(723 - 313) = 0.97,\ 97\,\%$

2 いずれの場合も熱ポンプとして作動している.高温熱源の温度を T_1,低温熱源の温度を T_2,低温熱源からの熱を q_2 とすると

$$w = q_2/e_c = q_2(T_1 - T_2)/T_2$$

である.夏の仕事(電力)w_S と冬の仕事 w_W およびその比は

$$w_S = q_2 \times 10/298,\quad w_W = q_2 \times 20/273 \quad \text{より} \quad w_W/w_S = 2 \times 298/273 = 2.18$$

なお,電熱器で,q_2 の熱を発生させる場合に比べて,冬場での電力消費は

$$w_W/q_2 = 20/273 = 1/13.7$$

と $1/13.7$ 倍ですむ.

3 カルノーサイクルの 4 段階の変化の際のエントロピー変化と温度変化は次の (a)〜(d) の通りである.

 (a) 定温膨張:$\Delta S_1 = nR\ln V_2/V_1$.$T = T_1$ で一定.
 (b) 断熱膨張:$q = 0$ より $\Delta S_2 = 0$.T_1 より T_2 まで低下.
 (c) 定温圧縮:$\Delta S_3 = nR\ln V_4/V_3$.$T = T_2$ で一定.
 (d) 断熱圧縮:$q = 0$ より $\Delta S_4 = 0$.T_2 より T_1 まで上昇.

$V_2/V_3 = V_1/V_4$.$V_2/V_1 = V_3/V_4$ の関係があるので,$\Delta S_3 = -\Delta S_1$.したがって,$T - S$ 平面

では可逆カルノーサイクルは図 (b) のような長方形になる.

仕事効率を計算するために,上の (a) と (c) の過程で系に入る熱量 q_1 と q_2 を計算する.仕事は $w + q_1 + q_2 = 0$ より計算される.準静的な変化であるから

(1) $q_1 = T_1 \Delta S_1 = T_1(S_2 - S_1)$ は図の直線 $1 \to 2$ の下の面積に等しい.
(2) $q_2 = T_2 \Delta S_2 = T_2(S_2 - S_1)$ は図の直線 $3 \to 4$ の下の面積に等しい (符号はマイナス).

したがって,仕事効率は

$$e = \frac{-w}{q_1} = \frac{q_1 + q_2}{q_1} = \frac{\square\, 1234}{\blacksquare\, 122'1'}$$

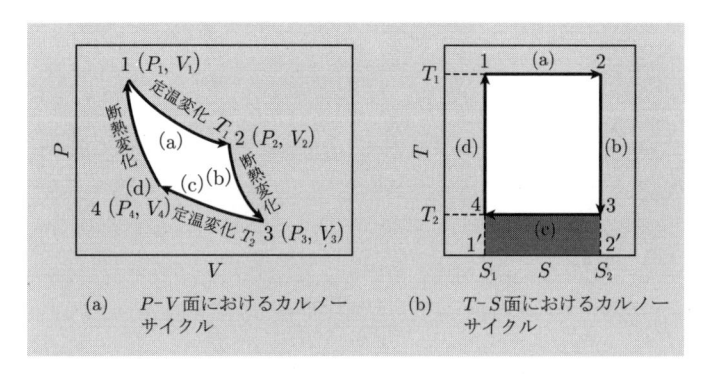

(a) P-V 面におけるカルノーサイクル

(b) T-S 面におけるカルノーサイクル

4 前問の結果から,$\Delta S_3 = -\Delta S_1$ であるから

$$-w = q_1 + q_2 = T_1 \Delta S_1 + T_2 \Delta S_3 = \Delta S_1 (T_1 - T_2) = nR(T_1 - T_2)\ln(V_2/V_1) \quad \text{(a)}$$

5 断熱膨張で体積が 2 倍から 8 倍に膨張したときの温度 T_2 を求めれば,演習問題 4 の (a) 式から w が計算できる.$C_V = 24.94\,\mathrm{J\,K^{-1}\,mol^{-1}}$ であるから,$\gamma = 1.333$ である.したがって,(2.18) 式より

$$T_2 = 400 \times (2/8)^{0.33} = 252\,\mathrm{K}$$

となる.これより

$$-w = 8.314 \times (400 - 252)\ln(2/1) = 853\,\mathrm{J}$$

高温熱源から吸収される熱量は,(2.4) 式から

$$q = 8.314 \times 400 \times \ln(2/1)$$

である.したがって,仕事効率は

$$e = -w/q = (400 - 252)/400 = 0.370$$

T_2 で等温可逆的に圧縮したときの体積を V_4 とすると,例題 1 の (c) 式より

$$V_4 = (V_1/V_2) \times V_3 = 4V_1, \quad x = 4.$$

6 両者の等価性は,一方が否定されれば他方も否定される,対偶の関係を示せばよい.まず,トムソンの原理が成立しなければ,クラウジウスの原理も成立しないことを示す.トムソンの原理の否定は,図 (a) の形の熱機関が可能であることを意味している.この場合,この仕事を用いて第 2 の熱機関を熱ポンプとして働かせ,低温熱源から高温熱源への熱を汲み上げることができる〔図 (b)〕.したがって,仕事を熱に変えることなしに低温熱源から高温熱源へ移動すること

ができる．これはクラウジウスの原理に反している．次に，クラウジウスの原理に反して熱を仕事に変えることなしに低温熱源から高温熱源へ汲み上げられたとする．その場合は，汲み上げただけの熱を用いて別の熱機関を作動させれば，結局，図 (c) のように，低温熱源から $q - q'$ の熱を取り込んで仕事に変える熱機関が可能となる．これはトムソンの原理の否定である．

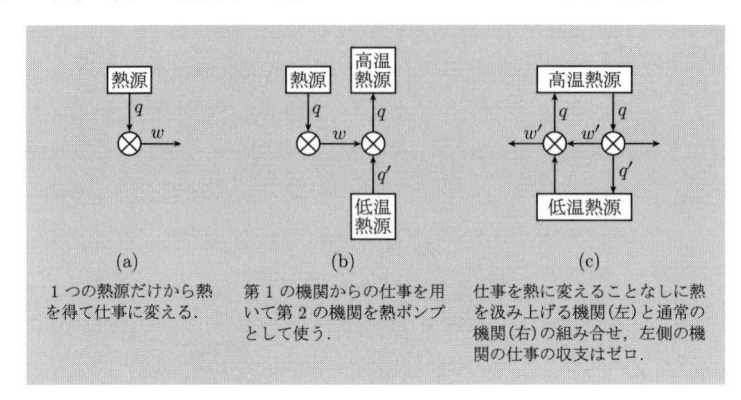

(a) 1 つの熱源だけから熱を得て仕事に変える．
(b) 第 1 の機関からの仕事を用いて第 2 の機関を熱ポンプとして使う．
(c) 仕事を熱に変えることなしに熱を汲み上げる機関 (左) と通常の機関 (右) の組み合せ，左側の機関の仕事の収支はゼロ．

7 マクスウェルの関係式より，温度一定の条件では
$$dS = \left(\frac{\partial P}{\partial T}\right)_V dV \tag{a}$$
である．ファン・デル・ワールスの状態式より
$$P = \frac{nRT}{V-nb} - \frac{an^2}{V^2}, \quad \left(\frac{\partial P}{\partial T}\right)_V = \frac{nR}{V-nb} \tag{b}$$
となる．後の式を (a) 式に代入すると
$$\Delta S = \int_{V_1}^{V_2} \left(\frac{nR}{V-nb}\right) dV = nR \ln\left(\frac{V_2 - nb}{V_1 - nb}\right) \tag{c}$$
これより
$$\Delta S = 2R \ln\left(\frac{50 - 2 \times 0.0305}{5 - 2 \times 0.0305}\right) = 38.47 \, \text{J K}^{-1}$$
理想気体とすると
$$\Delta S = 2R \ln \frac{50}{5} = 38.28 \, \text{J K}^{-1}$$
で，誤差は 2 % である．

8 5 mol の酸素の体積は 1.5 倍に，3 mol の水素および 1 mol の窒素は体積が 3 倍になる．したがって
$$\Delta S = 5R \ln 1.5 + (3+1)R \ln 3 = 53.4 \, \text{J K}^{-1}$$

9 黒鉛の定圧モル熱容量 ($\text{J K}^{-1} \text{mol}^{-1}$) は表 2.4 より
$$C_P = 16.9 + 4.77 \times 10^{-3}(T/\text{K}) - 8.53 \times 10^5 (T/\text{K})^{-2}$$
であるから，1 mol の黒鉛を 300 K から 1000 K まで加熱するときの黒鉛のエントロピー変化は次のようになる．

$$\Delta S = \int_{300}^{1000} \frac{C_P}{T} dT$$
$$= 16.9 \int_{300}^{1000} \frac{dT}{T} + 4.77 \times 10^{-3} \int_{300}^{1000} dT - 8.54 \times 10^5 \int_{300}^{1000} T^{-3} dT$$
$$= 16.9[\ln(1000/300)] + 4.77 \times 10^{-3}(1000 - 300)$$
$$+ 0.5 \times 8.54 \times 10^5 [(1000)^{-2} - (300)^{-2}]$$
$$= 19.37 \, \mathrm{J\,K^{-1}\,mol^{-1}}$$

10 表 2.4 より $C_P = 44.2 + 8.79 \times 10^{-3} T - 8.62 \times 10^5 T^{-2}$ である．CO_2 の体積を定圧下で 2 倍にするためには，$V = nRT/P$ の式より，$T = 2 \times 298 = 596\,\mathrm{K}$ としなければならない．その際に CO_2 が吸収する熱量は

$$q = \int_{298}^{596} (44.2 + 8.79 \times 10^{-3} T - 8.62 \times 10^5 T^{-2}) dT$$
$$= 44.2 \times 298 + \frac{8.79 \times 10^{-3}}{2}(596^2 - 298^2) + 8.62 \times 10^5(596^{-1} - 298^{-1})$$
$$= 1.29 \times 10^4 \,\mathrm{J}$$

定圧変化であるから $q = \Delta H$．外界にする仕事は，$P = $ 一定，であり，$\Delta V = V_2 - V_1 = 2V_1 - V_1 = V_1$ であるから

$$w = P\Delta V = 1 \times 22.4 \times \frac{298}{273} = 24.45 \,\mathrm{dm^3\,atm} = 2.48 \times 10^3 \,\mathrm{J}$$

エントロピー変化は

$$\Delta S = \int_{T_1}^{T_2} \frac{C_P}{T} dT = 44.2 \ln \frac{596}{298} + 8.79 \times 10^{-3} \times 298 + \frac{8.62 \times 10^{-5}}{2}(596^{-2} - 298^{-2})$$
$$= 29.6 \,\mathrm{J\,K^{-1}}$$

11 細胞の数が粒子数に比して十分に大きいとすると

$$V_1/v = M_1, \quad V_2/v = M_2, \quad \text{で}, \quad M_1, M_2 \gg N$$

である．したがって

$$M(M-1)(M-2)\cdots(M-N+1) \fallingdotseq M^N$$

とおけるので

$$_{M_1}C_N \fallingdotseq M_1{}^N/N!, \quad _{M_2}C_N \fallingdotseq M_2{}^N/N!$$

両者の比は $(M_2/M_1)^N = (V_2/V_1)$ となる．これより直ちに (3.21) 式が導かれる．

12 混合前の配置の数は

$$W_0 = {}_{N_1}C_{N_1} \times {}_{N_2}C_{N_2} = 1$$

混合後の配置の数は，原子 A 同士および原子 B 同士は互いに区別できないので

$$W = \frac{(N_1 + N_2)!}{N_1! N_2!}$$

である．ゆえに混合によるエントロピー変化は

$$\Delta S = k \ln W - k \ln W_0 = k \ln \frac{(N_1 + N_2)!}{N_1! N_2!}$$

スターリングの近似式 $\ln N! = N \ln N - N$ を用いると，上式は

$$\Delta S = k\{(N_1 + N_2)\ln(N_1 + N_2)$$
$$- (N_1 + N_2) - (N_1 \ln N_1 - N_1 + N_2 \ln N_2 - N_2)\}$$
$$= k\left\{N_1 \ln \frac{N_1 + N_2}{N_1} + N_2 \ln \frac{N_1 + N_2}{N_1}\right\}$$

となる．AとBの物質量を n_1, n_2 mol，モル分率を (x_1, x_2) とすると，$N_1 = n_1 L, N_2 = n_2 L$ であるから

$$\Delta S = -kL\{n_1 \ln x_1 + n_2 \ln x_2\} = -R\sum_{i=1}^{2} n_i \ln x_i$$

となる．これは理想気体の混合の際のエントロピー変化 (3.19) 式と同じである．

13 ベンゼンの生成反応は
$$3H_2(g) + 6C(黒鉛) = C_6H_6(\ell)$$
である．標準モル生成エントロピーは，表3.1 より
$$\Delta S^{\ominus} = S^{\ominus}(C_6H_6(\ell)) - [3S^{\ominus}(H_2(g)) + 6S^{\ominus}(C)] = -253.1\,\mathrm{J\,K^{-1}\,mol^{-1}}$$
$\Delta S^{\ominus}$ が負で大きな値になるのは，気体の水素が化合物に取り込まれて液体 (ベンゼン) となる効果が大きいからである．このことは，$H_2(g)$ の標準モルエントロピーが $130.6\,\mathrm{J\,K^{-1}\,mol^{-1}}$ で，黒鉛に比べて大きいことからもわかる．

14 (1) $\Delta S^{\ominus} = 2S^{\ominus}(HCl) - S^{\ominus}(H_2) - S^{\ominus}(Cl_2) = 15.8\,\mathrm{J\,K^{-1}\,mol^{-1}}$
(2) $\Delta S^{\ominus} = 2S^{\ominus}(H_2O(g)) + 3S^{\ominus}(S) - S^{\ominus}(SO_2) - 2S^{\ominus}(H_2S) = -186.6\,\mathrm{J\,K^{-1}\,mol^{-1}}$
(3) $\Delta S^{\ominus} = 6S^{\ominus}(CO_2) + 3S^{\ominus}(H_2O(\ell)) - S^{\ominus}(C_6H_6(\ell)) - \dfrac{15}{2}S^{\ominus}(O_2)$
$= -218.9\,\mathrm{J\,K^{-1}\,mol^{-1}}$

15 蒸発の際に蒸気が外界に対してする仕事は $w = -\displaystyle\int P_e dV = -P_e \Delta V$ ($P_e = $ 一定) である．$q = \Delta U - w = \Delta U + P_e \Delta V$ である．一方，$\Delta H = \Delta(U + PV) = \Delta U + P_e \Delta V$ である．ゆえに，$q = \Delta H$．H は状態量であるから，ΔH すなわち q は初めと終わりだけで定まる．

16 この場合，$q_r = q_{ir} = \Delta H$ であるが，不可逆変化では外部温度 T_e は系の温度 T よりも高く，$T_e > T$ だから不等式は成立する．$dS = d'q/T$ は $d'q$ の熱が流入することによる系のエントロピー変化である．

17 第1法則と第2法則を合わせると，準静的な変化については
$$dU = d'w + d'q, \quad d'w = -PdV, \quad d'q = TdS, \quad dU = TdS - PdV$$
となるので
$$dS = \frac{dU}{T} + \frac{P}{T}dV$$
となる．理想気体では $dU = C_V dT, P/T = R/V$ であるから
$$dS = C_V \frac{dT}{T} + R\frac{dV}{V} \tag{a}$$
となる．理想気体では C_V は一定であるから (a) 式を T_0 から T まで，対応して V_0 から V まで積分すると
$$S - S_0 = C_V(\ln T - \ln T_0) + R(\ln V - \ln V_0)$$

第 4 章

1.1 $dU = TdS - PdV$ より

$$\left(\frac{\partial U}{\partial V}\right)_T = T\left(\frac{\partial S}{\partial V}\right)_T - P = T\left(\frac{\partial P}{\partial T}\right)_V - P = 0$$

となる．ここで，マクスウェルの関係式 (4.14) が用いてある．したがって

$$P = T\left(\frac{\partial P}{\partial T}\right)_V, \quad \left(\frac{\partial P}{\partial T}\right)_V = \frac{P}{T}$$

となる．これは，定積の条件で P は T に比例することを示している．比例定数を c とすると $P = cT$ と書けるから，c は体積 V だけの関数である．他方，ボイルの法則より

$$P = c'/V$$

ここで，c' は温度 T だけの関数である．$P = cT$ と $P = c'/V$ より

$$P = c''T/V$$

となる．V は物質量 n に比例するので，n mol あたりの気体について $c'' = nR$ とおくと，上式は

$$P = nRT/V$$

となる．

1.2 (1) ファン・デル・ワールスの式を

$$P = \frac{RT}{V-b} - \frac{a}{V^2} \tag{a}$$

と書き改めて例題 1 の (a) 式に代入すると次のようになる．

$$\left(\frac{\partial U}{\partial V}\right)_T = T\left(\frac{\partial P}{\partial T}\right)_V - P = T\left(\frac{R}{V-b}\right) - P = \frac{RT}{V-b} - \left(\frac{RT}{V-b} - \frac{a}{V^2}\right) = \frac{a}{V^2} \tag{b}$$

(2) ファン・デル・ワールスの式を次のように近似する．

$$V = \frac{RT}{P} + b - \frac{a}{RT} \tag{c}$$

この近似式を例題 1 の (b) 式に代入すると次のようになる．

$$\left(\frac{\partial H}{\partial P}\right)_T = -T\left(\frac{\partial V}{\partial T}\right)_P + V = -T\left(\frac{R}{P} + \frac{a}{RT^2}\right) + \frac{RT}{P} + b - \frac{a}{RT}$$
$$= b - \frac{2a}{RT} \tag{d}$$

(b) 式はファン・デル・ワールス気体と理想気体の差を端的に表している．すなわち，理想気体では $(\partial U/\partial V)_T = 0$ であるが，ファン・デル・ワールス気体では $a/V^2 > 0$ で，分子間引力の効果により内部エネルギーは体積の増大とともに増大することを意味している．これは，体積の膨張が分子間引力に抗してなされるからである．この効果は V が小さいほど顕著である．

理想気体では $(\partial H/\partial P)_T = 0$ であるが，(d) 式よりファン・デル・ワールス気体では十分に高温のときには $(\partial H/\partial P)_T \simeq b$ となり，圧力の増大とともにエンタルピーが増大することを示している．これは高温では排除体積による斥力の効果が優勢となるため，低温では分子間引力による $-2a/RT$ の寄与が大きくなる．

2.1 272.7K では液体ブタンは 1 atm の蒸気と平衡であるから，1 atm では $\Delta G = 0.100$ Pa

の蒸気とする際の ΔG は
$$\Delta G = RT \ln 100/1.013 \times 10^5 = -15.7\,\mathrm{kJ}$$

3.1 Δh_f を一定として (4.23) 式を書き直して積分すると
$$\ln \frac{T_2}{T_1} = \left(\frac{\Delta v}{\Delta h_\mathrm{f}}\right)(P_2 - P_1)$$

氷にかかる圧力：$60\,\mathrm{kg\,cm^{-2}} \times g = 588 \times 10^4\,\mathrm{kg\,cm^{-1}\,s^{-2}} = 5.88 \times 10^6\,\mathrm{Pa}$

融解の体積変化：$\Delta v = 18.02 \times 10^{-3}\,(1/0.9998 \times 10^3 - 1/0.917 \times 10^3)$
$$= -1.627 \times 10^{-6}\,\mathrm{m^3\,mol^{-1}}$$

である．したがって，上の式に数値を代入すると，圧力下での融点を T として
$$\ln(T/273.15) = -(1.627 \times 10^{-6}/6009.5) \times (5.88 \times 10^6 - 1.0 \times 10^5)$$
$$= -1.565 \times 10^{-3}$$
$$T = 273.15 \times \exp(-1.565 \times 10^{-3}) = 272.72\,\mathrm{K} = -0.43\,^\circ\mathrm{C}$$

3.2 $\ln(2/1) = -40000/R\,(1/T - 1/373)$ より
$$1/T = -1.441 \times 10^{-4} + 1/373 \times 10^{-3}, \quad T = 394\,\mathrm{K} = 121\,^\circ\mathrm{C}$$

3.3 $\ln x = 2.303 \log x$ であるから
$$\ln P = 2.303 \times 20.075 - 6.203 \ln T - 2.303 \times 2610/T$$

(4.24) 式より $\dfrac{dP}{P} = d\ln P = \dfrac{\Delta h_\mathrm{v}}{RT^2}dT,\quad \dfrac{d\ln P}{dT} = \dfrac{\Delta h_\mathrm{v}}{RT^2}$. これより
$$-\frac{6.203}{T} + \frac{6010.8}{T^2} = \frac{\Delta h_\mathrm{v}}{RT^2}$$
$$\Delta h_\mathrm{v} = -6.203RT + 6010.8R$$
$$\Delta s_\mathrm{v} = \Delta h_\mathrm{v}/T = -6.203R + 6010.8R/T = -51.57 + 4.997 \times 10^4/T$$

4.1 空気の分圧は変わらないので，存在は無視できる．蒸発した水の物質量は $50\,\mathrm{mol}$ であるから，最終的な水蒸気圧は
$$P = 23.8 \times 0.2 + [50 \times 0.0224 \times (298/273)/100] \times 760 = 14.05\,\mathrm{Torr}$$
となる〔第 1 章・例題 1 参照〕．体積一定の条件であるから
$$\Delta A = nRT \ln \frac{P}{P^e} = 50 \times 8.314 \times 298 \times \ln \frac{14.05}{23.8} = -65.3\,\mathrm{kJ}$$
$$\Delta U = 44.5 \times 50 = 2225\,\mathrm{kJ}$$
$$\Delta S = -\left(\frac{\partial A}{\partial T}\right)_V = -nR \ln \frac{P}{P^e} = 219\,\mathrm{J\,K^{-1}}$$

4.2 転移熱一般について次の関係が成立する．
$$\ln P = -\frac{\Delta h_\mathrm{tr}}{RT} + C \quad (C \text{ は定数}) \tag{a}$$

(1) 昇華について
$$\ln \frac{20}{10} = -\frac{\Delta H_\mathrm{s}}{R}\left(\frac{1}{268.2} - \frac{1}{257.3}\right) = \frac{\Delta H_\mathrm{s}}{R} \times 1.580 \times 10^{-4}$$
$$\Delta H_\mathrm{s} = 3.648 \times 10^4\,\mathrm{J\,mol^{-1}}$$
$$C = \ln 20 + 3.648 \times 10^4/(8.314 \times 268.2) = 19.36$$

$$\ln P/\text{Torr} = -\frac{4.39 \times 10^3}{T/K} + 19.36 \tag{b}$$

(2) 液体の蒸発について
$$\Delta H_v = 3.327 \times 10^4 \, \text{J mol}^{-1}, \quad C = 17.99$$
$$\ln P/\text{Torr} = -\frac{4.00 \times 10^3}{T/K} + 17.99 \tag{c}$$

(3) モル昇華熱 = モル蒸発熱 + モル融解熱　の関係が近似的に成立するので
$$\Delta h_f = \Delta h_s - \Delta h_v = 3.21 \times 10^3 \, \text{J mol}^{-1}$$

(4) 標準沸点は (c) 式において $P = 760 \, \text{Torr}$ とおいて
$$\ln 760 - 17.99 = -4.00 \times 10^3/T_b \text{ より } T_b = 352 \, \text{K} \, (79°\text{C})$$

(5) 3 重点では $P(\text{固体}) = P(\text{液体}) = P_{\text{trip}}$ となる．この温度を T_{trip} とすると，(b) 式と (c) 式より
$$-4.39 \times 10^3 + 19.36 T_{\text{trip}} = -4.00 \times 10^3 + 17.99 T_{\text{trip}}$$
$$T_{\text{trip}} = 285 \, \text{K} \, (12°\text{C}), \quad P_{\text{trip}} = 52.3 \, \text{Torr}$$

5.1 OA は蒸気圧曲線，OB は昇華圧曲線で，下図のようになる．$v^{(\ell)} > v^{(s)}$ でその差は小さいので，(4.23) 式より，固体–液体平衡曲線は垂直に近くて左下がり (右上がり) である．

5.2 絶対温度で表したスズの融点は
$$T/K = 505.0 + 0.0033 \, (P - 1)$$
であるから，1 atm におけるスズの融点は 505.0 K である．上式より
$$dT/dP = 0.0033 \, \text{K atm}^{-1}$$
である．dT/dP の単位が K atm^{-1} であるので，スズの融解熱を $\text{dm}^3 \, \text{atm} \, \text{g}^{-1}$ 単位に換算すると，$\Delta h_f = 0.5802 \, \text{dm}^3 \, \text{atm} \, \text{g}^{-1}$ となる．したがって
$$\frac{dT}{dP} = \frac{T \Delta v}{\Delta h_f}, \quad 0.0033 = \frac{505.0}{0.5802} \Delta v$$
$$\Delta v = v^{(\ell)} - v^{(s)} = 3.79 \times 10^{-6} \, \text{dm}^3 = 3.79 \times 10^{-3} \, \text{cm}^3$$
$$v^{(s)} = 0.1393 \, \text{cm}^3 \, \text{g}^{-1}, \quad \rho = 7.18 \, \text{g cm}^{-3}$$

演習問題

1 問題 1.2 解答の (a) 式を P に関して微分すると
$$\left(\frac{\partial P}{\partial V}\right)_T = \frac{-nRT}{(V-nb)^2} + \frac{2an^2}{V^3} \tag{a}$$
となる．これを $dG = V dP$ に代入して積分すると
$$dG = V dP = V \left\{ \frac{-nRT}{(V-nb)^2} + \frac{2an^2}{V^3} \right\} dV$$
$$\Delta G = \int_{V_1}^{V_2} \left\{ \frac{-nRTV}{(V-nb)^2} + \frac{2an^2}{V^2} \right\} dV$$

$$= -nRT \ln\left(\frac{V_2 - nb}{V_1 - nb}\right) + n^2 bRT \left(\frac{1}{V_2 - nb} - \frac{1}{V_1 - nb}\right) - 2an^2 \left(\frac{1}{V_2} - \frac{1}{V_1}\right) \quad \text{(b)}$$

2 前問 (b) 式に数値を代入して，$RT = 8.314 \times 298 = 2478 \, \text{J}$ として計算すると

$$\Delta G = -RT \ln\left[(1 - 0.0427)/(50 - 0.0427)\right]$$
$$+ 0.0427 \times RT \left[1/(1 - 0.0427) - 1/(50 - 0.0427)\right]$$
$$- 2 \times 3.59 \left[1/(1 - 0.0427) - 1/(50 - 0.0427)\right] \times 101.3$$
$$= 9798 + 108 + 7 = 9.91 \, \text{kJ}$$

となる．最後の項の係数 101.3 は a の単位が $\text{atm} \, \text{dm}^6 \, \text{mol}^{-2}$ のため，$\text{dm}^3 \, \text{atm}$ から J への変換の係数である．理想気体とすると

$$\Delta G = -RT \ln(1/50) = 9.69 \, \text{kJ}$$

誤差は $2.2\,\%$．

3 $PV = nRT$ であるから，$(\partial P/\partial T)_V = nR/V = P/T$, $(\partial V/\partial T)_P = nR/P = V/T$ である．これらを各々例題 1 の (a), (b) 式に代入する．

4 定義により

$$dS = d'q_{\mathrm{r}}/T$$

定圧では $d'q_{\mathrm{r}} = dH = C_P dT$ であるから

$$(\partial S/\partial T)_P = C_P/T$$

同様にして，定積では $d'q_{\mathrm{r}} = C_V dT$ であるから

$$(\partial S/\partial T)_V = C_V/T$$

5 $dU = TdS - PdV$ より

$$T = (\partial U/\partial S)_V, \quad P = -(\partial U/\partial V)_S$$

である．これより

$$\left(\frac{\partial T}{\partial V}\right)_S = \left[\frac{\partial}{\partial V}\left(\frac{\partial U}{\partial S}\right)_V\right]_S = \left[\frac{\partial}{\partial S}\left(\frac{\partial U}{\partial V}\right)_S\right]_V = -\left(\frac{\partial P}{\partial S}\right)_V$$

6 (1) $C_V = \left(\dfrac{\partial U}{\partial T}\right)_V$, $C_P = \left(\dfrac{\partial H}{\partial T}\right)_P = \left(\dfrac{\partial U}{\partial T}\right)_P + P\left(\dfrac{\partial V}{\partial T}\right)_P$ より

$$C_P - C_V = \left(\frac{\partial U}{\partial T}\right)_P + P\left(\frac{\partial V}{\partial T}\right)_P - \left(\frac{\partial U}{\partial T}\right)_V \quad \text{(a)}$$

となる．$\left(\dfrac{\partial U}{\partial T}\right)_V$ と $\left(\dfrac{\partial U}{\partial T}\right)_P$ の関係を得るために，(T, V) を独立変数として U の全微分をとると

$$dU = \left(\frac{\partial U}{\partial T}\right)_V dT + \left(\frac{\partial U}{\partial V}\right)_T dV \quad \text{(b)}$$

(b) 式の両辺を $P =$ 一定，の条件で dT で割ると目的の関係が得られる．

$$\left(\frac{\partial U}{\partial T}\right)_P = \left(\frac{\partial U}{\partial T}\right)_V + \left(\frac{\partial U}{\partial V}\right)_T \left(\frac{\partial V}{\partial T}\right)_P \quad \text{(c)}$$

(c) 式を (a) 式に代入すると

$$C_P - C_V = \left\{\left(\frac{\partial U}{\partial V}\right)_T + P\right\}\left(\frac{\partial V}{\partial T}\right)_P \tag{d}$$

$(\partial U/\partial V)_T$ は分子間引力などの凝集力に起因する内部圧力で，液体や固体では非常に大きな値（数千気圧）になる．

(2) (d) 式に例題 1 の (a) 式を代入すると

$$C_P - C_V = T\left(\frac{\partial P}{\partial T}\right)_V \left(\frac{\partial V}{\partial T}\right)_P \tag{e}$$

となる．一方

$$dP = \left(\frac{\partial P}{\partial T}\right)_V dT + \left(\frac{\partial P}{\partial V}\right)_T dV$$

の両辺を $P = $ 一定，$(dP = 0)$，の条件で dT で割ると

$$\left(\frac{\partial P}{\partial T}\right)_V = -\left(\frac{\partial P}{\partial V}\right)_T \left(\frac{\partial V}{\partial T}\right)_P$$

となるので，(e) 式は次のようになる．

$$C_P - C_V = -T\left(\frac{\partial V}{\partial T}\right)_P^2 \left(\frac{\partial P}{\partial V}\right)_T = -T\left(\frac{\partial V}{\partial T}\right)_P^2 \bigg/ \left(\frac{\partial V}{\partial P}\right)_T = TV\alpha^2/\kappa$$

7 これは，定圧の代わりに定積の条件であるが，実質的にはギブズ-ヘルムホルツの式である．定積の条件では

$$dA = -SdT - PdV \quad \text{より} \quad S = -(\partial A/\partial T)_V$$

したがって $A = U - TS = U + T(\partial A/\partial T)_V$ より次のようになる．

$$U = A - T(\partial A/\partial T)_V = -T^2[\partial(A/T)/\partial T]_V$$

8 尿素 (s) $\Leftrightarrow$ 尿素 (ℓ) は 405.85 K で平衡であるから，$\Delta G = 0$．融解のエンタルピー変化は

$$\Delta h_\text{f} = \Delta g + T\Delta s = T\Delta s = 405.75 \times 37.0 = 15.02 \text{ kJ mol}^{-1}$$

である．Δg の温度依存性は (4.20) 式で計算される．結晶化のエンタルピー変化は融解熱と符号が逆であるから，$\Delta H_\text{c} = -\Delta H_\text{f}$．したがって

$$\int_{T_1}^{T_2}\left[\frac{\partial}{\partial T}\left(\frac{\Delta G}{T}\right)\right]_P dT = -\int_{T_1}^{T_2}\frac{\Delta H}{T^2}dT = -\Delta H\left(\frac{1}{T_2} - \frac{1}{T_1}\right) \quad (\Delta H \text{ は一定とする})$$

$$\frac{\Delta G(T_2)}{T_2} = \frac{\Delta G(T_1)}{T_1} + \Delta H\left(\frac{1}{T_2} - \frac{1}{T_1}\right) = \Delta H\left(\frac{1}{T_2} - \frac{1}{T_1}\right)$$

$$= -15.02 \times 10^3 \left(\frac{1}{395.0} - \frac{1}{405.82}\right) = -1.02 \text{ J}$$

$\Delta g\,(395\,\text{K}) = -1.02 \times 395 = -402 \text{ J mol}^{-1}$

9 Δh_v が温度によらないとし，水蒸気について理想気体近似が用いられるとすると，(4.25) 式が用いられて

$$\ln\frac{0.330}{1.013} = -\frac{40660}{8.314}\left(\frac{1}{T_2} - \frac{1}{373}\right), \quad \frac{1}{T_2} = 1.12 \times \frac{8.314}{40660} + \frac{1}{373}$$

ゆえに，$T_2 = 343.6$ K (70°C)

10 図中のエタノールに関する $\log P \sim 1/T$ 曲線（直線となる）上の 2 点の座標を読みとる．

例えば

$$1/T_1 = 2.8 \times 10^{-3}\,\mathrm{K}^{-1} \quad \text{に対して} \quad \log P_1 = 0.025$$
$$1/T_2 = 3.6 \times 10^{-3}\,\mathrm{K}^{-1} \quad \text{に対して} \quad \log P_2 = -1.65$$

となる．(4.25) 式からわかるように，$\log P \sim 1/T$ の勾配は ΔH_v に比例するから勾配の大きいエタノールの方が ΔH_v が大きい．

$$\Delta H_\mathrm{v} = \frac{2.303R\,(\log P_2 - \log P_1)}{-\left(\dfrac{1}{T_2} - \dfrac{1}{T_1}\right)} = \frac{2.303 \times 8.314 \times (-1.65 - 0.025)}{-(3.6 \times 10^{-3} - 2.8 \times 10^{-3})} = 40.1\,\mathrm{kJ\,mol^{-1}}$$

11 (1) 水銀蒸気について理想気体近似を用いると，(4.25) 式より

$$\ln\left(\frac{4.013}{0.052}\right) = -\frac{\Delta H_\mathrm{v}}{R}\left(\frac{1}{433} - \frac{1}{343}\right), \quad \Delta H_\mathrm{v} = 3.65 \times 10^4\,\mathrm{J\,mol^{-1}}$$

(2) 蒸気圧を P とすると，70°C における値を用いて

$$\ln\left(\frac{P}{0.052}\right) = -\frac{3.65 \times 10^4}{R}\left(\frac{1}{234.1} - \frac{1}{343}\right), \quad \ln\left(\frac{P}{0.052}\right) = -4.25$$
$$P = 0.052\exp(-4.25) = 7.4 \times 10^{-4}\,\mathrm{Torr}$$

12 黒鉛 → ダイヤモンドの標準転移モルエンタルピー $\Delta h_\mathrm{tr}^{\ominus}$ は，燃焼熱の差として直ちに求められる．

$$\Delta h_\mathrm{tr}^{\ominus} = -393.51 - (-395.41) = 1.90\,\mathrm{kJ\,mol^{-1}} \quad (\text{吸熱})$$

である．この転移にともなう標準モルエントロピー変化 $\Delta s_\mathrm{tr}^{\ominus}$ は

$$\Delta s_\mathrm{tr}^{\ominus} = 2.38 - 5.74 = -3.36\,\mathrm{JK^{-1}\,mol^{-1}}$$

である．ゆえに

$$\Delta g_\mathrm{tr}^{\ominus} = \Delta h_\mathrm{tr}^{\ominus} - T\Delta s_\mathrm{tr}^{\ominus} = 1.90 \times 10^3 + 298 \times 3.36 = 2.90\,\mathrm{kJ\,mol^{-1}}$$

13 温度一定の条件では，Δv を転移にともなうモル体積比として，(4.13) 式より

$$(\partial \Delta g/\partial P)_T = \Delta v$$

である．Δv が圧力によらないとすると，Δv を一定として上式を積分して

$$\Delta g(P_2) - \Delta g(P_1) = \Delta v(P_2 - P_1)$$

となる．黒鉛 → ダイヤモンドの転移では

$$\Delta v = \frac{12}{3.513} - \frac{12}{2.260} = -1.894\,\mathrm{cm^3\,mol^{-1}} = -1.894 \times 10^{-6}\,\mathrm{m^3\,mol^{-1}}$$

である．圧力 P_2 において黒鉛とダイヤモンドが平衡になり $\Delta g = 0$ となったとすると，1 atm において $\Delta g_\mathrm{tr}^{\ominus} = 2.90\,\mathrm{kJ\,mol^{-1}}$ であるから，1 atm = $1.013 \times 10^5\,\mathrm{Pa\,(J\,m^3)}$ であることを考慮して

$$0 - 2.90 \times 10^3 = -1.864 \times 10^{-6}\,(P_2 - 1) \times 1.013 \times 10^5$$

となる．したがって $\quad P_2 = 1.51 \times 10^4\,\mathrm{atm}$

14 融解にともなうモルあたりの体積変化は

$$\Delta v_\mathrm{f} = 1/0.9998 - 1/0.9168 = -9.055 \times 10^{-2}\,\mathrm{cm^3\,g^{-1}} = -9.055 \times 10^{-5}\,\mathrm{dm^3\,g^{-1}}$$

である．融解熱は $6010/18.02 = 333.5\,\mathrm{J\,g^{-1}}$ である．$1\,\mathrm{J} = 101.3\,\mathrm{dm^3\,atm}$ の換算を行って，(4.23) 式より

$dP/dT = \Delta h_\mathrm{m}/T\Delta v_\mathrm{m} = -(333.5/101.3)/(273 \times 9.055 \times 10^{-5}) = -133\,\mathrm{K\,atm^{-1}}$

$dT/dP = -0.00752\,\mathrm{K\,atm^{-1}}$

$\Delta P = 4.58/760 - 1 = -0.994\,\mathrm{atm}$ であるから $\Delta T = 0.0075\,\mathrm{K}$.

実際の水の3重点は $0.010°\mathrm{C}$ で，圧力の効果よりも氷点（$0°\mathrm{C}$）からのずれが大きい．これは，氷点が空気で飽和した水と氷とが $1\,\mathrm{atm}$ で共存する温度と定義されているために，溶解した空気による凝固点降下が $0.0025\,\mathrm{K}$ である．そのために，氷点は純粋な水と氷の平衡温度よりも $0.0025\,\mathrm{K}$ 低下している．なお，3重点は空気などを含まない純粋な水の3相が共存する条件である．

15 燃焼の反応式は

$$\mathrm{C_2H_6O\,(\ell) + 3O_2\,(g) = 2CO_2\,(g) + 3H_2O(\ell)}$$

で，燃焼の体積変化を無視すると $1\,\mathrm{mol}$ 相当の気体が減少するので，$P\Delta V = -RT$ である．この反応にともなう標準エントロピー変化は

$$\Delta S^\ominus = 2S^\ominus(\mathrm{CO_2}) + 3S^\ominus(\mathrm{H_2O}) - S^\ominus(\mathrm{C_2H_6O}) - 3S^\ominus(\mathrm{O_2})$$
$$= 2 \times 213.64 + 3 \times 69.94 - 161 - 3 \times 205.03 = -139\,\mathrm{J\,K^{-1}}$$

である．ゆえに

$$\Delta G^\ominus = \Delta H - T\Delta S = -1367 \times 10^3 + 298 \times 139 = -1325 \times 10^3\,\mathrm{J}$$
$$\Delta A^\ominus = \Delta G - P\Delta V = -1325 \times 10^3 + 8.314 \times 298 = -1323\,\mathrm{J}$$

16 (1) $2000\,\mathrm{K}$ において圧力を高くしていくと，黒鉛からダイヤモンドに転移する．図から転移圧力は，$6 \times 10^9\,\mathrm{Pa}$ であることがわかる．

(2) ダイヤモンド–黒鉛の相転移に対して，クラペイロン–クラウジウスの式

$$\frac{dT}{dP} = \frac{T\Delta V^{(\mathrm{d}\to\mathrm{g})}}{\Delta H^{(\mathrm{d}\to\mathrm{g})}}$$

図から $dT/dP > 0$，また $\Delta H^{(\mathrm{d}\to\mathrm{g})} > 0$ よって $\Delta V^{(\mathrm{d}\to\mathrm{g})} > 0$．すなわちダイヤモンド $\to$ 黒鉛の転移で体積が増加し，よってダイヤモンドの方が高い密度を持つ．

一般に，黒鉛のような高温で安定な相は高いエネルギーを，ダイヤモンドのような高圧で安定な相は高い密度を持つ．

(3) クラペイロン–クラウジウスの式

$$\frac{dT}{dP} = -\frac{T\Delta V^{(\ell)}}{\Delta H^{(\ell)}}$$

から，黒鉛と溶融炭素が同じ密度を持つ条件で，$\Delta V^{(\ell)} = 0$，よって $dT/dP = 0$．この条件を満たす点は T~P 曲線の極値で与えられる．よって図から $7 \times 10^9\,\mathrm{Pa}, 4700\,\mathrm{K}$ と求められる．

第 5 章

1.1 理想混合系であるとすると，蒸気および溶液中の i 成分の化学ポテンシャルは

$$\mu_i^{(\mathrm{g})} = \mu_i^{\circ(\mathrm{g})} + RT\ln x_i^{(\mathrm{g})}, \quad \mu_i^{(\ell)} = \mu_i^{\circ(\ell)} + RT\ln x_i^{(\ell)}$$

である．平衡状態では $\mu_i^{(\mathrm{g})} = \mu_i^{(\ell)}$ であるから

$$\mu_i^{\circ(\mathrm{g})} + RT\ln x_i^{(\mathrm{g})} = \mu_i^{\circ(\ell)} + RT\ln x_i^{(\ell)}$$

となる．P_i を i 成分の分圧，P を全圧とすると，$x_i{}^{(\mathrm{g})} = P_i/P$ であるから，上式は
$$P_i = P\exp\left(\frac{\mu_i{}^{\circ(\ell)} - \mu_i{}^{\circ(\mathrm{g})}}{RT}\right)x_i{}^{(\ell)}$$
となる．$x_i{}^{(\ell)} = 1$，すなわち純粋な i の場合
$$P_i{}^\circ = P\exp\left(\frac{\mu_i{}^{\circ(\ell)} - \mu_i{}^{\circ(\mathrm{g})}}{RT}\right)$$
であるから，(a) 式は次のように書ける．
$$P_i = x_i{}^{(\ell)} P_i{}^\circ$$

1.2 (1) $c = 2, p = 2$ であるから $f = c + 2 - p = 2$．組成，温度，圧力のうちいずれか 2 つを独立に変えられる．例えば，組成と温度など．組成と温度を定めると圧力（平行蒸気圧）が定まり，組成と圧力を定めると温度が定まる．溶液と蒸気の組成は異なるが，全体としての混合比を定めると各組の組成は自動的に定まる．また，温度と圧力を特定の値に固定すると，その条件を充たす組成は一意的に定まる．

(2) 触媒が存在すると，化学平衡
$$\mathrm{CO} + 2\mathrm{H}_2 = \mathrm{CH}_3\mathrm{OH}$$
が成立するので，独立成分の数は 2 である．したがって，温度が高くてメタノールが気体である場合は $c = 2, p = 1$．自由度は $f = c + 2 - p = 3$．温度，圧力，組成のいずれもが自由に変えられる．メタノールが一部凝縮している系では $p = 2$ となり $f = 2$．

2.1 グルコースの分子量は 180 であるから，溶液の質量モル濃度は
$$m = (93.8/180) \times (1000/976) = 0.534\,\mathrm{mol\,kg^{-1}}$$
である．一方，凝固点降下から求めた有効濃度 (質量モル濃度) m_eff は
$$m_\mathrm{eff} = 0.971/1.86 = 0.522\,\mathrm{mol\,kg^{-1}}$$
したがって，活量係数 γ および見かけの分子量 M_ap は
$$\gamma = 0.522/0.534 = 0.978, \quad M_\mathrm{ap} = 180 \times 0.978 = 176$$

2.2 蒸気中の四塩化炭素のモル分率を x_B とすると
$$x_\mathrm{B} = \frac{0.25 \times 114.5}{0.75 \times 199.1 + 0.25 \times 114.5} = 0.161$$
質量分率 y_B は，$\mathrm{CHCl}_3 = 119.5$，$\mathrm{CCl}_4 = 154.0$ であるから
$$y_\mathrm{B} = \frac{0.25 \times 114.5 \times 154.0}{0.75 \times 199.1 \times 119.5 + 0.25 \times 114.5 \times 154.0} = 0.198$$

3.1 溶液中のヘキサン，ヘプタン，およびオクタンのモル分率を $x_\mathrm{A}{}^{(\ell)}$，$x_\mathrm{B}{}^{(\ell)}$，$x_\mathrm{C}{}^{(\ell)}$ とすると，所与の条件は
$$x_\mathrm{A}{}^{(\ell)} P_\mathrm{A}{}^\circ = x_\mathrm{B}{}^{(\ell)} P_\mathrm{B}{}^\circ = x_\mathrm{C}{}^{(\ell)} P_\mathrm{C}{}^\circ$$
である (P_i° は 50 °C における純物質の蒸気圧)．したがって
$$4.13 x_\mathrm{A}{}^{(\ell)} = 0.746 x_\mathrm{C}{}^{(\ell)}, \quad 1.88 x_\mathrm{B}{}^{(\ell)} = 0.746 x_\mathrm{C}{}^{(\ell)} = 0.746(1 - x_\mathrm{A}{}^{(\ell)} - x_\mathrm{B}{}^{(\ell)})$$
これより $x_\mathrm{A}{}^{(\ell)} = 0.0895$，$x_\mathrm{B}{}^{(\ell)} = 0.259$，$x_\mathrm{C}{}^{(\ell)} = 0.652$．

3.2 (1) 定温・定圧で所定の変化を行うのに必要な最小の仕事量は系のギブズエネルギーの変化量に等しい．ベンゼンのモル分率を x_A とすると，純粋なベンゼンの 1 mol を分離するの

に要する仕事は
$$x_A = 0.2 : w = \Delta G = \mu_A° - (\mu_A° + RT \ln x_A) = -RT \ln 0.2 = 3.78\,\text{kJ}$$
$$x_A = 0.8 : w = \Delta G = -RT \ln 0.8 = 0.553\,\text{kJ}$$
ベンゼンが希薄であるほど分離に要する仕事量は多くなる．

(2) 1 mol のベンゼンを分離するとベンゼン + トルエン = 1 mol + 3 mol の溶液が残る．したがって

分離したベンゼン：$w_A = \mu_A° - (\mu_A° + RT \ln x_A) = -RT \ln(2/5)$
$$= 2.270\,\text{kJ}$$
溶液中のトルエン：$w_B = 3\{\mu_B° + RT \ln(3/4) - [\mu_B° + RT \ln(3/5)]\}$
$$= 3RT \ln(5/4) = 1.659\,\text{kJ}$$
溶液中のベンゼン：$w_C = \{\mu_A° + RT \ln(1/4) - [\mu_A° + RT \ln(2/5)]\}$
$$= RT \ln(5/8) = -1.164\,\text{kJ}$$

結局，$\Delta G = 2.270 + 1.659 - 1.164 = 2.765\,\text{kJ}$ だけ系のギブズエネルギーが増大する．すなわち，仕事が必要である．

注：(1 mol + 3 mol) の溶液を作る際の ΔG から (2 mol + 3 mol) の溶液を作る際の ΔG を減じても同じ結果が得られる．

4.1 部分モル体積は $\bar{v} = (\partial V/\partial n)_{\text{T,P,solv}}$ であるから，塩化ナトリウムの部分モル体積は
$$\bar{v}_{\text{NaCl}} = 16.6253 + 2.6607\,n^{1/2} + 0.2388\,n$$
で与えられる．一方，ギブズ-デュエムの式 (5.21) 式より
$$V = n_{\text{NaCl}}\bar{v}_{\text{NaCl}} + n_{\text{H}_2\text{O}}\bar{v}_{\text{H}_2\text{O}}$$
の関係があるので，水の部分モル体積は
$$\bar{v}_{\text{H}_2\text{O}} = \frac{V - n\bar{v}_{\text{NaCl}}}{n_{\text{H}_2\text{O}}} = \frac{1}{55.5}\left\{V - (16.6253\,n + 2.6607\,n^{3/2} + 0.2388\,n^2)\right\}$$
$$= 18.042 - 0.01598\,n^{3/2} - 0.002151\,n^2$$
$n = 0.5$ のとき　　$\bar{v}_{\text{NaCl}} = 18.626, \quad \bar{v}_{\text{H}_2\text{O}} = 18.048\,\text{cm}^3$
である．純物質のモル体積は
$$\bar{v}_{\text{NaCl}} = (22.99 + 35.45)/2.164 = 27.00\,\text{cm}^3$$
$$\bar{v}_{\text{H}_2\text{O}} = (16.00 + 2.02)/0.997 = 18.07\,\text{cm}^3$$
である．塩化ナトリウムでは溶液中でのモル体積が著しく減少していることがわかる．これは，イオンが水分子を強く引き付けてその構造を破壊するからである．水のモル体積もわずかに減少している．

5.1 $p = 3, c = 2$ であるから系の自由度は $f = c + 2 - p = 2 + 2 - 3 = 1$ である．圧力が特定されているので水溶液，氷，塩化ナトリウムが共存する温度と溶液の組成は一意的に定まる．温度は $-21.2\,°\text{C}$，組成は飽和水溶液 (22.4wt%) である．水と塩化ナトリウムは固溶体を作らないから，状態図は右図のようになる．安定点 E を氷晶点という．氷が存在しないときは自由度は 2 で，温度も変えられる．温度

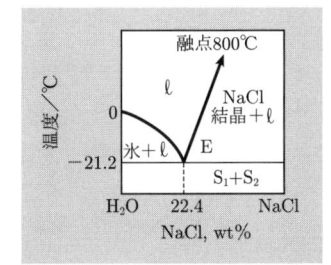

を定めると，塩化ナトリウムが析出する濃度は定まる (飽和濃度)．

5.2 平行蒸気圧が 1 atm に達する温度 (沸点) が臨界共溶温度よりも低いので，図のような気体-液体平衡が 1 atm で形成される．領域 g は A, B の混合蒸気，領域 l_1 は A に B が飽和した溶液，領域 l_2 は B に A が飽和した溶液，領域 $l_1 + l_2$ は A に B が飽和した溶液と B に A が飽和した溶液が 2 相に分かれて共存する領域である．領域 $g + l_1$ は混合蒸気と A に B が飽和した溶液が平衡状態にある領域で，上が凝縮曲線，下が沸騰曲線である．領域 $g + l_2$ は混合蒸気と B に A が飽和した溶液が平衡状態にある領域である．点 z は気相と 2 つの液相が共存する系で，自由度は 1 である．圧力が 1 atm と特定されているので，温度，組成などは一定となる．A を水とすると，A と B の蒸気圧の和が 1 atm に達すると沸騰するので，沸点は 100°C よりも低くなる．このことを利用して，香料など沸点が高くてそのものだけで蒸留すると分解するような物質を水と混ぜて蒸留精製することができる．これを水蒸気蒸留という．点 a から蒸気を冷却する点 b で組成が点 c に相当する溶液が凝縮する．凝縮が進むにつれて蒸気中の A の割合が増大し，凝縮温度と組成は曲線 yz に沿って変化する．点 d は 2 つの飽和溶液相が共存する状態で，加熱すると直線的に温度が上昇し，沸点に達すると点 z に相当する蒸気が発生する．

演習問題

1 図のように，c 個の成分からなる系で p 個の相が共存し平衡状態にあり，系全体の温度は T, 圧力は P で均一であるとする．各相における組成には，$(c-1)$ 個の自由度がある (残りの 1 つは自動的に定まる)．さらに，T, P を自由に選べるので，自由度は $(c+1)$ である．p 個の相があるので，全体としての自由度は $p(c+1)$ となる．しかし各相の温度，圧力，および全ての成分の化学ポテンシャルが等しいという条件がある．

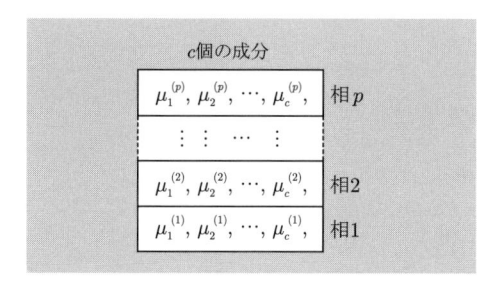

c個の成分

$\mu_1^{(p)}, \mu_2^{(p)}, \cdots, \mu_c^{(p)}$	相p
:: :: $\cdots$ ::	
$\mu_1^{(2)}, \mu_2^{(2)}, \cdots, \mu_c^{(2)}$	相2
$\mu_1^{(1)}, \mu_2^{(1)}, \cdots, \mu_c^{(1)}$	相1

各相が c 個の成分からなる p 個の相の共存 (平衡)

これらの等式は各々が $(p-1)$ 個の関係式である (関係式の数は等号に等しい)．したがって，関係式の総数は $(p-1)(c+2)$ 個である．これより，自由度の総数は次式で表される．
$$f = p(c+1) - (p-1)(c+2) = c + 2 - p$$

2 (1) 独立成分数は 2. 酢酸の電離で CH_3COO^- や H^+ を生じるが，それらの濃度は温度が特定されていれば酢酸の濃度によって一意的に決まるので，独立成分ではない．$p=1$ であるから $f=3$. 温度，圧力，組成が自由に変えられる．

(2) 3 成分が存在するが，不均一系で，固体の $CaCO_3$ と CaO は分量を自由に変えられる．気体の CO_2 の圧力は反応 $CaCO_3 \rightleftarrows CaO + CO_2$ の平衡定数により温度によって決まるので，

自由には変えられない．したがって，純粋な $CaCO_3$ から出発した系では，$c = 2$．$CaCO_3(s)$, $CaO(s)$, $CO_2(g)$ の 3 相が共存しているので，$f = 2 + 2 - 3 = 1$．温度または圧力のいずれかを定めると他方がきまる．

(3) 4 成分が存在する不均一系で，化学平衡の関係が 1 つあるので，独立成分数は 3．共存する相は $FeS(s)$, $FeO(s)$, および $H_2O(g)$ と $H_2S(g)$ が混合した気相の 3 相である．したがって，$f = 3 + 2 - 3 = 2$．温度と圧力を定めると系の状態が特定される．温度と H_2O あるいは H_2S の分圧を定めても系の状態は特定される．

3 沸点上昇は不揮発性の溶質を溶かした溶液で見られる現象で，溶質の存在による溶媒の化学ポテンシャルの減少が原因である．溶媒の蒸気と溶液が平衡状態にあるので，溶媒 A について

$$\mu_A^{\circ(g)} + RT \ln P_A = \mu_A^{\circ(\ell)} + RT \ln x_A^{(\ell)} \tag{a}$$

である．沸点においては $P_A = 1\,\text{atm}$ であるから $\ln P_A = 0$ となり

$$\mu_A^{\circ(g)} - \mu_A^{\circ(\ell)} = RT \ln x_A^{(\ell)} \tag{b}$$

となる．ギブズ-ヘルムホルツの式 (4.20) より，成分 A について一般に

$$\frac{1}{T^2}\left(\frac{\partial \Delta H}{\partial n_A}\right) = -\left\{\frac{\partial}{\partial n_A}\left[\frac{\partial}{\partial T}\left(\frac{\Delta G}{T}\right)\right]_P\right\} = -\left\{\frac{\partial}{\partial T}\left[\frac{\partial}{\partial n_A}\left(\frac{\Delta G}{T}\right)\right]\right\}_P$$

$$\frac{1}{T^2}\Delta \bar{h}_A = -\frac{\partial}{\partial T}\left(\frac{\Delta \mu_A}{T}\right)_P \tag{c}$$

の関係があるので，(b) 式を用いると

$$\frac{h_A^{\circ(g)} - h_A^{\circ(\ell)}}{T^2} = -\left\{\frac{\partial}{\partial T}\left[\frac{\mu_A^{\circ(g)}}{T} - \frac{\mu_A^{\circ(\ell)}}{T}\right]\right\}_P$$

$$= -\left[\frac{\partial}{\partial T}(R \ln x_A)\right]_P = -R\left(\frac{\partial \ln x_A}{\partial T}\right)_P \tag{d}$$

となる．$h_A^{\circ(g)} - h_A^{\circ(\ell)} = \Delta h_v$ は溶媒のモル蒸発熱である．Δh_v が温度によらないとして (d) 式を積分すると

$$-\int_0^{\ln x_A} d(\ln x_A) = \frac{\Delta h_v}{R}\int_{T_0}^{T_b}\frac{dT}{T^2}$$

$$-\ln x_A = \frac{\Delta h_v(T_b - T_0)}{RT_0 T_b} = \frac{\Delta h_v}{RT_0 T_b}\Delta T_b \tag{e}$$

となる．T_0 は純粋な溶媒の沸点，T_b は溶液の沸点，$\Delta T_b = T_b - T_0$ が沸点上昇である．希薄溶液では $T_b \fallingdotseq T_0$ である．また溶質のモル分率 $x_B \ll 1$ であるから

$$-\ln x_A = -\ln(1 - x_B) \fallingdotseq x_B \fallingdotseq M_A m_B$$

と近似できるので，(e) 式は次式に変形される．

$$\Delta T_b = \frac{RT_0^2 M_A}{\Delta h_v}m_B = K_b m_B \tag{f}$$

4 ベンゼンのモル質量は $78 \times 10^{-3}\,\text{kg mol}^{-1}$ であるから，(5.33) 式より

$$K_f = (8.314 \times 278.69^2 \times 78.0 \times 10^{-3})/(9.837 \times 10^3) = 5.12\,\text{K kg mol}^{-1}$$

5 純粋な固体 B と溶液中の B の平衡条件は

$$\mu_B^{\circ(s)} = \mu_B^{\circ(\ell)} + RT \ln x_B \tag{a}$$

である．(a) 式を $P = $ 一定，の条件で T で微分し，(4.20) 式を適用すると

$$\left(\frac{\partial \ln x_B}{\partial T}\right)_P = -\left[\frac{\partial}{\partial T}\left(\frac{\mu_B^{\circ(\ell)} - \mu_B^{\circ(s)}}{RT}\right)\right]_P = -\left[\frac{\partial}{\partial T}\left(\frac{\Delta g^\circ}{RT}\right)\right]_P = \frac{\Delta h_f}{RT^2} \tag{b}$$

B の融解熱 Δh_f が一定とみなせる範囲で (b) 式を T から T_f(B の融点) まで積分すると

$$\ln x_B = -\frac{\Delta h_f}{RT} + C, \quad \ln \frac{x_B(T_f)}{x_B(T)} - \frac{\Delta h_f}{RT} = -\left(\frac{1}{T_f} - \frac{1}{T}\right) \tag{c}$$

となる．T_f においては B そのものが液体となるために，$x_B = 1$ となる．すなわち，$x_B(T_f) = 1$. したがって (c) 式より

$$\ln x_B = -\frac{\Delta h_f}{R}\left(\frac{1}{T} - \frac{1}{T_f}\right) \tag{d}$$

6 前問の結果を用いて

$$\ln x_B = -\frac{18800}{8.314}\left(\frac{1}{293.15} - \frac{1}{353.41}\right) = -1.315$$

$$x_B = 0.268$$

7 (5.13) 式と (5.14) 式より，溶媒 B について

$$\mu_B^{(g)} = \mu_B^{(\ell)}$$

$$\mu_B^{\circ(g)} + RT \ln x_B^{(g)} = \mu_B^{\circ(\ell)} + RT \ln x_B^{(\ell)}$$

が成り立っている．この式は

$$x_B^{(g)} = x_B^{(\ell)} \exp\{(\mu_B^{\circ(\ell)} - \mu_B^{\circ(g)})/RT\}$$

と書かれる．ラウールの法則より，$P_B = x_B^{(g)} P$ (P は全圧) であるから，両辺に P を乗じると

$$P_B = K_B x_B^{(\ell)}, \quad K_B = P \exp\{(\mu_B^{\circ(\ell)} - \mu_B^{\circ(g)})/RT\}$$

8 液相と気相を合わせた系全体の点 c における組成は x_c である．このとき共存する液相と気相における B のモル分率はそれぞれ x_a と x_b である．$n^{(\ell)}$, $n^{(g)}$ はそれぞれ液相と気相にあたる A と B の物質量の和であるから，液相中の B の物質量は $x_a n^{(\ell)}$, 気相中の B の物質量は $x_b n^{(g)}$ である．両者の和が $x_c(n^{(\ell)} + n^{(g)})$ に等しいから

$$x_a n^{(\ell)} + x_b n^{(g)} = x_c(n^{(\ell)} + n^{(g)})$$

これより

$$\frac{n^{(\ell)}}{n^{(g)}} = \frac{x_b - x_c}{x_c - x_a} = \frac{\overline{bc}}{\overline{ac}}$$

となる．これは，図のように，点 c からの液相線および点 c から気相線までの距離をアームの長さとし，液相と気相の物質量をそれについている重りとして天秤が釣り合った形となっているので，てこの関係と呼ばれている．

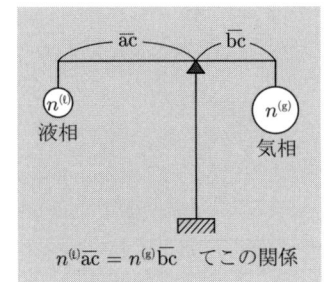

$n^{(\ell)}\overline{ac} = n^{(g)}\overline{bc}$　てこの関係

9 沸点での全蒸気圧は 1.013×10^5 Pa である．136.7℃で沸騰する溶液中のクロロベンゼンのモル分率を x_1 とすると，ブロモベンゼンのモル分率は $(1-x_1)$ であるから
$$1.150\times 10^5 x_1 + 0.604\times 10^5(1-x_1) = 1.013\times 10^5$$
$$x_1 = 0.749$$
である．両成分の割合が $1:1$ となる溶液中のクロロベンゼンのモル分率を $x_1{}'$ とすると
$$1.150\times 10^5 x_1{}' = 0.604\times 10^5(1-x_1{}'), \quad x_1{}' = 0.344$$

10 ギブズエネルギー G は完全微分量であるから，微分の順序を交換することができる．したがって，次の関係が成立する．

$$\left(\frac{\partial \mu_i}{\partial P}\right)_{T,n_j} = \left[\frac{\partial}{\partial P}\left(\frac{\partial G}{\partial n_i}\right)_{T,P,n_j}\right]_{T,n_i} = \left[\frac{\partial}{\partial n_i}\left(\frac{\partial G}{\partial P}\right)_{T,n_i}\right]_{T,P,n_j} = \left(\frac{\partial V}{\partial n_i}\right)_{T,P,n_j}$$
$$= \overline{v_i}$$

$$\left(\frac{\partial \mu_i}{\partial T}\right)_{P,n_j} = \left[\frac{\partial}{\partial T}\left(\frac{\partial G}{\partial n_i}\right)_{T,P,n_j}\right]_{P,n_i} = \left[\frac{\partial}{\partial n_i}\left(\frac{\partial G}{\partial T}\right)_{P,n_i}\right]_{T,P,n_j}$$
$$= -\left(\frac{\partial S}{\partial n_i}\right)_{T,P,n_j} = -\overline{s_i}$$

11 アセトン-クロロホルム系では点 Z に相当する組成-温度で沸点が極大となり，液相と気相の組成が同じになる (共沸混合物)．したがって，$x_{\mathrm{CHCl_3}} = 0.68$ から左の領域ではアセトンと共沸混合物の極大・極小のない 2 成分系と同じ挙動を示し，高沸点物質は共沸混合物となる．同様に，$x_{\mathrm{CHCl_3}} = 0.68$ から右の領域ではクロロホルムと共沸混合物の極大・極小のない 2 成分系と同じ挙動を示し，高沸点物質は共沸混合物となる．点 a から液体を加熱すると，点 b までは温度が上昇し，そこで沸騰して点 c の組成の蒸気が発生する．蒸気中のアセトンの割合が大きいので，溶液中のクロロホルムの割合が増大し，沸点は曲線 AZ に沿って上昇し，共沸点に達して一定となる．

12 水と塩化ナトリウムの 2 成分系である．共存する相は 3 であるから，$f = c+2-p = 1$．仮に圧力を 1 atm と特定すると $f=0$ となり，3 相が共存できる温度および溶液の濃度は一意的に定まる．温度は飽和溶液の凝固点降下に定まる氷点，濃度はその温度での塩化ナトリウムの飽和濃度である．平衡条件は
$$\mu^{\circ(\mathrm{s})}(\mathrm{H_2O}) = \mu^{\circ(\ell)}(\mathrm{H_2O}) + RT\ln x^{(\ell)}(\mathrm{H_2O})$$
$$\mu^{\circ(\mathrm{s})}(\mathrm{NaCl}) = \mu^{\circ(\ell)}(\mathrm{NaCl}) + RT\ln x^{(\ell)}(\mathrm{NaCl})$$

13 (1) $c=2, p=3$ であるから $f=1$．温度，圧力，組成のいずれかが任意に変えられるが，他は一意的に定まる．

(2) A だけが 3 相に存在しているので，平衡条件は
$$\mu_\mathrm{A}{}^{\circ(\mathrm{g})} = \mu_\mathrm{A}{}^{\circ(\mathrm{s})} = \mu_\mathrm{A}{}^{(\ell)} = \mu_\mathrm{A}{}^{\circ(\ell)} + RT\ln a_\mathrm{A}$$
である．理想溶液であれば $a_\mathrm{A} = x_\mathrm{A}$ である．$\mu_\mathrm{A}{}^\circ$ は純粋な A の化学ポテンシャルである．

(3) 溶液の組成が変化すると a_A が変化するので $\mu_\mathrm{A}{}^{(\ell)}$ が変化する．それにつれて，$\mu_\mathrm{A}{}^{\circ(\mathrm{g})} = \mu_\mathrm{A}{}^{\circ(\mathrm{s})}$ の条件を保ったままでこれらの値が変化する．これは純粋な A の気体と固体が平衡を保ち

ながら (T, P) 平面を移動することを意味している．すなわち，昇華曲線上を移動する．

14 蒸気を理想気体とみなすと，純溶媒と蒸気との平衡条件は
$$\mu_A{}^{\circ(\ell)} = \mu_A{}^{\circ(g)} + RT \ln P_A{}^\circ$$
である．他方，溶液と蒸気とが平衡にあるときは
$$\mu_A{}^{(\ell)} = \mu_A{}^{\circ(g)} + RT \ln P_A$$
である．ゆえに
$$\mu_A{}^{(\ell)} - \mu_A{}^{\circ(\ell)} = RT \ln(P_A/P_A{}^\circ)$$
となる．圧力 $P + \Pi$ のもとでの溶液中の溶媒と圧力 P のもとでの純溶媒との化学ポテンシャルが等しいときに浸透平衡が実現するから
$$\mu_A{}^{(\ell)}(P + \Pi) = \mu_A{}^{\circ(\ell)}(P)$$
である．$(\partial \mu_A{}^{(\ell)}/\partial P)_T = \overline{v}_A$ であるから，$\overline{v}_A$ は圧力にほとんどよらないことを考慮すると
$$\mu_A{}^{(\ell)}(P + \Pi) - \mu_A{}^{(\ell)}(P) = \int_P^{P+\Pi} \overline{v}_A dP \fallingdotseq \Pi \overline{v}_A$$
である．ゆえに
$$\mu_A{}^{(\ell)} - \mu_A{}^{\circ(\ell)} = RT \ln \frac{P_A}{P_A{}^\circ} = -\Pi \overline{v}_A$$
となる．これより問題の式が得られる．

15 (1) 溶液中の水のモル分率を x_A とすると，ラウールの法則 (5.15) 式より
$$0.9894 \times 10^5 = x_A \times 1.013 \times 10^5, \quad x_A = 0.9767$$
である．したがって，溶質のモル分率は 0.0233．溶質の分子量を M_B とすると
$$\frac{100}{18} : \frac{10.35}{M_B} = 0.9767 : 0.0233$$
$$M_B = 78.1$$

(2) (5.33) 式より
$$0.151 = 2.29 \times m, \quad m = 0.0659 \, \text{mol kg}^{-1}$$
イオウの分子量を M とすると，質量モル濃度の定義 $m =$ 物質量/1 kg 溶媒 より
$$m = \frac{0.358/M}{21.5} \times 1000 = 0.0659$$
$$M = 358/(21.5 \times 0.0659) = 253$$
原子量は S = 32 であるから，分子式は S_8 である．

(3) ファント・ホッフの式 (5.34) 式より溶質の物質量 n_B を求める．$V = 100/0.6837 = 146.3 \, \text{cm}^3 = 146.3 \times 10^{-6} \, \text{m}^3$ であるから
$$3370 = (n_B \times 8.314 \times 298.2)/(146.3 \times 10^{-6}), \quad n_B = 1.99 \times 10^{-4} \, \text{mol}$$
平均分子量は
$$M = 5.30/1.99 \times 10^{-4} = 2.66 \times 10^4$$
となる．式量は $\{CH_2 - CH_2 - O\} = 44$ であるから，$n = 604$．

16 両者は混じり合わないので，互いに独立に液体-蒸気平衡が成立するから，全蒸気圧は各純物質の蒸気圧の和になる．1 atm 下での沸点は全蒸気圧が 1 atm となる温度であるから，

第 6 章の問題解答

沸点は沸点が低い方の物質の沸点よりもさらに低くなる。水とニトロベンゼンのモル蒸発熱を Δh_v^A, Δh_v^B とすると，(4.25) 式より

$$ 水: \ln\left(\frac{P_2}{P_1}\right) = -\frac{\Delta h_v^A}{R}\left(\frac{1}{T_2} - \frac{1}{T_1}\right), $$

$$ \ln\left(\frac{1.013 \times 10^5}{3.115 \times 10^4}\right) = -\frac{\Delta h_v^A}{8.314}\left(\frac{1}{373} - \frac{1}{343}\right), $$

$$ \Delta h_v^A = 4.181 \times 10^4 \text{ J mol}^{-1} $$

$$ ニトロベンゼン: \ln\left(\frac{1.973 \times 10^4}{0.2986 \times 10^4}\right) = -\frac{\Delta h_v^B}{8.314}\left(\frac{1}{423} - \frac{1}{373}\right), $$

$$ \Delta h_v^B = 4.954 \times 10^4 \text{ J mol}^{-1} $$

したがって，水およびニトロベンゼンの蒸気圧の温度依存性は，1 Torr = 133.3 Pa の換算を行って

$$ 水: \ln(P/\text{Torr}) = -5.029 \times 10^3 \left(\frac{1}{T} - \frac{1}{343}\right) + \ln(233.7/\text{Torr}) $$
$$ = -5.029 \times 10^3/T + 20.12 $$

$$ ニトロベンゼン: \ln(P/\text{Torr}) = -5.958 \times 10^3 \left(\frac{1}{T} - \frac{1}{373}\right) + \ln(22.4/\text{Torr}) $$
$$ = -5.958 \times 10^3/T + 19.08 $$

各成分の蒸気圧および全蒸気圧の温度依存性は次のようになる．

温度/K	$P_水$/Torr	$P_{ニトロベン}$/Torr	$(P_水 + P_{ニトロベン})$/Torr
372.0	732.8	21.5	754.2
372.1	735.5	21.6	757.0
372.2	738.1	21.6	759.8
372.3	740.8	21.7	762.6
372.4	743.5	21.8	765.3

全蒸気圧が 760 Torr(1 atm) となるのが沸点で，その温度は表より 327.2 K である．各成分の蒸気圧は $P^A = 738.1$ Torr, $P^B = 21.6$ Torr となる．分子量は $H_2O = 18$, $C_6H_5NO_2 = 123$ であるから，質量比は

$$ 水:ニトロベンゼン = 18 \times 738.1 : 123 \times 21.6 = 100 : 20 $$

で 20 g のニトロベンゼンが留出する．

第 6 章

1.1 $K_P(\text{Pa}) = [(P_{NH_3}/\text{atm}) \times 1.013 \times 10^5]^2$
$$ /[(P_{N_2}/\text{atm}) \times 1.013 \times 10^5][(P_{H_2}/\text{atm}) \times 1.013 \times 10^5]^3 $$
$$ = K_P(\text{atm}) \times [1.013 \times 10^5 \text{ (Pa/atm)}]^{-2} = 1.60 \times 10^{-14} \text{ Pa}^{-2} $$

一般に，気相反応にともなう化学量論的係数の変化としてみた分子数の変化を $\sum \nu_i = \Delta n_g$ とすると

$$ K_P(\text{Pa}) = K_P(\text{atm}) \times (1.013 \times 10^5)^{\Delta n_g} $$

となる．この場合は $\Delta n_g = -2$．

1.2 (1) $\Delta G^{\ominus} = -137.27 - 228.60 - (-394.38) = 28.51\,\text{kJ}$
$K_P{}^{\ominus} = \exp(-\Delta G^{\ominus}/RT) = 1.01 \times 10^{-5}$

(2) $\Delta G^{\ominus} = -137.27 \times 2 - (-394.38) = 119.84\,\text{kJ}$
$K_P{}^{\ominus} = \exp(-\Delta G^{\ominus}/RT) = 9.84 \times 10^{-22}$

(3) $\Delta G^{\ominus} = -370.4 \times 2 - (-300.4 \times 2) = -140.0\,\text{kJ}$
$K_P{}^{\ominus} = \exp(-\Delta G^{\ominus}/RT) = 3.47 \times 10^{24}$

1.3 (1) 解離反応の圧平衡定数は
$$K_P = P_H{}^2/P_{H_2}$$
である．解離度は最初の H_2 のうちで解離しているものの割合であるから，解離度を α とすると
$$\alpha(\%) = [0.5P_H/(P_{H_2} + 0.5P_H)] \times 100$$
である．また，全圧と各成分の分圧の間には
$$P_{\text{total}} = P_{H_2} + P_H$$
の関係があるので
$$\alpha(\%) = [0.5P_H/(P_{\text{total}} - 0.5P_H)] \times 100 \tag{a}$$
となる．各温度における分圧を (a) 式より求めると

$2000\,\text{K} : P_H = 2.44 \times 10^{-3}\,\text{atm},\ P_{H_2} = 0.998\,\text{atm}$
$3000\,\text{K} : P_H = 0.166\,\text{atm},\ P_{H_2} = 0.834\,\text{atm}$
$4000\,\text{K} : P_H = 0.769\,\text{atm},\ P_{H_2} = 0.231\,\text{atm}$
$2000\,\text{K} : K_P = 5.97 \times 10^{-6}\,\text{atm} = 0.604\,\text{Pa}$
$3000\,\text{K} : K_P = 3.30 \times 10^{-2}\,\text{atm} = 3.35 \times 10^3\,\text{Pa}$
$4000\,\text{K} : K_P = 2.56\,\text{atm} = 2.29 \times 10^5\,\text{Pa}$

(2) 2000 K では解離度は非常に小さいので $P_{\text{total}} - 0.5P_H \fallingdotseq P_{\text{total}}$ と近似できる．したがって，$K_P \fallingdotseq P_H{}^2/P_{\text{total}}$ となる．

$0.1\,\text{atm} : P_H{}^2 = 5.97 \times 10^{-7}\,\text{atm}^2,\quad P_H = 7.71 \times 10^{-4}\,\text{atm}$
$\alpha = 3.86 \times 10^{-1}\,\%$
$10\,\text{atm} : P_H{}^2 = 5.97 \times 10^{-5}\,\text{atm}^2,\quad P_H = 7.71 \times 10^{-3}\,\text{atm}$
$\alpha = 3.86 \times 10^{-2}\,\%$

1.4 解離反応はそれぞれ
$$2H_2O = 2H_2 + O_2 \tag{a}$$
$$2CO_2 = 2CO + O_2 \tag{b}$$
である．解離度を α_1, α_2，全圧を P_1, P_2 とすると，$\alpha_1 \ll 1, \alpha_2 \ll 1$ であるから，各成分の分圧は
$$P_{H_2O} = (1-\alpha_1)P_1,\quad P_{H_2} = \alpha_1 P_1,\quad P_{O_2} = \frac{1}{2}\alpha_1 P_1$$
$$P_{CO_2} = (1-\alpha_2)P_2,\quad P_{CO} = \alpha_2 P_2,\quad P_{O_2} = \frac{1}{2}\alpha_2 P_2$$
となる．したがって，それぞれの平衡定数は

$$K_1 = \frac{P_{H_2}{}^2 P_{O_2}}{P_{H_2O}{}^2} = \frac{\frac{1}{2}\alpha_1{}^3 P_1}{(1-\alpha_1)^2} \fallingdotseq \frac{1}{2}\alpha_1{}^3 P_1, \quad K_2 = \frac{P_{CO}{}^2 P_{O_2}}{P_{CO_2}{}^2} \fallingdotseq \frac{1}{2}\alpha_2{}^3 P_2$$

となる．$\alpha_1 = 8.9 \times 10^{-5}$, $\alpha_2 = 1.4 \times 10^{-4}$ であるから，$K_1 = 3.5 \times 10^{-13}$ atm, $K_2 = 1.4 \times 10^{-12}$ atm.

反応 $CO_2 + H_2 = CO + H_2O$ の平衡定数を K_3 とすると

$$K_3 = \frac{P_{CO} P_{H_2O}}{P_{CO_2} P_{H_2}} = \left[\frac{K_2}{K_1}\right]^{1/2}$$

となる．よって，$K_3 = 2.0$.

$$\Delta G^\ominus = -RT \ln K_P^\ominus = -8.0 \,\text{kJ}\,\text{mol}^{-1}$$

2.1 容積 V の容器中に，a mol の PCl_5 を入れて平衡に達したときの x mol の PCl_3 と x mol の Cl_2 を生成したとする．すなわち，分解した PCl_5 の物質量を x mol とする．

成分	平衡時の物質量 (mol)	平衡濃度 (mol/l)
PCl_5	$a-x$	$(a-x)/V$
PCl_3	x	x/V
Cl_2	x	x/V

である．したがって

$$K_C = \frac{x^2/V^2}{(a-x)/V} = \frac{x^2}{(a-x)V} \tag{a}$$

となる．$\alpha = x/a$ である．圧平衡定数は，$\Delta n_g = 1$ であるから，(6.7) 式より

$$K_P = K_c RT$$

である．全物質量 n について $PV = nRT$, $n = a + x$ の関係を用いると，$V = (a+x)RT/P$ であるから

$$K_P = \frac{x^2 P}{(a-x)(a+x)} \tag{b}$$

となる．K_P は圧力 P には依存しないから，P を大きくすると α は減少する．一般に，分子数が増大する反応では，圧力を高くすると平衡は左へずれる．これはル・シャトリエの原理の特定の場合である．(b) 式から，α と P の関係を

$$K_P = \frac{(x/a)^2 P}{(1-x/a)(1+x/a)} = \frac{\alpha^2 P}{(1-\alpha)(1+\alpha)} = \frac{\alpha^2 P}{1-\alpha}$$

と表することができる．

2.2 (1) 反応に用いた酢酸とエチルアルコールの物質量を a mol とし，反応系の体積を V とすると，平衡状態における各成分の濃度は

$$[CH_3COOH] = a/3V, \qquad [C_2H_5OH] = a/3V,$$
$$[CH_3COOC_2H_5] = a(1-1/3)V, \quad [H_2O] = a(1-1/3)V$$

である．平衡定数は

$$\frac{[CH_3COOC_2H_5][H_2O]}{[CH_3COOH][C_2H_5OH]} = \frac{2/3 \times 2/3}{1/3 \times 1/3} = 4$$

(2) 物質量は $CH_3COOH : 1000/60 = 16.67$, $C_2H_5OH : 1000/46 = 21.74$ である．生成す

るエステルと水の物質量を x mol とすると

$$\frac{x^2}{(16.67-x)(21.74-x)} = 4$$

この2次式を解いて

$$x = 38.74 \quad \text{または} \quad 12.47\,\text{mol}$$

前者は不合理で捨てる．エステルの質量は $12.47 \times 88 = 1097\,\text{g}$

3.1 解離度を α, 全圧を P とすると，解離により分子数（物質量）は $1+\alpha$ 倍になるから，平衡状態における全圧を P とすると，各成分の分圧は

$$P_\text{AB} = [(1-\alpha)/(1+\alpha)]P, \quad P_\text{A} = P_\text{B} = [\alpha/(1+\alpha)]P$$

となり，平衡定数は

$$K_1 = [\alpha^2/(1-\alpha^2)]P \tag{a}$$

となる．これより，$K_P(503) = 0.67^2/(1-0.67^2)P = 0.815P$, $K_P(553) = 0.80^2/(1-0.80^2)P = 1.78P$ となる．(6.24) 式より

$$\ln\frac{K_P(826)}{K_P(776)} = -\frac{\Delta H}{R}\left(\frac{1}{826} - \frac{1}{776}\right) = -\frac{\Delta H}{R}(-7.80 \times 10^{-5})$$

$$\Delta H = 8.314 \times \ln(1.78/0.815)/7.80 \times 10^{-5} = 8.33 \times 10^4\,\text{J}$$

3.2 (1) 解離度を α, 全圧を P とすると，各成分の分圧は

$$P(\text{N}_2\text{O}_4) = [(1-\alpha)/(1+\alpha)]P, \quad P(\text{NO}_2) = [2\alpha/(1+\alpha)]P$$

となるから

$$K_P = P_{\text{NO}_2}^2/P_{\text{N}_2\text{O}_4} = \frac{4\alpha^2}{1-\alpha^2}P, \quad \alpha = \left[\frac{K_P}{4P+K_P}\right]^{1/2}$$

K_P は一定であるから，解離度は P の増大によって減少する．

(2) $\Delta H^\ominus = 33.2 \times 2 - 9.2 = 57.2\,\text{kJ mol}^{-1}$ で正となるので，吸熱反応である．圧平衡定数の温度依存性は (6.23) 式より $d\ln K_P/dT > 0$ である．したがって，温度の上昇とともに吸熱反応が起こる方向 ($\Delta H > 0$) に平衡が移動する．

3.3 NO の生成反応を $\text{N}_2 + \text{O}_2 = 2\text{NO}$ と表すと，この反応に対する標準ギブズ自由エネルギー変化は

$$\Delta G^\ominus(1273) = (90370 - 10.46 \times 1273) \times 2 = 154100\,\text{J}$$

$$\Delta G^\ominus(1773) = (90370 - 10.46 \times 1773) \times 2 = 143600\,\text{J}$$

となる．圧平衡定数は

$$K_P^\ominus(1273) = \exp(-154100/8.314 \times 1273) = 4.75 \times 10^{-7}$$

$$K_P^\ominus(1773) = \exp(-143600/8.314 \times 1773) = 5.88 \times 10^{-5}$$

となる．NO のモル分率を x とすると，1000°C では

$$P_{\text{NO}}^2/P_{\text{N}_2}P_{\text{O}_2} = 4x^2/(0.8-x)(0.2-x) = 4.75 \times 10^{-7}$$

x は非常に小さく，0.8 や 0.2 に対して無視できるので

$$x = (4.75 \times 10^{-7}/4)^{1/2} = 3.45 \times 10^{-4}$$

同様にして，1500°C では

$$x = (5.88 \times 10^{-5}/4)^{1/2} = 3.84 \times 10^{-3}$$

で，温度が 1000°C から 1500°C に上昇すると NO の割合は 11 倍になる．内燃機関での NO の発生を減少させるには，燃焼温度をできるだけ低くするのが良いことがわかる．

4.1 この反応の平衡定数は $K_P = P_{O_2}^{1/2}$ である．反応 $2\,Ag_2O = 4\,Ag + O_2$ の平衡定数は $K_P = P_{O_2}$ で，その解離熱は

$$\Delta H = -R \ln(7.53/3.24)/(1/920 - 1/871) = 1.147 \times 10^5 \,\text{J}$$

ゆえに，所与の反応の反応熱は $1.147 \times 10^5 \div 2 = 5.73 \times 10^4 \,\text{J}$．

4.2 (1) 解離圧を P とすると，$P = P_{Hg} + P_{O_2} = 1.147 \times 10^4 \,\text{Pa}$, $P_{Hg} = 2P_{O_2}$ である．標準圧平衡定数は圧力 1 atm を基準としているから，(6.16) 式から計算される圧平衡定数は $(\text{atm})^{\Delta n_g}$ の次元を持っている．したがって，圧力を atm に変換する必要がある．$1.147 \times 10^4 \,\text{Pa} = 0.1132 \,\text{atm}$ であるから

$$K_P = P_{Hg} P_{O_2}^{1/2} = \left(\frac{2}{3}P\right)\left(\frac{1}{3}P\right)^{1/2} = 1.47 \times 10^{-2} \,\text{atm}^{3/2}$$

$$\Delta G^{\ominus} = -RT \ln(K_P^{\ominus}/\text{atm}^{3/2}) = 22.1 \,\text{kJ mol}^{-1}$$

(2) 沸点であるから，Hg(g) の圧力は 1 atm である．したがって

$$P_{Hg} P_{O_2}^{1/2} = 1.47 \times 10^{-2} \,\text{atm}^{3/2}, \quad P_{O_2}^{1/2} = 1.47 \times 10^{-2} \,\text{atm}^{1/2}$$

$$P_{O_2} = (1.47 \times 10^{-2})^2 = 2.16 \times 10^{-4} \,\text{atm} = 21.9 \,\text{Pa}$$

窒素は反応に関与しないから，理想混合気体を仮定する限り P_{Hg} や P_{O_2} は影響されない．空気を入れると反応前の P_{O_2} は 0.2 atm となるが

$$2Hg(g) + O_2(g) \rightarrow 2HgO(s)$$

の反応が進行して Hg(ℓ), Hg(g), O_2(g), 2HgO(s) の間に平衡が成立するので，P_{Hg} や P_{O_2} は結局空気がない場合と同じになる．

4.3 この反応の圧平衡定数は $K_P = P_{HCl} P_{NH_3}$ である．全圧が 1 atm であるから

$$P_{HCl} = P_{NH_3} = 0.5 \,\text{atm}. \quad \text{ゆえに } K_P = 0.25 \,\text{atm}^2.$$

$$\Delta G^{\ominus} = -RT \ln(K_P^{\ominus}/\text{atm}^2) = 8.314 \times 597 \ln 0.25 = 6.88 \,\text{kJ mol}^{-1}$$

4.4 平衡定数は $(K_P)^{1/4} = P_{H_2}/P_{H_2O}$ である．よって $K_P = 75.6/5.2$. 平衡状態での水素の分圧を P_{H_2} atm とすると $75.6/5.2 = P_{H_2}/(1 - P_{H_2})$. $P_{H_2} = 0.936 \,\text{atm}$, $P_{H_2O} = 0.064 \,\text{atm}$.

5.1 18°C における $H_2O(\ell) = H_2O(g)$ の平衡に関して

$$\Delta G_1 = \Delta G_1^{\ominus} + RT \ln(15.48/760) = 0$$

であるから

$$\Delta G_1^{\ominus} = -8.314 \times 291 \ln 0.02037 = 9420 \,\text{J mol}^{-1}$$

一方，反応 $ZnSO_4 \cdot 7H_2O = ZnSO_4 \cdot 6H_2O + H_2O(\ell)$ の $\Delta G_2^{\ominus}$ は $1480 \,\text{J mol}^{-1}$ であるから，平衡蒸気圧を P Torr とすると

$H_2O(\ell) = H_2O(g)$	ΔG_1
$ZnSO_4 \cdot 7H_2O = ZnSO_4 \cdot 6H_2O + H_2O(\ell)$	$\Delta G_2^{\ominus}$ (+
$ZnSO_4 \cdot 7H_2O = ZnSO_4 \cdot 6H_2O + H_2O(g)$	$\Delta G_1 + \Delta G_2^{\ominus}$

となる．したがって
$$\Delta G = \Delta G_1 + \Delta G_2^{\ominus} = \Delta G_1^{\ominus} + \Delta G_2^{\ominus} + RT \ln(P/760) = 0$$
が平衡条件である．これより
$$P = 0.01105 \times 760 = 8.40 \text{ Torr}$$

5.2 (6.23) 式を，$\Delta H = $ 一定 として積分すると
$$\ln K_P^{\ominus} = -\Delta H/RT + I$$
となる．ここで，I は積分定数である．所与のデータから I を求めると
$$I = 1.23 + 189 \times 10^3/(8.314 \times 1000) = 24.0$$
となる．ゆえに $\ln K_P = 189 \times 10^3/RT + 24.0$．
$$\Delta G^{\ominus}/\text{J} = -RT \ln K_P^{\ominus} = -189 \times 10^3 - 199T$$

6.1 所与の式より
$$\Delta G^{\ominus}{}_{1300} = -8.033 \times 10^4 + 8.975 \times 10^3 + 3.666 \times 10^4 - 1.167 \times 10^4 - 0.340 \times 10^4$$
$$= -4.976 \times 10^4 \text{ J}$$
硫化水素の生成反応は $\text{H}_2(\text{g}) + \text{S}(\text{g}) = \text{H}_2\text{S}(\text{g})$ であるから
$$K_P^{\ominus} = P_{\text{H}_2\text{S}}/P_{\text{H}_2}P_{\text{S}} = \exp(-\Delta G^{\ominus}/RT) = \exp(4.604) = 99.9$$
硫化水素の分解反応は $\text{H}_2\text{S}(\text{g}) = \text{H}_2(\text{g}) + \text{S}(\text{g})$ であるから，解離度を α とすると，全物質量は $1 + \alpha$ 倍になる．各成分の分圧は
$$P_{\text{H}_2\text{S}} = (1-\alpha)/(1+\alpha) \text{ atm}, \quad P_{\text{H}_2} = P_{\text{S}} = \alpha/(1+\alpha) \text{ atm}$$
であるから
$$K_P' = P_{\text{H}_2}P_{\text{S}}/P_{\text{H}_2\text{S}} = \alpha^2/(1-\alpha^2) = 1/99.9$$
$\alpha \ll 1$ であるから $1 - \alpha^2 \fallingdotseq 1$ と近似できる．したがって
$$\alpha^2 \fallingdotseq 1/99.9, \quad \alpha \fallingdotseq 0.100$$

6.2 反応 $\text{C}(\text{s}) + \text{CO}_2(\text{g}) = 2\text{CO}(\text{g})$ の平衡状態における各成分の分圧は $P_{\text{CO}_2} = 30 \times 0.17 \text{ atm}$，$P_{\text{CO}} = 30 \times 0.83 \text{ atm}$ であるから，平衡定数は
$$K_P{}^{(1)} = P_{\text{CO}}{}^2/P_{\text{CO}_2} = (30 \times 0.83)^2/30 \times 0.17 = 121.6 \text{ atm}$$
また，$K_P{}^{(2)} = P_{\text{CO}}P_{\text{H}_2\text{O}}/P_{\text{CO}_2}P_{\text{H}_2} = 1.66$ であるから反応 $\text{C}(\text{s}) + \text{H}_2\text{O}(\text{g}) = \text{CO}(\text{g}) + \text{H}_2(\text{g})$ の平衡定数は
$$K_P{}^{(3)} = P_{\text{CO}}P_{\text{H}_2}/P_{\text{H}_2\text{O}} = K_P{}^{(1)}/K_P{}^{(2)} = 121.6/1.66 = 73.25 \text{ atm}$$

演習問題

1 (6.9) 式を反応体と生成体に分けて表すと
$$\sum \nu_i \mu_i(\text{product}) + \sum \nu_i \mu_i(\text{reactant}) = 0$$
である．反応物の ν_i は負，生成物の ν_i は正であるから，反応物と生成物の親和力を別々に定義すると
$$A(\text{product}) = -\sum \nu_i \mu_i, \quad A(\text{reactant}) = \sum \nu_i \mu_i$$
と書ける．したがってこの式は
$$-A(\text{product}) + A(\text{reactant}) = 0, \quad A(\text{product}) = A(\text{reactant})$$
と書かれる．

2 $\Delta n_g = -1$ であるから
$$K_P(\text{Pa}) = K_P(\text{atm}) \times (1.013 \times 10^5)^{-1} = 1.48\,\text{Pa}^{-1}$$
である．これを Torr 単位に換算すると
$$K_P(\text{Torr}) = K_P(\text{atm}) \times (760)^{-1} = 1.97 \times 10^2\,\text{Torr}^{-1}$$

3 表より n–ブタン → i–ブタンの標準ギブズエネルギー変化 $\Delta G^{\ominus}$ は $-17.97 + 15.71 = -2.26\,\text{kJ}\,\text{mol}^{-1}$ である．(6.15) 式より
$$K_P{}^{\ominus} = \exp(-\Delta G^{\ominus}/RT) = 2.49$$
となる．すなわち i–ブタン/n–ブタン $= 2.49$．

4 (1) 初めの AB に対する未解離の AB の割合は $1-\alpha$，生成する A と B は α で，全体の量は $1-\alpha+\alpha+\alpha = 1+\alpha$ となる．平衡状態における全圧を P とすると，各成分の分圧は
$$P_{AB} = [(1-\alpha)/(1+\alpha)]P, \quad P_A = P_B = [\alpha/(1+\alpha)]P$$
となり，平衡定数は
$$K_P{}^{(1)} = [\alpha^2/(1-\alpha^2)]P \tag{a}$$
となる．全圧 P を大きくすると α は小さくなる．

(2) この場合は生成物 A の割合は 2α となるので，A の分圧は，$P_A = [2\alpha/(1+\alpha)]P$，$A_2$ の分圧は $P_{A_2} = [(1-\alpha)/(1+\alpha)]P$ であるから
$$K_P{}^{(2)} = [4\alpha^2/(1-\alpha^2)]P \tag{b}$$
となる．(a) 式と (b) 式での K_P と P が同じ場合は (b) 式の方が α の値は小さくなる．

分子論的に考察すると，A_2 の分解生成物の方が AB の分解生成物よりも分子間の衝突による逆反応が起こりやすいためである．

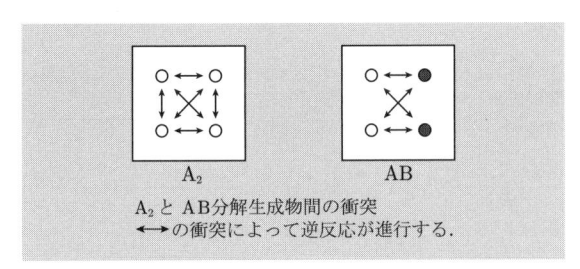

A_2 と AB分解生成物間の衝突
⟷ の衝突によって逆反応が進行する．

5 最後の反応式は，1 番目の反応式から 2 番目の反応式を引くと得られる．それに対応して，1 番目の平衡の式
$$\frac{[\text{H}_2\text{O}][\text{Co}]}{[\text{H}_2][\text{CoO}]} = K_P{}^{(1)}$$
を，2 番目の平衡の式
$$\frac{[\text{CO}_2][\text{Co}]}{[\text{CO}][\text{CoO}]} = K_P{}^{(2)}$$
で割ると最後の平衡の式
$$\frac{[\text{CO}][\text{H}_2\text{O}]}{[\text{CO}_2][\text{H}_2]} = K_P$$
が得られる．ゆえに $K_P = K_P{}^{(1)}/K_P{}^{(2)} = 0.137$．

6 NO_2 の分圧を P_1 atm, N_2O_4 の分圧を P_2 atm とすると，平衡の式は $P_1{}^2/P_2 = 0.15$, $P_2 = 1 - P_1$ であるから

$$\frac{P_1{}^2}{1-P_1} = 0.15, \quad P_1 = 0.32 \quad \text{または} \quad -0.47$$

負の圧力は無意味であるから $P_1 = 0.32$ atm, $P_2 = 0.68$ atm.

7 (1) $P_{NH_3} = P_{H_2S}$ である．$K_P = P_{NH_3} P_{H_2S} = 0.11$ atm^2.

$P_{NH_3} = P_{H_2S} = 0.33$ atm

(2) 求めるべき NH_3 の圧力を $P_{NH_3}{}'$ と書くと $P_{NH_3}{}' = 0.5 + P_{NH_3}$.

$K_P = (0.5 + P_{NH_3}) P_{H_2S} = 0.11$, $\quad P_{H_2S} = 0.17$ atm.

$P_{NH_3}{}' = 0.5 + 0.17 = 0.67$ atm.

8 ΔH が温度によらないとして，(6.24) 式より

$$\Delta H = 8.314 \times 1073 \times 1273 \times \ln(0.403/0.552)/200 = -1.786 \times 10^4 \text{ J}$$

900°C における平衡定数は

$$\ln(K_P(900)/0.552) = -1.786 \times 10^4 \times 100/(8.314 \times 1073 \times 1173) = -0.171$$

$$K_P(900) = 0.465$$

9 平衡定数は

$$K_P = \exp(-22.38 \times 10^3/8.314 \times 900) = 0.0502 \text{ atm}$$

である．エタンの解離度を α とすると，演習問題 4 の (a) 式より，$P = 1$ atm として α を求めると，$\alpha = 0.2187$．ゆえにエチレンと水素の分圧は

$$P_A = P_B = [\alpha/(1+\alpha)]P = 0.2187/1.2187 = 0.1795 \text{ atm}$$

10 (6.23) 式より

$$\frac{d \ln K_P^{\ominus}}{dT} = \frac{1.4477 \times 10^5}{RT^2} - \frac{11.56}{RT} + \frac{1.172 \times 10^{-2}}{R} - \frac{2.59 \times 10^{-5} T}{R}$$

となる．これを積分すると

$$\ln K_P^{\ominus} = -\frac{1.4477 \times 10^5}{RT} - \frac{11.56}{R} \ln T + \frac{1.172 \times 10^{-2} T}{R} - \frac{2.59 \times 10^{-5} T^2}{2R} + I$$

となる．I は積分定数である．$T = 2300$ K において $K_P^{\ominus} = 0.01$ であるから，$I = 18.67$ となる．ゆえに

$$\Delta G^{\ominus} = -RT \ln K_P = 1.4477 \times 10^5 + 11.56 T \ln T$$
$$- 1.172 \times 10^{-2} T^2 + 2.59 \times 10^{-5} T^3/2 - 18.67 RT$$

11 (1) 平均分子量を M とすると，$PV = nRT = (w/M)RT$ の関係がある．$V = 1$ dm^3 として計算すると，$w = 2.70$ g であるから，$R = 0.0821$ atm dm^3 K^{-1} mol^{-1} を用いて

$$M = 2.70 \times 0.0821 \times (273 + 250) = 116$$

(2) 解離度を α とすると，全体としての物質量は $(1 + \alpha)$ 倍になるから，PCl_5 の分子量を M_0 とすると，M_0 と M の関係は $M = M_0/(1+\alpha)$ である．したがって

$$\alpha = M_0/M - 1 = 208.5/116 - 1 = 0.80$$

である．PCl_5 の分圧は，全圧を $P(=1$ atm$)$ として

$$[(1-\alpha)/(1+\alpha)]P = 0.11\,\text{atm}$$

(3) PCl_5 の分圧は $[(1-\alpha)/(1+\alpha)]P$, PCl_3 と Cl_2 の分圧はいずれも $[\alpha/(1+\alpha)]P$ であるから，圧平衡定数は

$$K_P = [\alpha^2/(1-\alpha^2)]P = 1.78\,\text{atm}$$

(4) $\Delta G^{\ominus} = -RT\ln K_P = -8.314 \times 523\ln 1.78 = 2.51 \times 10^3\,\text{J mol}^{-1}$

12 圧平衡定数と濃度平衡定数との関係は (6.7) 式で与えられる．

$$\frac{d}{dT}\ln(RT)^{\Delta n_g} = \frac{\Delta n_g}{T}$$

であるから

$$\frac{d(\ln K_P^{\ominus})}{dT} = \frac{d(\ln K_c^{\ominus})}{dT} + \frac{\Delta n_g}{T} \tag{a}$$

となる．ここで，Δn_g は反応にともなう分子数の変化である．(6.23) 式を用いると

$$\frac{d(\ln K_c^{\ominus})}{dT} = \frac{d(\ln K_P^{\ominus})}{dT} - \frac{\Delta n_g}{T} = \frac{\Delta H^{\ominus} - \Delta n_g RT}{RT^2} \tag{b}$$

となる．$PV = nRT$ より $\Delta n_g RT = P\Delta V$ であるから，(b) 式は

$$\frac{d(\ln K_c^{\ominus})}{dT} = \frac{\Delta H^{\ominus} - P\Delta V}{RT^2} = \frac{\Delta U^{\ominus}}{RT^2} \tag{c}$$

となる．(c) 式を積分して所与の式が与えられる．

13 $\Delta G_{298}^{\ominus} = 51.840 \times 2 - 86.688 \times 2 = -69.70\,\text{kJ}$ である．したがって

$$K_P^{\ominus} = e^{-\Delta G^{\ominus}/RT} = \frac{P_{NO_2}^2}{P_{NO}^2 P_{O_2}} = 1.65 \times 10^{12}\,\text{atm}^{-1}$$

である．また，$\Delta n_g = -1$ であるから，(6.7) 式より

$$K_c^{\ominus} = K_P^{\ominus}(RT) = 1.65 \times 10^{12} \times 0.082 \times 298 = 4.03 \times 10^3\,\text{dm}^3\,\text{mol}^{-1}$$

14 第一段および第二段の反応の平衡定数を K_1, K_2 とすると，$K_P = \exp(-\Delta G/RT)$ であるから

$$K_1 = \exp\left[-(136.65 - 141.38) \times 10^3/RT\right] = 2.58$$

$$K_2 = \exp\left[-(146.77 - 136.65) \times 10^3/RT\right] = 0.132$$

イソペンタンになったものの割合を α_1，ネオペンタンになったものの割合を α_2 とすると

$$K_1 = \frac{\alpha_1}{1 - \alpha_1 - \alpha_2} = 2.58, \quad K_2 = \frac{\alpha_2}{\alpha_1} = 0.132$$

ゆえに，ペンタン：イソペンタン：ネオペンタン $= 1 - \alpha_1 - \alpha_2 : \alpha_1 : \alpha_2 = 1 : 2.58 : 0.341$．

15 $\Delta G^{\ominus} = \Delta H^{\ominus} - T\Delta S^{\ominus}$，$K_P^{\ominus} = \exp(-\Delta G^{\ominus}/RT)$ より平衡定数を計算するために，$\Delta H^{\ominus}$ と $\Delta S^{\ominus}$ を求める．

$\Delta H_f^{\ominus}(\text{ベンゼン, g}) - 3\Delta H_f^{\ominus}(\text{アセチレン}) = 82.9 - 226.73 \times 3 = -597.3\,\text{kJ}$

$\Delta S^{\ominus}(\text{ベンゼン, g}) = \Delta S^{\ominus}(\text{ベンゼン, }\ell) + \Delta S_v = 172.8 + 97.2 = 270.0\,\text{J K}^{-1}\,\text{mol}^{-1}$

$\Delta S^{\ominus} = \Delta S^{\ominus}(\text{ベンゼン, g}) - 3\Delta S^{\ominus}(\text{アセチレン}) = -332.4\,\text{J K}^{-1}$

となる．これより

$$\Delta G^{\ominus} = -597.3 \times 10^3 + 298 \times 332.4 = -4.98 \times 10^5\,\text{J}$$

ゆえに，$K_P = P_{C_6H_6}/P_{C_2H_2}^3 = \exp(4.98 \times 10^5/8.314 \times 298) = 1.96 \times 10^{87}\,(\text{atm})^{-2}$．反応は完全に進行する．

第 7 章

1.1 電離度を α とすると,有効濃度は $(1+\alpha)$ 倍になる.したがって
$$0.194/1.86 = 0.100 \times (1+\alpha), \quad \alpha = 0.043$$

1.2 平均活量は (7.7) 式で与えられるから,イオンの濃度を c_+, c_- とすると
$$\begin{aligned}\alpha_\pm &= (\alpha_{X(+)}{}^m \alpha_{Y(-)}{}^n)^{1/(m+n)} = (\gamma_{X(+)}{}^m \gamma_{Y(-)}{}^n)^{1/(m+n)} (c_+{}^m c_-{}^n)^{1/(m+n)} \\ &= \gamma_\pm (c_+{}^m c_-{}^n)^{1/(m+n)}\end{aligned} \tag{a}$$

となる.それぞれの塩濃度を $c\,\mathrm{mol\,kg^{-1}}$ とすると,(a) 式の $(c_+{}^m c_-{}^n)^{1/(m+n)}$ は KCl : $(c_+ c_-)^{1/2} = c$,CaCl$_2$: $(c_+ c_-{}^2)^{1/3} = (4c^3)^{1/3} = 4^{1/3} c = 1.587\,c$,CuSO$_4$: $(c_+ c_-)^{1/2} = c$ である.これより,平均活量は

$$\mathrm{KCl}:0.00901,\quad \mathrm{CaCl_2}:0.0115,\quad \mathrm{CuSO_4}:0.0041$$

このように,平均活量は CuSO$_4$ のような 2 : 2 電解質の方が KCl のような 1 : 1 電解質よりも大幅に低下している.これは,2 : 2 電解質の方がイオン間のクーロン相互作用が大きいためである.CaCl$_2$ のような 2 : 1 電解質では電離によって 3 個のイオンが生成するため,活量は 2 個の場合の $4^{1/3}$ 倍になる.そのため平均活量は大きくなるが,Ca^{2+} が 2 価イオンであるために平均活量が小さく,平均活量はあまり大きくならない.

1.3 (7.9) 式と (7.10) 式より
$$I = [(1/2) \times 0.957 \times 10^{-5} \times (2^2+2^2)] = 3.828 \times 10^{-5}$$
$$\log \gamma_\pm = -0.509 \times 2 \times 2 \times I^{1/2} = -1.260 \times 10^{-2}$$

である.溶解平衡の状態では $\Delta G = 0$ であるから,(7.5) 式と (7.25) 式より
$$\begin{aligned}\Delta G^\ominus &= -RT \ln \alpha_\pm{}^2 = -2.303 RT (\log \gamma_\pm{}^2 + \log m^2) \\ &= -8.314 \times 298 \times 2.303 \times 2 \times (-1.260 \times 10^{-2} - 5.019) = 5.74 \times 10^4\,\mathrm{J}\end{aligned}$$

2.1 (7.15) 式によって α が計算される.K_a が非常に小さくて濃度が非常に小さくないときは $\alpha \ll 1$ であるから,$\alpha \fallingdotseq (K_\mathrm{a}/C)^{1/2}$ としてよい.しかし,そうでないときには近似計算の誤差は無視できなくなる.

酢酸,$C = 0.1, \alpha \fallingdotseq (1.75 \times 10^{-5}/0.1)^{1/2} = 1.322 \times 10^{-2}$.(7.15) 式による厳密な計算を行うと $10^{-1}\alpha^2 = 1.75 \times 10^{-5}(1-\alpha)$,$\alpha = 1.314 \times 10^{-2}$ で,誤差は 0.66 %.pH $= -\log(0.1 \times 1.32 \times 10^{-2}) = 2.88$.同様にして近似計算と厳密な計算の結果比較し,誤差を示すと,次のようになる.

	$K_\mathrm{a}/\mathrm{mol\,dm^{-3}}$	$C/\mathrm{mol\,dm^{-3}}$	α(近似)	α(厳密)	誤差/%
酢酸	1.75×10^{-5}	0.1	0.01323	0.01314	0.66
	1.75×10^{-5}	0.01	0.04183	0.04097	2.1
	1.75×10^{-5}	0.001	0.1322	0.1238	6.4
ギ酸	1.77×10^{-4}	0.1	0.04207	0.04120	2.1
	1.77×10^{-4}	0.01	0.1330	0.1245	6.4
	1.77×10^{-4}	0.001	0.4207	0.3414	18.9

2.2 酢酸ナトリウムの電離平衡および酢酸イオンのブレンステッド塩基としての水との電離平衡は次のようになる.

$$CH_3COONa = CH_3COO^- + Na^+ \qquad (a)$$
$$CH_3COO^- + H_2O = CH_3COOH + OH^- \qquad (b)$$

(b) の電離平衡について加水解離定数を K_h とすると

$$\begin{aligned}K_h &= [CH_3COOH][OH^-]/[CH_3COO^-] \\ &= [CH_3COOH][H^+][OH^-]/[CH_3COO^-][H^+] = K_w/K_a \end{aligned} \qquad (c)$$

となる. $[CH_3COONa] = c\,\text{mol}\,\text{dm}^{-3}$, CH_3COO^- のうちで水と反応したものの割合 (加水解離度) を h とすると $[CH_3COO^-] = c(1-h)$, $[CH_3COOH] = [OH^-] = ch$ であるから, (c) 式は

$$K_h = \frac{c^2 h^2}{c(1-h)} \fallingdotseq ch^2 \quad (h \ll 1)$$

となる. 加水解離度 h は

$$h \fallingdotseq (K_h/c)^{1/2} = (K_w/K_a c)^{1/2} = (10^{-14}/1.75 \times 10^{-5} \times 0.1)^{1/2} = 7.56 \times 10^{-5}$$

となる. したがって, $h \ll 1$ の近似は十分に成立する.

$$[OH^-] = ch = 7.56 \times 10^{-6}, \quad pH = 14 - 5.1 = 8.9$$

2.3 弱酸 HA とその強塩基との塩 AM の水溶液では, AM の電離により多量に生じる A^- のために AH の電離は抑えられ, $[HA] \fallingdotseq c_a$, $[A^-] \fallingdotseq c_s$ となっている. ここで, c_a は酸の濃度, c_s は塩の濃度である. HA の電離平衡に質量作用の法則を適用すると

$$K_a = [A^-][H^+]/[HA] \fallingdotseq c_s[H^+]/c_a$$

となる. ゆえに

$$[H^+] = K_a c_a/c_s, \quad pH = pK_a - \log(c_a/c_s)$$

2.4 (7.22) 式により

$$pH = pK_a + \log(c_s/c_a) = 4.76 + \log(c_s/c_a) = 5.30$$
$$\log(c_s/c_a) = 0.54, \quad c_s/c_a = 10^{0.54} = 3.47$$

$c_a = 1.0\,\text{mol}\,\text{dm}^{-3}$ であるから, $c_s = 3.47\,\text{mol}\,\text{dm}^{-3}$. 溶液は $0.1\,\text{dm}^3$ であるから, $CH_3COONa = 82$ より, 加える塩の質量は

$$3.47 \times 0.1 \times 82 = 28.4\,\text{g}$$

3.1 1滴は約 $0.03\,\text{cm}^3$ であるから, 塩化物イオンの濃度は $3 \times 10^{-6}\,\text{mol}\,\text{dm}^{-3}$ となる. イオン積は

$$[Ag^+][Cl^-] = 3 \times 10^{-9} > 1.78 \times 10^{-10}$$
$$[Hg_2^{2+}][Cl^-]^2 = 9 \times 10^{-15} > 1.32 \times 10^{-18}$$
$$[Pb^{2+}][Cl^-]^2 = 9 \times 10^{-15} < 1.74 \times 10^{-5}$$

であるから, 硝酸銀溶液と硝酸水銀 (I) 溶液で沈殿を生じる.

3.2 H_2O と反応する NH_3 および Ag^+ と反応する NH_3 の量は NH_3 の全量に比べてわずかであるから, 無視できる. HNO_3 のすべては NH_3 と反応して NH_4NO_3 となっていると考えられる. したがって, 溶液の量がアンモニア液の3倍になることを考慮して, 平衡状態では $[NH_3] = 0.1\,\text{mol}\,\text{dm}^{-3}$ となっている. Ag^+ の総量は変わらないから

$$[Ag^+]_{\text{total}} = [Ag^+] + [Ag(NH_3)_2^+] = [Ag^+](1 + K[NH_3]^2)$$
$$[Ag^+] = \frac{[Ag^+]}{1 + K[NH_3]^2} = \frac{1.0 \times 10^{-4}}{1 + 2.5 \times 10^7 \times 10^{-2}} = 4.0 \times 10^{-10}\,\text{mol}\,\text{dm}^{-3}$$

4.1 (1) それぞれの反応は $Zn \to Zn^{2+} + 2e^-$(酸化), $Sn^{4+} + 2e^- \to Sn^{2+}$(還元) であるから，電池は

$$Zn|Zn^{2+}||Sn^{4+}, Sn^{2+}|Pt$$

標準起電力は $E^\ominus = 0.154 - (-0.763) = 0.917\,\mathrm{V}$. 記号 || は Zn^{2+} を含む溶液と Sn^{4+}, Sn^{2+} を含む溶液とを連結する塩橋を表している．右側の極は，Sn^{4+} と Sn^{2+} を含む溶液に白金を電極として浸したものである．

(2) それぞれの反応は $H_2 \to 2H^+\,(aq) + 2e^-$, $AgCl + e^- \to Ag + Cl^-\,(aq)$ であるから，電池は

$$Pt, H_2|HCl\,(aq)|AgCl\,(s)|Ag$$

標準起電力は $E^\ominus = 0.2224 - 0 = 0.2224\,\mathrm{V}$

4.2 (1) 左側：$Pb \to Pb^{2+} + 2e^-$, 右側：$2Ag^+ + 2e^- \to 2Ag$
全体：$Pb + 2Ag^+ \to Pb^{2+} + 2Ag$, $E^\ominus = 0.7991 - (-0.1288) = 0.9279\,\mathrm{V}$

(2) 左側：$H_2 \to 2H^+ + 2e^-$, 右側：$O_2 + 2H_2O + 4e^- \to 4OH^-$
全体：$H_2 + O_2 \to 2H^+ + 2OH^-$, $E^\ominus = 0.401 - 0 = 0.401\,\mathrm{V}$

(3) 左側：$Fe^{2+} \to Fe^{3+} + e^-$, 右側：$SO_4^{2-} + H_2O + 2e^- \to SO_3^{2-} + 2OH^-$
全体：$2Fe^{2+} + SO_4^{2-} + H_2O \to 2Fe^{3+} + SO_3^{2-} + 2OH^-$
$E^\ominus = -0.93 - 0.77 = -1.70\,\mathrm{V}$

この場合，$E^\ominus < 0$ で，実際の反応は逆方向に進む

(4) 左側：$H_2 \to 2H^+ + 2e^-$, 右側：$PbSO_4\,(s) + 2e^- \to Pb + SO_4^{2-}$
全体：$H_2 + PbSO_4\,(s) \to Pb + 2H^+ + SO_4^{2-}$, $E^\ominus = -0.3553 - 0 = -0.3553\,\mathrm{V}$

この場合，$E^\ominus < 0$ で，実際の反応は逆方向に進む

(5) 左側：$Ni + 2OH^- \to Ni\,(OH)_2 + 2e^-$, 右側：$2H^+ + 2e^- \to H_2$
全体：$Ni + 2H_2O \to Ni\,(OH)_2 + H_2$, $E^\ominus = 0 - (-0.72) = 0.72\,\mathrm{V}$

5.1 (1) 鉛蓄電池内の反応に相当している．Pb が酸化され，PbO_2 が還元されるので，相当する電池は $Pb|PbSO_4|H_2SO_4\,(0.5)|PbSO_4|PbO_2$ となる．起電力は

$$E = E^\ominus - (RT/2F) \ln\,(1/0.5^2)$$
$$= 1.6852 - (-0.3553) + 0.0591 \log 0.5 = 2.058\,\mathrm{V}$$
$$\Delta G = -zFE = -2 \times 96480 \times 2.058 = -397\,\mathrm{kJ}$$

(2) Sn^{2+} が Sn^{4+} に酸化され，Hg^{2+} が Hg^+ に還元されるので，相当する電池は $Pt|SnSO_4\,(1), Sn\,(SO_4)_2\,(0.5)||HgSO_4\,(0.1), Hg_2SO_4\,(0.01)|Pt$ である．起電力は

$$E = E^\ominus - (RT/2F) \ln\,(0.5 \times 0.01/1 \times 0.1^2)$$
$$= 0.154 - 0.920 + 0.009 = -0.757\,\mathrm{V}$$
$$\Delta G = 2 \times 96480 \times 0.75 = 146\,\mathrm{kJ}$$

$\Delta G > 0$ であるから逆反応が自発的に進行する．

5.2 放電させたときに発生する熱量は，$q = 0.1FE = 9648 \times 1.10 = 1.06 \times 10^4\,\mathrm{J}$. 外界のエントロピー変化は $\Delta S = 1.06 \times 10^4/298 = 35.6\,\mathrm{J\,K^{-1}}$. 内部抵抗が $100\,\Omega$ のモーターを作動

させた場合は，電池の内部抵抗が $2\,\Omega$ であるので
$$\omega = 100/(100+2) \times 0.1FE = 1.04 \times 10^4 \,\text{J}$$
となる．一般に，内部抵抗が大きいモーターを作動させる方が仕事効率は高くなる．しかし，電流が小さくなるので仕事をするのに要する時間は増大する．内部抵抗が無限大のモーターで無限の時間をかけて仕事をすれば仕事効率は 1 になる (準静的変化)．仕事に変わらなかった自由エネルギーが熱に変化するから，外界のエントロピー変化は
$$\Delta S = (1.06 \times 10^4 - 1.04 \times 10^4)/298 = 0.7\,\text{J}\,\text{K}^{-1}$$

6.1 電池内反応は

　　左極 (負極)：$\text{Cd}\,(\text{アマルガム}) = \text{Cd}^{2+} + 2\text{e}^-$
　　右極 (正極)：$\text{Hg}_2{}^{2+} + 2\text{e}^- = 2\text{Hg}$
　　全体：$\text{Cd}\,(\text{アマルガム}) + \text{Hg}_2{}^{2+} = \text{Cd}^{2+} + 2\text{Hg}$

である．(7.30) 式より
$$\Delta S = 2F\left(\frac{\partial E}{\partial T}\right)_P = 2 \times 96485 \times (5.17 \times 10^{-4} - 2 \times 9.5 \times 10^{-7} \times 298) = -9.49\,\text{J}\,\text{K}^{-1}$$
となる．$\Delta G = \Delta H - T\Delta S$ より $\Delta H = \Delta G + T\Delta S$，$\Delta G = -zFE$ であるから
$$\Delta H = -2 \times 96485 \times (0.94868 + 5.17 \times 10^{-4} \times 298 - 9.5 \times 10^{-7} \times 298^2) - 298 \times 9.49$$
$$= -1.993 \times 10^5\,\text{J}$$

7.1 電池内反応は

　　左極：$\text{H}_2\,(1\,\text{atm}) + 2\,\text{OH}^- \to 2\text{H}_2\text{O} + 2\text{e}^-$
　　右極：$2\text{H}^+ + 2\text{e}^- \to \text{H}_2\,(1\,\text{atm})$
　　全体：$\text{H}^+ + \text{OH}^- \to \text{H}_2\text{O}$

である．起電力は
$$E = E^\ominus - (RT/F)\ln\left[1/a\,(\text{H}^+)\,a\,(\text{OH}^-)\right]$$
$$= E^\ominus + 0.0591\log\left[a\,(\text{H}^+)\,a\,(\text{OH}^-)\right] = 0.5840\,\text{V}$$
これより $E^\ominus = 0.5840 - 0.0591\log(0.01 \times 0.9)^2 = 0.8258\,\text{V}$．ゆえに，$E = 0$ となる $K_\text{w} = a\,(\text{H}^+)\,a\,(\text{OH}^-)$ の値は
$$\log K_\text{w} = -E^\ominus/0.0591 = -0.8258/0.0591 = -13.97$$
$$K_\text{w} = 1.07 \times 10^{-14}\,\text{mol}^2\,\text{dm}^{-6}$$

7.2 溶液中では $\text{I}_2\,(\text{s}) \rightleftarrows \text{I}_2\,(\text{aq})$, $\text{I}_2\,(\text{aq}) + \text{I}^- \rightleftarrows \text{I}_3{}^-$ の平衡が成立しているので，$\text{I}_2\,(\text{s}) + 2\text{e}^- \to 2\text{I}^-$ の反応は実質上 $\text{I}_2\,(\text{aq}) + 2\text{e}^- \to 2\text{I}^-$ の反応である．そこで，電池 $\text{Pt}|\text{I}_3{}^-,\,\text{I}^-,\,\text{I}_2\,(\text{aq})|\text{I}_2\,(\text{s}),\,\text{Pt}$ の起電力から平衡定数を求める．

　　左極：$3\text{I}^- \to \text{I}_3{}^- + 2\text{e}^-$　　$E^\ominus = 0.5365\,\text{V}$
　　右極：$\text{I}_2\,(\text{aq}) + 2\text{e}^- \to 2\text{I}^-$　　$E^\ominus = 0.5346\,\text{V}$
　　全体：$\text{I}_2\,(\text{aq}) + \text{I}^- \to \text{I}_3{}^-$　　$E^\ominus = -0.0019\,\text{V}$

である．$z = 2$ であるから，平衡定数は $\log K_c = -0.0019 \times 2/0.0591 = -0.0643$．$K_c = 0.862$．$K_c = [\text{I}_3{}^-]/[\text{I}^-][\text{I}_2\,(\text{aq})]$ で，$[\text{I}^-] = 0.01\,\text{mol}\,\text{dm}^{-3}$ であるから $K_c = [\text{I}_3{}^-]/0.01 \times 1.33 \times 10^{-3} = 0.862$．$[\text{I}_3{}^-] = 1.15 \times 10^{-5}\,\text{mol}\,\text{dm}^{-3}$.

8.1 例題 8 の (b) 式を用いて
$$\mathrm{pH} = -\log a(\mathrm{H}^+) = (0.464 - 0.280)/0.0591 = 3.11$$
$$a(\mathrm{H}^+) = 7.7 \times 10^{-4}\,\mathrm{mol\,dm^{-3}}$$
である．塩酸アニリンの加水分解は
$$\mathrm{C_6H_5NH_3^+ + H_2O = C_6H_5NH_2 + H_3O^+}$$
である．希薄な溶液であるから，$\gamma = 1$ とみなせる．したがって，$\mathrm{H_3O^+}$ を $\mathrm{H^+}$ と書くと，加水解離度を h として，$[\mathrm{H^+}] = ch = 7.7 \times 10^{-4}\,\mathrm{mol\,dm^{-3}}$，$c = 0.0315\,\mathrm{mol\,dm^{-3}}$ より，$h = 0.024$．

演習問題

1 式量は $\mathrm{NaNO_3} = 85.0$ であるから溶液の質量モル濃度は $m = 3.00 \times 10/85.0 = 0.353\,\mathrm{mol\,kg^{-1}}$ である．この溶液の沸点上昇は $0.306\,\mathrm{K}$ であるから
$$\Delta T = iK_\mathrm{b}m = i \times 0.51 \times 0.353 = 0.306\,\mathrm{K}$$
これより $i = 1.7$．

2 式量は $\mathrm{CaCl_2} = 110.98$ であるから溶液の質量モル濃度は $m = 0.2756 \times (1000/50)/110.98 = 0.0497\,\mathrm{mol\,kg^{-1}}$ である．この溶液の凝固点は $-0.159\,°\mathrm{C}$ であるから，有効濃度 $0.159/1.86 = 0.0855\,\mathrm{mol\,kg^{-1}}$ である．したがって，ファント・ホッフ係数は
$$i = 0.0855/0.0497 = 1.72$$
電離によって3個のイオンが生成するから $\gamma_\pm = i/3 = 0.573$．平均活量は $a_\pm = \gamma_\pm 4^{1/3}m = 0.0452\,\mathrm{mol\,kg^{-1}}$．浸透圧は
$$\Pi = icRT = 1.72 \times 0.0497 \times 0.08205 \times 273 = 1.92\,\mathrm{atm} = 1.94 \times 10^5\,\mathrm{Pa}$$
(このように，浸透圧の計算では体積を $\mathrm{dm^3}$ 単位で，R を $\mathrm{dm^3\,atm}$ 単位で表すのも1つの方法である)．

3 (7.4) 式より
$$i = (m + n - 1)\alpha + 1 = 2\alpha + 1 = 1.72, \quad \alpha = 0.36$$

4
$$\mathrm{PbI_2 \rightarrow Pb^{2+} + 2I^-}$$
であるから，$m_{\mathrm{Pb^{2+}}} = m$，$m_{\mathrm{I^-}} = 2m$ であり，$\mathrm{PbI_2}$ 溶液のイオン強度は
$$I = \frac{1}{2}(m_{\mathrm{Pb^{2+}}}z_+^2 + m_{\mathrm{I^-}}z_-^2) = \frac{1}{2}(m \times 2^2 + 2m \times 1^2)$$
$$= 3m = 3 \times 1.37 \times 10^{-3} = 4.11 \times 10^{-3}$$
$$\log \gamma_\pm = -0.509|z_+z_-|I^{1/2}$$
$$= -0.509 \times 2 \times 1 \times (4.11 \times 10^{-3})^{1/2} = -0.653 \times 10^{-1}$$
$$\gamma_\pm = 0.859$$
$$K_\mathrm{s} = a_{\mathrm{Pb^{2+}}}a_{\mathrm{I^-}}^2 = (\gamma_+m_+)(\gamma_-m_-)^2$$
$$= (\gamma_+\gamma_-^2)m_+m_-^2 = \gamma_\pm^3 m(2m)^2 = 4(\gamma_\pm)^3$$
$$= 4 \times (0.859 \times 1.37 \times 10^{-3})^3 = 6.52 \times 10^{-9}\,\mathrm{mol^3\,kg^{-3}} \simeq 6.52 \times 10^{-9}\,\mathrm{mol^3\,dm^{-3}}$$
$\gamma_\pm = 1$ と仮定したとき
$$K_\mathrm{s} = (1.37 \times 10^{-3})(2 \times 1.37 \times 10^{-3})^2$$
$$= 1.03 \times 10^{-8}\,\mathrm{mol^3\,dm^{-3}} \simeq 1.03 \times 10^{-8}\,\mathrm{mol^3\,dm^{-3}}$$

5 電離平衡
$$\mathrm{HCN \rightleftarrows H^+ + CN^-}$$

において
$$\frac{[\mathrm{H}^+][\mathrm{CN}^-]}{[\mathrm{HCN}]} = K = 7.2 \times 10^{-10}\,\mathrm{mol\,dm^{-3}}$$
HCN の濃度を c, 電離度を α とすると
$$[\mathrm{H}^+] = c\alpha = \sqrt{cK}$$
$$\mathrm{pH} = -\log[\mathrm{H}^+] = -\log\sqrt{cK} = -\frac{1}{2}\log c - \frac{1}{2}\log K$$
ここで $K = 7.2 \times 10^{-10}\,\mathrm{mol\,dm^{-3}}$
$$4.0 = -\frac{1}{2}\log c - \frac{1}{2}\log 7.2 \times 10^{-10}$$
$$\log c = 1.143, \quad c = 13.9\,\mathrm{mol\,dm^{-3}}$$

6 $3.5 \times 10^{-4}\,\mathrm{atm}$ の下での CO_2 の飽和濃度は $0.029 \times 3.5 \times 10^{-4} = 1.02 \times 10^{-5}\,\mathrm{mol\,dm^{-3}}$ である. $[\mathrm{H}^+]$ は第 1 段の解離でほぼきまるので, その解離度を α とすると
$$K_1 = 4.3 \times 10^{-7} = c\alpha^2/(1-\alpha) = 1.02 \times 10^{-5}\alpha^2/(1-\alpha)$$
$$1.02 \times 10^{-5}\alpha^2 + 4.3 \times 10^{-7}\alpha - 4.3 \times 10^{-7} = 0, \quad \alpha = 0.185$$
(濃度が非常に小さいので $\alpha = (K_1/c)^{1/2} = 0.222$ となり, この近似では誤差が無視できない.)
これより $[\mathrm{HCO_3^-}] = c\alpha = 1.89 \times 10^{-6}\,\mathrm{mol\,dm^{-3}}$
$$K_2 = 5.6 \times 10^{-11} = c\alpha^2/(1-\alpha) = 1.89 \times 10^{-6}\alpha^2/(1-\alpha)$$
$$1.89 \times 10^{-6}\alpha^2 + 5.6 \times 10^{-11}\alpha - 5.6 \times 10^{-11} = 0, \quad \alpha = 5.43 \times 10^{-3}$$
(K_2 が非常に小さいので, $\alpha = (K_1/c)^{1/2} = 5.44 \times 10^{-3}$ となり, この近似でも誤差は小さい.)
これより $[\mathrm{CO_3^{2-}}] = 1.03 \times 10^{-9}\,\mathrm{mol\,dm^{-3}}$. 結局
$$[\mathrm{H}^+] \fallingdotseq [\mathrm{HCO_3^-}] = 1.89 \times 10^{-6}\,\mathrm{mol\,dm^{-3}}, \quad \mathrm{pH} = 5.72$$
$$[\mathrm{CO_3^{2-}}] = 1.03 \times 10^{-9}\,\mathrm{mol\,dm^{-3}}$$

注:一般に多価の酸や塩基では各段階の電離定数に 10^5 程度の大きな差があるので, このような近似計算が可能である. 厳密には物質の保存則と電荷のバランスから式を立てて解く. この場合

物質の保存則:$[\mathrm{CO_2}]_{\mathrm{total}} = [\mathrm{CO_2}] + [\mathrm{HCO_3^-}] + [\mathrm{CO_3^{2-}}]$

電荷のバランス:$[\mathrm{H}^+] = [\mathrm{HCO_3^-}] + [\mathrm{CO_3^{2-}}] + [\mathrm{OH}^-]$

となる. このうち, $[\mathrm{OH}^-]$ は極端に小さいと考えられるので, 無視できる. これらに
$$[\mathrm{CO_2}]_{\mathrm{total}} = 1.02 \times 10^{-5}, \quad [\mathrm{HCO_3^-}][\mathrm{H}^+]/[\mathrm{CO_2}] = K_1, \quad [\mathrm{CO_3^{2-}}][\mathrm{H}^+]/[\mathrm{HCO_3^-}] = K_2$$
の関係を用いて計算する.

7 滴下した強塩基の体積を $v_\mathrm{b}\,\mathrm{cm}^3$ とすると, 全体積は $(v_\mathrm{a} + v_\mathrm{b})\,\mathrm{cm}^3$ であるから, ナトリウムイオンおよび塩化物イオンの濃度は
$$[\mathrm{Na}^+] = c_\mathrm{b}v_\mathrm{b}/(v_\mathrm{a}+v_\mathrm{b}), \quad [\mathrm{Cl}^-] = c_\mathrm{a}v_\mathrm{a}/(v_\mathrm{a}+v_\mathrm{b})$$
である. また, 電荷のバランスより
$$[\mathrm{Na}^+] + [\mathrm{H}^+] = [\mathrm{Cl}^-] + [\mathrm{OH}^-]$$
となる. 水のイオン積を K_w とすると
$$c_\mathrm{b}v_\mathrm{b}/(v_\mathrm{a}+v_\mathrm{b}) + [\mathrm{H}^+] = c_\mathrm{a}v_\mathrm{a}/(v_\mathrm{a}+v_\mathrm{b}) + K_\mathrm{w}/[\mathrm{H}^+] \qquad \text{(a)}$$
となる. ゆえに
$$[\mathrm{H}^+] = \frac{1}{2}\left\{\frac{c_\mathrm{a}v_\mathrm{a} - c_\mathrm{b}v_\mathrm{b}}{v_\mathrm{a}+v_\mathrm{b}} + \left[\left(\frac{c_\mathrm{b}v_\mathrm{b} - c_\mathrm{a}v_\mathrm{a}}{v_\mathrm{a}+v_\mathrm{b}}\right)^2 + 4K_\mathrm{w}\right]^{1/2}\right\} \qquad \text{(b)}$$

(a) 式において $c_a = 0.10$, $v_a = 50$, $c_b = 0.10$ とおいて

$$[H^+] = \frac{1}{2}\left\{\frac{0.10(50-v_b)}{50+v_b} + \left[\left(\frac{0.10(v_b-50)}{50+v_b}\right)^2 + 4.0\times 10^{-14}\right]^{1/2}\right\} \quad (c)$$

となる. $v_b = 0$ のときは pH = 1. $v_b = 49.9$ のときは平方根の項は $(0.01/99.9)^2 + 4.0\times^{-14} \doteqdot (0.01/99.9)^2$ とおけるので $[H^+] = 1.0\times 10^{-4}$ M. このように, $v_b = 49.9$ までは $4K_w$ の項は無視できる. $v_b = 50.1$ 以上は (a) 式の代わりに

$$c_b v_b/(v_a+v_b) + K_w/[OH^-] = c_a v_a/(v_a+v_b) + [OH^-] \quad (d)$$

を用いて $[OH^-]$ を計算し, $[H^+] = K_w/[OH^-]$ より計算する. 結果は次のようになる.

v_b	$[H^+]$	pH	v_b	$[H^+]$	pH
0	0.1	1.00	50.1	1.02×10^{-10}	9.992
10	0.067	1.18	50.15	1.00×10^{-10}	10.00
20	0.0428	1.368	51	1.01×10^{-11}	11.00
30	0.025	1.60	55	2.1×10^{-12}	11.68
40	0.0111	1.954	60	1.1×10^{-12}	11.96
45	0.0053	2.279	70	6.0×10^{-13}	12.22
49	0.001	2.995	80	4.33×10^{-13}	12.36
49.9	0.0001	4.000	90	3.5×10^{-13}	12.46
50	0	7.0	100	3.0×10^{-13}	12.52

滴定曲線はこの表に基づいてプロットする.

8 酸性溶液であるから水の電離で生じる $[H^+]$ および $[OH^-]$ は無視できるので, 電荷のバランスは

$$[H^+] = [CH_3COO^-] + [Cl^-] = [CH_3COO^-] + 1.0\times 10^{-3}$$

となる (HCl は完全に解離し, 溶液の体積は 2 倍になる). $[CH_3COO^-] = x$ とおくと, 酢酸の電離平衡に関して

$$\frac{x(x+10^{-3})}{1.0\times 10^{-2} - x} = 1.75\times 10^{-5}$$

が成立する. これより $x = 1.5\times 10^{-4}$, $[H^+] = 1.15\times 10^{-3}$, pH = 2.94.

酢酸ナトリウムが存在する場合は, 酢酸の電離は著しく低下するので, 塩酸を混合した後の溶液では $[Na^+] = [CH_3COO^-] \doteqdot 1.0\times 10^{-2}$ mol dm^{-3} と近似できる. したがって

$$[H^+] + [Na^+] = [CH_3COO^-] + [Cl^-], \quad [H^+] = [Cl^-] = 10^{-3} \text{ mol dm}^{-3}$$

これより, pH = 3.0.

9

$$\begin{array}{ccc} \overset{H^+}{\downarrow} & & \overset{H^+}{\downarrow} \\ H^- + H_2O & \rightleftarrows & H_2 + OH^- \end{array}$$

10 水に溶けて mX^{z+}, nY^{z-} と電離する塩の純水における飽和濃度を s とすると, 溶解度積は $K_s = (ms)^m(ns)^n$ となる. また, 別の塩が同時に溶解していて X^{z+} の濃度が c である場合は $K_s = (ms+c)^m(ns)^n$ となる.

飽和濃度を s とすると, BaF_2 では $m+n=3$, $n^2 = 4$ であるから, 純水中では

$$s(\text{BaF}_2) = (1.1 \times 10^{-6}/4)^{1/3} = 6.5 \times 10^{-3} \text{ mol dm}^{-3}$$
$$s(\text{BaSO}_4) = (1.1 \times 10^{-10})^{1/2} = 1.05 \times 10^{-5} \text{ mol dm}^{-3}$$

となり，その比は $1 : 1.7 \times 10^{-3}$ である．

1.0×10^{-2}M 塩化バリウム水溶液中では，$c \gg s$ であるので $K_s \fallingdotseq c^m (ns)^n$ と近似できる．したがって

$$s(\text{BaF}_2) = [(1.1 \times 10^{-6}/1.0 \times 10^{-2})/4]^{1/2} = 5.2 \times 10^{-3} \text{ mol dm}^{-3}$$
$$s(\text{BaSO}_4) = 1.1 \times 10^{-10}/1.0 \times 10^{-2} = 1.1 \times 10^{-8} \text{ mol dm}^{-3}$$

となり，その比は $1 : 2.1 \times 10^{-6}$ で，その差が大きくなる．

11 (1) $[\text{Ba}^{2+}] = [\text{SO}_4^{2-}] = 1.05 \times 10^{-5} \text{ mol dm}^{-3}$
(2) $[\text{Ba}^{2+}] = [\text{CrO}_4^{2-}] = 0.92 \times 10^{-5} \text{ mol dm}^{-3}$
(3) $[\text{Ba}^{2+}]$ がわずかに増大するので，微量の BaSO_4 が沈殿する．
(4) 電荷のバランス (電気的中性の原理) から，正イオンと負イオンの電荷量は等しい．
$[\text{Ba}^{2+}] = [\text{SO}_4^{2-}] + [\text{CrO}_4^{2-}]$. 同時に $[\text{Ba}^{2+}][\text{SO}_4^{2-}] = 1.1 \times 10^{-10}$, $[\text{Ba}^{2+}][\text{CrO}_4^{2-}] = 0.85 \times 10^{-10}$ より

$$[\text{SO}_4^{2-}]/[\text{CrO}_4^{2-}] = 1.29, \quad [\text{Ba}^{2+}] = 1.40 \times 10^{-5}$$
$$[\text{SO}_4^{2-}] = 0.788 \times 10^{-5}, \quad [\text{CrO}_4^{2-}] = 0.609 \times 10^{-5} \text{ mol dm}^{-3}$$

12 溶解度積の値から，固体の Fe(OH)_3 と共存している Fe^{3+} の濃度は，18°C では

$$[\text{Fe}^{3+}] = 3.8 \times 10^{-38}/[\text{OH}^-]^3 \text{ mol dm}^{-3}$$

である．$[\text{Fe}^{3+}]$ が 0.1 mol dm^{-3} 以上であるためには，$[\text{OH}^-] \fallingdotseq 10^{-12} \text{ mol dm}^{-3}$ 以下 (pH が約2以下) でなければならない．水溶液を煮沸すると溶解している CO_2 が追い出されて pH が高くなり，Fe(OH)_3 が容易に沈殿する．酸を加えると $[\text{OH}^-]$ は小さくなり，Fe(OH)_3 は溶解する．

13 AgCl と Ag_2CrO_4 の溶解度積はそれぞれ，$K_s(\text{AgCl}) = c(\text{Ag}^+) c(\text{Cl}^-)$, $K_s(\text{Ag}_2\text{CrO}_4) = c(\text{Ag}^+)^2 c(\text{CrO}_4^{2-})$ である．AgCl が沈殿しはじめる Ag^+ の濃度は

$$1.8 \times 10^{-10}/10^{-2} = 1.8 \times 10^{-8} \text{ mol dm}^{-3}$$

である．他方，Ag_2CrO_4 が沈殿しはじめる Ag^+ の濃度は

$$(4 \times 10^{-12}/10^{-2})^{1/2} = 2 \times 10^{-5} \text{ mol dm}^{-3}$$

である．したがって，AgCl の方が先に沈殿しはじめる．

14 (1) 気相の反応には白金電極を用いる．左側の極で酸化，右側の極で還元反応が起るときに起電力が正となるようにする．反応および相当する電池の電池図は

$$\text{Zn} \rightarrow \text{Zn}^{2+} + 2\text{e}^-, \quad \text{Cl}_2\,(\text{g}) + 2\text{e}^- \rightarrow 2\text{Cl}^-\,(\text{aq})$$
$$\text{Zn}\,|\,\text{ZnCl}_2\,(\text{aq})\,|\,\text{Cl}_2, \text{Pt}$$

となる．$E^{\ominus} = 1.3583 - (-0.7631) = 2.1214 \text{ V}$

(2) 反応および相当する電池の電池図は

$$\text{Fe}^{2+} \rightarrow \text{Fe}^{3+} + \text{e}^-, \quad 2\text{Hg}^{2+} + 2\text{e}^- \rightarrow \text{Hg}_2^{2+}$$
$$\text{Pt}\,|\,\text{Fe}^{2+},\ \text{Fe}^{3+}\,\|\,\text{Hg}^{2+},\ \text{Hg}_2^{2+}\,|\,\text{Pt}$$

となる．$E^{\ominus} = 0.92 - 0.77 = 0.15 \text{ V}$

(3) 反応および相当する電池の電池図は
$$Sn^{4+} \to Sn^{2+} + 2e^-, \quad Ag^+ + e^- \to Ag$$
$$Pt\,|\,Sn^{4+},\,Sn^{2+}\,\|\,Ag^+\,|\,Ag$$

となる。$E^{\ominus} = 0.799 - 0.154 = 0.645$ V。

15 (1) 左極：$Cd = Cd^{2+}\,(0.1) + 2e^-$
　　　右極：$Zn^{2+}\,(1) + 2e^- = Zn$
　　　全体：$Cd + Zn^{2+}\,(1) = Cd^{2+}\,(0.1) + Zn$

$E = E^{\ominus} - (RT/2F)\ln[a(Cd^{2+})/a(Zn^{2+})] = E^{\ominus} - (0.0591/2)\log(0.1/1) = -0.7631 - (-0.4029) + 0.0296 = -0.3307$ V。$\Delta G = -zFE = -2 \times 96485 \times (-0.3307) = 6.38 \times 10^4$ J。$E < 0$, $\Delta G > 0$ であるから、この反応は進行せず、逆反応が自発的に進行する。

(2) 左極：$Sn^{2+}\,(0.1) = Sn^{4+}\,(0.1) + 2e^-$
　　右極：$2Hg^{2+}\,(0.1) + 2e^- = Hg_2^{2+}\,(0.1)$
　　全体：$Sn^{2+}\,(0.1) + 2Hg^{2+}\,(0.1) = Sn^{4+}\,(0.1) + Hg_2^{2+}\,(0.1)$

$E = E^{\ominus} - (RT/2F)\ln[a(Sn^{4+})\,a(Hg_2^{2+})/a(Sn^{2+})\,a^2(Hg^{2+})] = E^{\ominus} - (0.0591/2)\log[(0.1 \times 0.1)/(0.1 \times 0.1^2)] = 0.92 - 0.154 - 0.0296 = 0.74$ V。$\Delta G = -2 \times 96485 \times 0.74 = -1.42 \times 10^5$ J。

(3) 左極：$Pb = Pb^{2+}\,(0.01) + 2e^-$
　　右極：$2Ag^+\,(1) + 2e^- = 2Ag$
　　全体：$Pb + 2Ag^+\,(1) = Pb^{2+}\,(0.01) + 2Ag$

$E = E^{\ominus} - (RT/2F)\ln[a(Pb^{2+})/a^2(Ag^+)] = 0.7991 - (-0.1288) - 0.0296\log(0.01/1) = 0.987$ V。$\Delta G = -1.90 \times 10^5$ J。

(4) 左極：$H_2\,(1\,atm) = 2H^+\,(0.1) + 2e^-$
　　右極：$2H^+\,(0.1) + 2e^- = H_2\,(0.1\,atm)$
　　全体：$H_2\,(1\,atm) = H_2\,(0.1\,atm)$

$E^{\ominus} = 0$ であるから、$E = -0.0296\log(0.1/1) = +0.0296$ V。$\Delta G = 5.71 \cdot 10^3$ J。この反応は自発的に進行する〔例題 5 の (1)(b) と比較せよ〕。

16 電池内反応は次のようになる。
　　　左極：$Pb + SO_4^{2-} = PbSO_4 + 2e^-$
　　　右極：$PbO_2 + 4H^+ + SO_4^{2-} + 2e^- = PbSO_4 + 2H_2O$
　　　全体：$Pb + PbO_2 + 2H_2SO_4 = 2PbSO_4 + 2H_2O$

$$\Delta G = -zFE = -2 \times 96485 \times 1.9194 = -3.705 \times 10^5 \text{ J}$$
$$\Delta S = zF\,(\partial E/\partial T)_P = zF\,(\partial E/\partial t)_P$$
$$= 2 \times 96485 \times (5.61 \times 10^{-5} + 2.16 \times 10^{-6}t) = 21.2 \text{ J K}^{-1}$$
$$\Delta H = \Delta G + T\Delta S = -3.704 \times 10^5 + 298 \times 21.2 = -3.641 \times 10^5 \text{ J} \quad (\text{発熱})$$

17 この反応において Ag が酸化され、$Fe(NO_3)_3$ が還元されているから、相当する電池の電池図は
$$Ag\,|\,AgNO_3\,\|\,Fe(NO_3)_3,\,Fe(NO_3)_2\,|\,Pt$$
となる。電池内反応が平衡に達すると $E = 0$ となるから

$$0 = E^\ominus - (RT/F) \ln[a(\text{AgNO}_3) a(\text{Fe(NO}_3)_2)/a(\text{Fe(NO}_3)_3)]$$
$$= 0.771 - 0.799 - 0.0591 \log K_a, \quad K_a = 2.78$$

18 これは HCl の濃度(活量)が異なるだけの 2 つの電池を Ag を介して連結したものである．HCl $(3.3 \times 10^{-3}\,\text{M})$ の活量を a とすると，電池内反応は

左側の電池: $\text{H}_2\,(1\,\text{atm}) + 2\,\text{AgCl(s)} = 2\,\text{HCl}(a) + 2\,\text{Ag}$

右側の電池: $2\,\text{HCl}(0.00904) + 2\,\text{Ag} = \text{H}_2\,(1\,\text{atm}) + 2\,\text{AgCl(s)}$

となる．したがって，全体としての反応は
$$2\,\text{HCl}(0.00904) = 2\,\text{HCl}(a)$$

となる．$E^\ominus = 0$ であるから
$$E = -(RT/2F) \ln[a^2/(0.00904)^2] = 0.0271\,\text{V}$$
$$\log(a/0.00904) = -0.0271/0.0591 = -0.4585$$
$$a = 3.15 \times 10^{-3}, \quad \gamma_\pm = 3.15 \times 10^{-3}/3.3 \times 10^{-3} = 0.955$$

19 電池は活量を $a_{+,1}$ などと表して下のように書ける．
$$\text{Ag}\,|\,\text{AgCl(s)}\,|\,\text{Fe}^{2+}(a_{+,1}), \text{Cl}^-(a_{-,1})\,|\,\text{Fe}\,|\,\text{Fe}^{2+}(a_{+,2}), \text{Cl}^-(a_{-,2})\,|\,\text{AgCl(s)}\,|\,\text{Ag}$$
この全電池反応は
$$\text{Fe}^{2+}(a_{+,1}) + 2\,\text{Cl}^-(a_{-,1}) \to \text{Fe}^{2+}(a_{+,2}) + 2\,\text{Cl}^-(a_{-,2})$$
起電力は
$$E = E^\ominus - \frac{RT}{2F} \ln \frac{(a_{+,2})(a_{-,2})^2}{(a_{+,1})(a_{-,1})^2}$$
ここで左右両極は同じだから $E^\ominus = 0$
$$E = -\frac{RT}{2F} \ln \frac{(a_{+,2})(a_{-,2})^2}{(a_{+,1})(a_{-,1})^2} = -\frac{RT}{2F} \ln \frac{a_{\pm,2}{}^3}{a_{\pm,1}{}^3}$$
$$E = -\frac{0.0591}{2} \log \left\{ \frac{\gamma_{\pm,2}\,(\nu_+{}^{\nu_+}\nu_-{}^{\nu_-})^{1/(\nu_++\nu_-)} m_2}{\gamma_{\pm,1}\,(\nu_+{}^{\nu_+}\nu_-{}^{\nu_-})^{1/(\nu_++\nu_-)} m_1} \right\}^3$$
$$= -\frac{3 \times 0.0591}{2} \log \frac{0.460 \times (1^1 \cdot 2^2)^{1/3} \times 0.5}{0.817 \times (1^1 \cdot 2^2)^{1/3} \times 2.0} = 0.0755\,\text{V}$$

20 左極の $\text{Ag}\,|\,\text{AgCl(s)}\,|\,\text{KCl}(0.1\,\text{M})$ は 0.1 M KCl 溶液に飽和した Ag^+ を含む溶液，右極の $\text{AgNO}_3\,(0.1\,\text{M})\,|\,\text{Ag}$ は 0.1 M の Ag^+ 溶液に Ag を浸した電極である．したがって，この電池は Ag^+ に関する濃淡電池である．実際，電池内反応を記すと

左極: $\text{Ag} = \text{Ag}^+(c) + \text{e}^-, \quad \text{Ag}^+ + \text{Cl}^- \rightleftarrows \text{AgCl(s)}$

右極: $\text{Ag}^+\,(0.1\,\text{M}) + \text{e}^- = \text{Ag}$

全体: $\text{Ag}^+\,(0.1\,\text{M}) = \text{Ag}^+(c)$

となる．$z = 1$ より $E = -0.0591 \log(c/0.072) = 0.449, \quad c = 1.82 \times 10^{-9}\,\text{mol dm}^{-3}$．

21 電池内反応は

左極: $\text{H}_2\,(1\,\text{atm}) = 2\,\text{H}^+(a) + 2\text{e}^-$

右極: $\text{Hg}_2\text{Cl}_2 + 2\text{e}^- = 2\,\text{Hg} + 2\,\text{Cl}^-$

全体: $\text{H}_2\,(1\,\text{atm}) + \text{Hg}_2\text{Cl}_2 = 2\text{Hg} + 2\,\text{H}^+(a) + 2\,\text{Cl}^-$

であるから，$K = a^2(\text{H}^+)\,a^2(\text{Cl}^-)$ となる．他方，水素電極の標準起電力 $E_\text{H}^\ominus = 0$ であるか

ら，$E_H = 0.0591 \log a(H^+)$ である (注)．したがって，水素電極とカロメル電極を組み合わせた電池の起電力は

$$E = E_{calo} - E_H = 0.334 - 0.0591 \log a(H^+) = 0.556, \quad pH = -\log a(H^+) = 3.76$$

注：水素電極　Pt, H_2 (1 atm) | $H^+(a)$　の起電力は，標準電極電位を定義する場合と同様に，電池 Pt, H_2 (1 atm) | $H^+(a=1)$ || $H^+(a)$ | H_2 (1 atm), Pt の起電力によって求められる．電池内反応は $H^+(a) = H^+(a=1)$ となり，起電力は $E_H = -(RT/F) \ln[1/a(H^+)] = 0.0591 \log a(H^+)$ となる．問題の電池を，2 つの電池　Pt, H_2 (1 atm) | $H^+(a)$ || $H^+(a=1)$ | H_2 (1 atm) Pt　と　Pt, H_2 (1 atm) | $H^+(a=1)$ || KCl (0.1 M) | Hg_2Cl_2 (s) | Hg　の組合せとみなすとよい．

第 8 章

1.1　(8.8) 式より，速度定数は

$$k = -1/t \ln(c_t/c_0) = -1/115 \ln 0.5 = 6.027 \times 10^{-3} \, s^{-1}$$

$5h = 5 \times 60 \times 60 = 18000$ s であるから，濃度を c とすると

$$6.027 \times 10^{-3} \times 18000 = -\ln(c/c_0), \quad (c/c_0) = \exp(-108.5) = 7.6 \times 10^{-48}$$

5 時間後には完全に分解する．濃度が 1/10 になる時間を $t_{0.1}$ s とすると

$$6.027 \times 10^{-3} \times t_{0.1} = -\ln(0.1), \quad t_{0.1} = 3.82 \times 10^2 \, s = 6.4 \, min$$

1.2　^{14}C の半減期は $t_{1/2} = 5730 \times 365 \times 24 \times 60 \times 60 = 1.807 \times 10^{11}$ s であるから，速度定数は $k = \ln 2/(1.807 \times 10^{11}) = 3.836 \times 10^{-12} \, s^{-1}$．1 g 中の原子数は $6.023 \times 10^{23}/14 = 4.30 \times 10^{22}$ 個であるから，毎秒崩壊する ^{14}C の数は $4.30 \times 10^{22} \times 3.836 \times 10^{-12} = 1.65 \times 10^{11}$ 個．

1.3　速度定数を各々 k_1, k_2, k_3 とする．O_3 の消費速度は

$$-d[O_3]/dt = k_1[O_3] + k_3[O][O_3] - k_2[O][O_2]$$

である．初めの反応の疑似平衡の条件は

$$k_1[O_3] = k_2[O][O_2]$$

これらの式より

$$-d[O_3]/dt = k_3[O][O_3] - k_1 k_3 [O_3]^2 / k_2 [O_2]$$

O_3 の消費速度には初めの疑似平衡の反応は関係しないが，[O] を $[O_2], [O_3]$ と関係づけている．O_2 の分圧が高いほど O_3 は減少しにくい．これは O_2 の分圧が高いほど O_3 が生成しやすいからである．

2.1　(a) 式の x を求めるには，2 つの条件下での $-[dP(NO)/dt]_0$ の測定値の比をとって k および $P(H_2)^y$ の項を消去し，$[P(NO)_1/P(NO)_2]^x$ だけを右辺に残す．すなわち

$$\frac{-[dP(NO)/dt]_{0,1}}{-[dP(NO)/dt]_{0,2}} = \frac{kP(NO)_1{}^x P(H_2)_1{}^y}{kP(NO)_2{}^x P(H_2)_2{}^y} = \left(\frac{P(NO)_1}{P(NO)_2}\right)^x$$

x を求めるには両辺の対数をとって計算すると

$$x = \frac{\log\{-[dP(NO)/dt]_{0,1}/-[dP(NO)/dt]_{0,2}\}}{\log\{[P(NO)]_1/[P(NO)]_2\}}$$

$$= \frac{\log[(200 \, Pa \, s^{-1})/(137 \, Pa \, s^{-1})]}{\log[(0.479 \times 10^4 \, Pa)/(0.400 \times 10^4 \, Pa)]} = 2.10 \simeq 2$$

となる．反応は NO に関して 2 次である．

2.2 0 次反応は反応速度が反応物質の濃度に無関係の反応である (濃度の 0 乗)．したがって，反応物質の濃度を c とすると，微分方程式は $v = -dc/dt = k$ となる．ここで，k は速度定数である．$t = 0$ の濃度 (初濃度) を c_0 とすると

$$c = c_0 - kt$$

となる．半減期 $t_{1/2}$ では $c = c_0/2$ であるから

$$t_{1/2} = c_0/2k$$

3.1 288〜303 K：$E_{a,1} = -R\ln(0.335/0.0507)/(1/303 - 1/288) = 9.13 \times 10^4$ J
303〜333 K：$E_{a,2} = -R\ln(8.19/0.335)/(1/333 - 1/303) = 8.94 \times 10^4$ J
333〜363 K：$E_{a,3} = -R\ln(119/8.19)/(1/363 - 1/333) = 8.97 \times 10^4$ J
$(E_{a,1} + E_{a,2} + E_{a,3})/3 = 9.01 \times 10^4$ J

$E_{a,1}$ が 8.94×10^4 J で平均からのずれは最大であるが，1.3％ と小さい．

3.2 293 K における速度定数を k とすると，(8.14) 式より

$$k = Ae^{-E/293R}, \quad 2k = Ae^{-E/303R}$$

ゆえに $E = 52.4\,\mathrm{kJ\,mol^{-1}}$

4.1 (3) の反応の速度式は

$$d[HNO_2]/dt = k_3[N_2O_4][H_2O] \tag{a}$$

となる．また，(1), (2) は平衡に達しているとみなせるので

$$K_1 = [NO][NO_2][H_2O]/[HNO_2]^2 \tag{b}$$

$$K_2 = [N_2O_4]/[NO_2]^2 \tag{c}$$

とおける．(b) 式より [NO$_2$] を求めて (c) 式に代入すると

$$[N_2O_4] = K_2[NO_2]^2 = K_1{}^2 K_2[HNO_2]^4/[NO]^2[H_2O]^2$$

となる．これを (a) 式に代入すると

$$d[HNO_2]/dt = k_3 K_1{}^2 K_2[HNO_2]^4/[NO]^2[H_2O]$$

となる．希薄水溶液では [H$_2$O] は一定とみなせるので，$k_3 K_1{}^2 K_2/[H_2O] = k$ とすると下のようになる．

$$d[HNO_2]/dt = k[HNO_2]^4/[NO]^2$$

4.2 固体触媒上での反応は，固体に吸着された反応物質が原子の組替えを行って進行する反応である．この場合は 0 次反応であるから，反応速度はアンモニアの濃度 (分圧) によらず一定である．これは，アンモニアのタングステンへの吸着が非常に強く，吸着量はアンモニアの圧力によらないことを意味している．すなわち，タングステンの吸着サイトはアンモニアの圧力によらず常に飽和状態で吸着されていることを意味している．

5.1 4 つの因子は　(1) 濃度 (圧力)，(2) 温度，(3) 活性化エネルギー，および (4) 頻度因子である．

(1) 濃度 (圧力) は，反応物質が互いに衝突する度数に直接影響する．(2) 温度は，衝突する化学種の平均エネルギーに比例しており，温度が高くなるほど反応しやすくなる．(3) 活性化エネルギーは，衝突した化学種 (粒子) のエネルギーが反応経路のポテンシャルの山を越えるだけのエネルギー量で，それ以下のエネルギーの化学種は衝突しても反応しない．(4) 頻度因子は，単位

時間に化学種が衝突する回数で，反応速度は頻度因子に比例する．しかし，多くの場合，衝突度数に比べ生成物となる化学種の割合は小さい．

5.2 $T = 823\,\text{K}$ であるから，速度定数は
$$k_\text{r} = 1.60 \times 10^{13} \exp(-2.45 \times 10^5/8.314 \times 823) = 4.51 \times 10^{-3}\,\text{s}^{-1}$$
である．反応時間は $t = 600\,\text{s}$ であるから，分解せずに残存しているジメチルエーテルの割合 (P/P_0) は，(8.8) 式より
$$k_\text{r} t = 4.51 \times 10^{-3} \times 600 = -\ln(P/P_0)$$
となる．これより
$$P/P_0 = \exp(-2.706) = 0.0668$$
容器の圧力は
$$P_\text{t} = 0.0668 P_0 + 3(1 - 0.0668)P_0 = 2.87\,P_0$$
で 2.87 倍になる．

演習問題

1 (8.8) 式より，1 次反応については
$$kt = -\ln(c_t/c_0)$$
である．ここで，c_t は時間 t における反応物の濃度，c_0 は初濃度である．したがって 50 % が反応する時間を t_1，99.9 % が反応する時間を t_2 とすると，$c_1 = 0.5\,c_0, c_2 = 0.001\,c_0$ であるから
$$kt_1 = -\ln 0.5, \quad kt_2 = -\ln 0.001$$
となる．ゆえに
$$t_2/t_1 = \ln 0.001 / \ln 0.5 = \log 0.001 / \log 0.5 = 9.97$$

2 放射性核種の壊変は 1 次反応式にしたがうから，速度定数を k とすると，(8.9) 式より
$$k = \ln 2/t_{1/2} = 0.693/5730 = 1.21 \times 10^{-4}\,\text{y}^{-1}$$
である．したがって，(8.8) 式より，ミイラの年代 t は
$$\ln(7.3/12.6) = -0.546 = -1.21 \times 10^{-4} t, \quad t = 4510\,\text{y}$$

3 $\text{A}: 1.6 \times 10^{-4}\,\text{mol dm}^{-3}\,\text{s}^{-1}, \quad \text{C}: 3.2 \times 10^{-4}\,\text{mol dm}^{-3}\,\text{s}^{-1}$
$\text{D}: 1.6 \times 10^{-4}\,\text{mol dm}^{-3}\,\text{s}^{-1}, \quad$ 反応速度$: 1.6 \times 10^{-4}\,\text{mol dm}^{-3}\,\text{s}^{-1}$

4 2 倍，1/8 倍

5 反応次数を n，速度定数を k_n，初濃度を c_0 とすると
(1) $c_0 - c = k_0 t, \; k_0 = 0.1\,c_0/100 = 0.001\,c_0, \; t_{1/2} = 0.5\,c_0/k_0 = 500\,\text{s}$
(2) $k_1 t = -\ln(c/c_0), \; t_{1/2}/t_{0.1} = -[\ln(c_{1/2}/c_0)]/[-\ln(c_{0.1}/c_0)] = 6.58$
$t_{1/2} = 100 \times 6.58 = 658\,\text{s}$
(3) $k_2 t = 1/c - 1/c_0, \; t_{1/2}/t_{0.1} = (1/c_{1/2} - 1/c_0)/(1/c_{0.1} - 1/c_0)$
$t_{1/2} = 100 \times (1/c_0)/[(1/0.9 - 1)/c_0] = 100 \times (1/0.9 - 1) 100 \times 9 = 900\,\text{s}$
このように，反応次数が高くなる程分解に要する時間は長くなる．

6 (1) (8.13) 式より
$$E_\text{a} = R[T_1 T_2/(T_2 - T_1)] \ln(k_2/k_1)$$
$$= 8.314 \times 413 \times 458 \times \ln(920/55)/45 = 9.845 \times 10^5\,\text{J mol}^{-1}$$

140 °C のデーターを用いて
$$A = 5.5 \times 10^{-4} \exp[-9.845 \times 10^5/(8.314 \times 413)]$$
$$= 1.55 \times 10^9 \, \text{s}^{-1}$$

(2) 頻度因子は，反応物質の衝突度数に相当すると考えられる．均一気相反応では頻度因子は約 $10^{13}\,\text{s}^{-1}$ となるものが多い．この場合，頻度因子が $10^9\,\text{s}^{-1}$ とかなり小さいのは，反応を生起する衝突が金属表面に限られているためである．しかし，活性化エネルギーが低下するので，反応速度はいちじるしく増大する．

7 成分の分圧は濃度に比例するので，(8.11) 式が用いられる．初めの分圧を P_0，30 s 後の分圧を P とすると
$$k = [1/(0.320 \times 10^4) - 1/(1.00 \times 10^4)]/30$$
$$= 7.08 \times 10^{-6}\,\text{s}^{-1}\,\text{Pa}^{-1}$$

濃度が 1/10 になる時間を $t_{0.1}$ とすると
$$7.08 \times 10^{-6} \times t_{0.1} = [1/(0.10 \times 10^4) - 1/(1.00 \times 10^4)], \quad t_{0.1} = 127\,\text{s}$$

8 (8.14) 式より
$$\ln k(T_1) - \ln k(T_2) = -\frac{E_\text{a}}{R(1/T_1 - 1/T_2)}$$

を用いて E_a を計算し，次で A を求める．$A = 10^{11.38}$，$E_\text{a} = 19.490\,\text{J}$．
$$k_\text{r} = 10^{11.38} \exp(-19.490/RT)$$

9 初濃度を c_0 として (a) 式を積分すると
$$\frac{1}{2}\left(\frac{1}{c^2} - \frac{1}{c_0^2}\right) = kt$$

10 NO の初期減少速度の比をとると
$$v_1/v_2 = (P_\text{NO}{}^m P_{\text{H}_2}{}^n)_1/(P_\text{NO}{}^m P_{\text{H}_2}{}^n)_2$$
$$= (P_\text{NO}{}^m)_1/(P_\text{NO}{}^m)_2$$
$$m = \ln(418/104)/\ln(1.00/0.50)$$
$$= 2.007 \fallingdotseq 2$$

となり，NO に関して 2 次である．

11 各成分の分圧を P とすると，反応速度は $v = -dP_{\text{H}_2}/dt = k_+ P_{\text{H}_2} P_{\text{I}_2} - k_- P_{\text{HI}}{}^2$ である．平衡状態では $v = 0$ であるから，前式より
$$K = P_\text{HI}{}^2/P_{\text{H}_2}P_{\text{I}_2} = k_-/k_+ = \text{一定}$$
となる．すなわち，$K = k_+/k_-$．

12 2 成分 A と B が反応する 2 次反応の場合，両成分の濃度変化は (8.12) 式で与えられる．この式からわかるように，$\ln(c_\text{A}/c_\text{B})$ を t に対してプロットしてみて直線になれば 2 次反応である．実際プロットは右図のように直線となる．

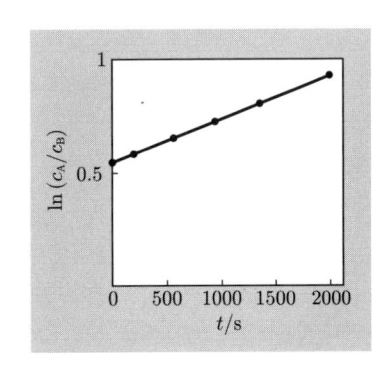

13 反応速度が定常に達したときには $dc_X/dt = 0$ であるから

$$dc_X/dt = 0 = k_1 c_E c_S - k_{-1} c_X - k_2 c_X + k_{-2} c_E c_P \tag{a}$$

また，P の生成速度は

$$dc_P/dt = k_2 c_X - k_{-2} c_E - c_P \tag{b}$$

となる．(a) 式と (b) 式とから c_E と c_X を消去すると

$$dc_P/dt = [(V_S/K_S)c_S - (V_P/K_P)c_P]/(1 + c_s/K_S + c_P/K_P) \tag{c}$$

となる．ここで

$$V_S = k_2 c_{E,0}, \quad V_P = k_{-1} c_{E,0}, \quad c_{E,0} = c_E + c_X$$
$$K_S = (k_{-1} + k_2)/k_1, \quad K_P = (k_{-1} + k_2)/k_{-2}$$

である．反応の初期においては c_P は 0 とみなせるから，(c) 式は

$$dc_P/dt = [(V_S/K_S)c_S]/(1 + c_S/K_S)$$
$$= V_S/(1 + K_S/c_S) \tag{d}$$

となる．(d) 式はミハエリス-メンテンの式と呼ばれている．$c_S \ll K_S$ であれば反応は c_S に関して 1 次となり，$c_S \gg K_S$ であれば c_S に関して 0 次となる．

14 省略

15 O_3 に関して 2 次であれば $t \sim 1/P_{O_3}$ のプロットが直線になるはずである．右図にも $t \sim 1/P_{O_3}$ のプロットが示してある．(8.11) 式より，速度定数は $k = 8.9 \times 10^{-5}\,\mathrm{Pa\,s^{-1}}$ となる．

16 A(a) の被覆率を θ_A とすると ($0 \leqq \theta_A \leqq 1$)．(1) は吸着平衡にあると仮定して，$k_1 P_A (1 - \theta_A) = k_2 \theta_A$ であるから，$\theta_A = k_1 P_A/(k_2 + k_1 P_A)$．よって，$v = k_2 \theta_A = k_1 k_2 P_A/(k_2 + k_1 P_A)$ である．低圧では，$v = (k_1/k_2) k_2 P_A$，高圧では $v = k_2$ となる．

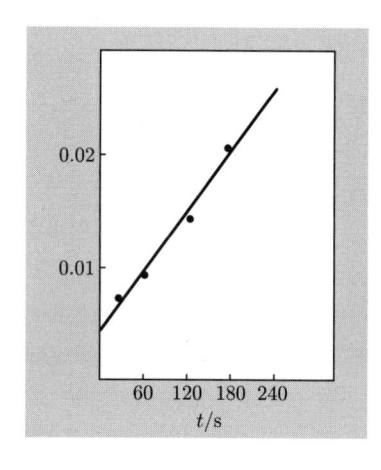

第 9 章

1.1 $^{226}_{88}\mathrm{Ra} \to {}^{222}_{86}\mathrm{Rn} + {}^{4}_{2}\mathrm{He}(\alpha), \quad {}^{222}_{86}\mathrm{Rn} \to {}^{218}_{84}\mathrm{Po} + {}^{4}_{2}\mathrm{He}(\alpha)$
$^{218}_{84}\mathrm{Po} \to {}^{218}_{85}\mathrm{At} + e^{-}(\beta), \quad {}^{218}_{85}\mathrm{At} \to {}^{214}_{83}\mathrm{Bi} + {}^{4}_{2}\mathrm{He}(\alpha)$

1.2 Ra-226 の原子数は $N_0 = 6.02 \times 10^{23}/226 = 2.66 \times 10^{21}$ 個．崩壊定数は $\lambda = \ln 2/1600 = 4.33 \times 10^{-4}\,\mathrm{y^{-1}}$ であるから，1 年間で崩壊する原子数 n とその体積 V は

$$n = N_0[1 - \exp(-4.33 \times 10^{-4})] \fallingdotseq N_0 \times 4.33 \times 10^{-4} = 1.15 \times 10^{18} \text{個}$$
$$V = (1.15 \times 10^{18}/6.02 \times 10^{23}) \times 22.4 = 4.28 \times 10^{-5}\,\mathrm{dm^3}$$

1.3 定常状態に達したときの毎秒生成する Rn の原子数 (毎秒崩壊する Ra の原子数) は毎秒崩壊する Rn の原子数と等しくなっている．Ra の原子数を N_0，Rn の原子数を N とすると，(9.1) 式より定常状態では $-dN_0/dt = -dN/dt$ であるから

$$N_0\lambda_1 = N\lambda_2$$

となる．ここで，λ_1 と λ_2 は，それぞれ Ra と Rn の崩壊定数である．

$$N = N_0\lambda_1/\lambda_2 = 2.66 \times 10^{21} \times 3.824/(1600 \times 365) = 1.74 \times 10^{16} \text{ 個}$$

2.1 (1) 200 V で加速された電子の運動エネルギーは，速度を u として
$$E_k = mu^2/2 = 1.6022 \times 10^{-19}\text{C} \times 200\,\text{V} = 3.20 \times 10^{-17}\,\text{J}$$
であるから，運動量と波長は
$$p = mu = (2mE_k)^{1/2} = (2 \times 9.1094 \times 10^{-31} \times 3.20 \times 10^{-17})^{1/2}$$
$$= 7.64 \times 10^{-24} \text{ kg m s}^{-1}$$
$$\lambda = h/p = 6.626 \times 10^{-34}/7.641 \times 10^{-24} = 8.70 \times 10^{-11} \text{ m} = 8.70 \times 10^{-2} \text{ nm}$$

(2) 300 K における根平均 2 乗速度
$$(u^2)^{1/2} = (3RT/M)^{1/2} = (3 \times 8.314 \times 300/2.02 \times 10^{-3})^{1/2}$$
$$= 1.92 \times 10^4 \text{ m s}^{-1}$$
である．$m = 2.02 \times 10^{-3}/6.02 \times 10^{23} = 3.36 \times 10^{-27}$ kg であるから
$$p = 3.36 \times 10^{-27} \times 1.92 \times 10^4 = 6.45 \times 10^{-23} \text{ kg m s}^{-1}$$
$$\lambda = h/p = 6.626 \times 10^{-34}/6.45 \times 10^{-23} = 1.03 \times 10^{-11} \text{ m} = 1.03 \times 10^{-2} \text{ nm}$$

2.2 (9.7) 式より $\Phi = ch/\lambda_{\max}$, $\lambda_{\max} = ch/\Phi$ であるから

Cs : $\lambda_{\max} = 2.998 \times 10^8 \times 6.626 \times 10^{-34}/(1.95 \times 1.602 \times 10^{-19}) = 6.4 \times 10^{-7}$ m
$\qquad = 6.4 \times 10^2$ nm （赤色可視光線）

K : $\lambda_{\max} = 2.998 \times 10^8 \times 6.626 \times 10^{-34}/(2.28 \times 1.602 \times 10^{-19}) = 5.4 \times 10^{-7}$ m
$\qquad = 5.4 \times 10^2$ nm （緑色可視光線）

Li : $\lambda_{\max} = 2.998 \times 10^8 \times 6.626 \times 10^{-34}/(2.93 \times 1.602 \times 10^{-19}) = 4.2 \times 10^{-7}$ m
$\qquad = 4.2 \times 10^2$ nm （紫色可視光線）

Pt : $\lambda_{\max} = 2.998 \times 10^8 \times 6.626 \times 10^{-34}/(5.64 \times 1.602 \times 10^{-19}) = 2.2 \times 10^{-7}$ m
$\qquad = 2.2 \times 10^2$ nm （紫外線）

100 nm (10^{-7}m) の光子のエネルギーは，(9.6) 式より
$$E = h\nu = \frac{ch}{\lambda} = 2.998 \times 10^{10} \times 6.626 \times 10^{-34}/10^{-7} \times 1.602 \times 10^{-19} = 12.40\,\text{eV}$$
ゆえに，例えば Cs では放射される電子のエネルギーは $12.40 - 1.95 = 10.45$ eV, Pt では 6.76 eV.

3.1 He^+ は $z = 2\,(+2\text{e})$ の核と 1 個の電子からなる系である．各準位間のエネルギー差は，(9.13) 式に対応して
$$\Delta E = \frac{me^4z^2}{8\varepsilon_0^2 h^2}\left(\frac{1}{n_1^2} - \frac{1}{n_2^2}\right) = chR_\text{H}z^2\left(\frac{1}{n_1^2} - \frac{1}{n_2^2}\right) \qquad \text{(a)}$$
となり，発光スペクトルの波数 ν は，(9.14) 式に対応して
$$\bar{\nu} = R_\text{H}z^2\left(\frac{1}{n_1^2} - \frac{1}{n_2^2}\right) \qquad \text{(b)}$$
となる．ここで R_H はリュードベリ定数である．(b) 式に基づいて R_H を計算すると

$n_1 = 1, n_2 = 2$ に対して $\nu_{12} = 329170\,\text{cm}^{-1}$, $R_\text{H} = 1.09723 \times 10^7\,\text{m}^{-1}$
$n_1 = 1, n_2 = 3$ に対して $\nu_{13} = 390120\,\text{cm}^{-1}$, $R_\text{H} = 1.09721 \times 10^7\,\text{m}^{-1}$
$n_1 = 1, n_2 = 4$ に対して $\nu_{14} = 411460\,\text{cm}^{-1}$, $R_\text{H} = 1.09722 \times 10^7\,\text{m}^{-1}$
$n_1 = 1, n_2 = 5$ に対して $\nu_{15} = 421330\,\text{cm}^{-1}$, $R_\text{H} = 1.09721 \times 10^7\,\text{m}^{-1}$

となり，スペクトルのデータは (b) 式で整理されることがわかる．
(b) 式より $\nu_{23} = \nu_{13} - \nu_{12}$ 等の関係があるので，$R_\text{H} = 1.09722$ として計算すると

$n_1 = 2, n_2 = 3$ に対して $\nu_{23} = 60950\,\text{cm}^{-1}$
$n_1 = 2, n_2 = 4$ に対して $\nu_{24} = 82290\,\text{cm}^{-1}$
$n_1 = 2, n_2 = 5$ に対して $\nu_{25} = 92160\,\text{cm}^{-1}$

となる．エネルギー準位は，(a) 式より

$$E_n = -(me^4z^2/8\varepsilon_0^2 h^2)/n^2$$
$$= -8.7184 \times 10^{-18}/n^2\,\text{J} = 54.415/n^2\,\text{eV}$$

となる．スペクトルとエネルギー準位の関係が図に示してある．

3.2 遠心力とクーロン引力の釣り合い式と，$n = 1$ の軌道半径の式

$$r = \varepsilon_0 h^2/\pi me^2$$

とから，運動量は

$$p = mv = (me^2/4\pi\varepsilon_0 r)^{1/2} = me^2/2\varepsilon_0 h$$

となる．一方，軌道の長さは

$$x = 2\pi r = 2\varepsilon_0 h^2/me^2$$

である．この積をとると

$$xp = h$$

となり，ハイゼンベルグの原理による不確定性の程度となる．このことから，例えば電子の運動量を正確に測定すると，電子の位置は円軌道のどこであるかは全く不明となることになる．

3.3 定常状態においては遠心力 mv^2/r とクーロン力 $e^2/4\pi\varepsilon_0 r^2$ とが釣り合っているから

$$mv^2/r = e^2/4\pi\varepsilon_0 r^2 \tag{a}$$

である．これに量子条件 (9.10) を代入すると，安定軌道の半径は

$$r_n = \varepsilon_0 n^2 h^2/\pi me^2 \tag{b}$$

となる．電子のエネルギー E_n は運動エネルギーとポテンシャルエネルギーの和であるから

$$E_n = mv^2/2 - e^2/4\pi\varepsilon_0 r_n \tag{c}$$

である．運動エネルギーの項に (a) 式を用いると以下となる．

$$E_n = -e^2/8\pi\varepsilon_0 r_n = -(me^4/8\varepsilon_0^2 h^2) \times (1/n^2) \tag{d}$$

4.1 (d) 式において $m = 9.109 \times 10^{-31}\,\text{kg}$, $l = 1.0 \times 10^{-9}\,\text{m}$ とおいて

$$E_n = n^2 \times (6.626 \times 10^{-34})^2/(8 \times 9.109 \times 10^{-31} \times 1.0 \times 10^{-18})$$
$$= 6.02 \times 10^{-20} n^2 \text{ J}$$

$0 \to 1$ の励起：$\Delta E = 6.02 \times 10^{-20} \times (1-0)$ J $= h\nu = ch/\lambda$. $\lambda = 2.998 \times 10^8 \times 6.626 \times 10^{-34}/6.02 \times 10^{-20} = 3.3 \times 10^{-6}$ m $= 3.3 \times 10^3$ nm. $\nu = c/\lambda = 9.1 \times 10^{13}$ s^{-1}. $\tilde{\nu} = 1/\lambda = 3.0 \times 10^5$ m^{-1}.

$1 \to 2$ の励起：$\Delta E = 6.02 \times 10^{-20} \times (4-1)$ J. $\lambda = 3.3 \times 10^3/3 = 1.1 \times 10^3$ nm. $\nu = 2.7 \times 10^{14}$ s^{-1}. $\tilde{\nu} = 1/\lambda = 9.1 \times 10^5$ m^{-1}.

4.2 $n=1$ のボーアの軌道を考える．この軌道をまわる電子の運動量 $p = mv$ は，電子の円運動の遠心力と原子核との静電気力との釣合いの条件

$$\frac{mv^2}{r} = \frac{e^2}{4\pi\varepsilon_0 r^2}$$

と，$n=1$ の軌道半径の式

$$r = \frac{\varepsilon_0 h^2}{\pi me^2}$$

とから，次のように求まる．

$$p = mv = \sqrt{\frac{me^2}{4\pi\varepsilon_0 r}} = \frac{me^2}{2\varepsilon_0 h}$$

一方，この軌道の長さは

$$q = 2\pi r = \frac{2\varepsilon_0 h^2}{me^2}$$

である．よって

$$pq = h$$

となる．この結果を不確定性条件と比較すると，ボーアの軌道にある電子は，その速度と位置を同時に定めることはできないことが明らかであり，例えば速度を与えれば，ただ電子は軌道内のどこかにあることを指摘し得るのみである．

4.3 Li 原子は $+3e$ の電荷を持つ原子核と 3 個の電子よりなる．右図に示す記号を用いて，この系のシュレーディンガー方程式は次のようになる．

$$\left[-\frac{h^2}{8\pi^2 m}(\nabla_1{}^2 + \nabla_2{}^2 + \nabla_3{}^2)\right.$$
$$\left. - \frac{e^2}{4\pi\varepsilon_0}\left(\frac{3}{r_1} + \frac{3}{r_2} + \frac{3}{r_3} - \frac{1}{r_{12}} - \frac{1}{r_{13}} - \frac{1}{r_{23}}\right)\right]\psi = E\psi$$

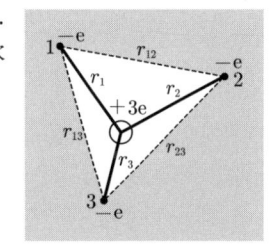

ここで $\nabla_i{}^2 = \left(\dfrac{\partial^2}{\partial x^2} + \dfrac{\partial^2}{\partial y^2} + \dfrac{\partial^2}{\partial z^2}\right)_i$ は電子 i の座標に関する微分演算子（ラプラス演算子）である．

5.1 動径分布関数を $D(r) = 4\pi r^2 \psi_{1s}{}^2(r)[\psi_{1s}(r) = A\exp(-r/a_0)]$ とおくと

$$dD(r)/dr = 4\pi A^2 d\{r^2\exp(-2r/a_0)\}/dr = 4\pi A^2\{2r - 2r^2/a_0\}\exp(-2r/a_0) = 0$$

であるから，$r = a_0$ となる．

5.2 $\displaystyle\int \psi_{1s}\psi_{2s}d\tau = \frac{1}{4\pi\sqrt{2}}\left(\frac{1}{a_0}\right)^3 \int d\phi \int d\theta \int dr \left[\left(2 - \frac{r}{a_0}\right)\exp\left(-\frac{3r}{2a_0}\right)r^2\sin\theta\right]$

$$
= \frac{1}{\sqrt{2}} \left(\frac{1}{a_0}\right)^3 \int dr \left[\left(2 - \frac{r}{a_0}\right) \exp\left(-\frac{3r}{2a_0}\right) r^2\right] = \frac{1}{\sqrt{2}} \left(\frac{1}{a_0}\right)^3 \left[4\left(\frac{2a_0}{3}\right)^2 - 6\frac{(2a_0/3)^3}{a_0}\right] = 0.
$$

ϕ_{2p_x} などが関係する積分では $\int d\phi[\cos\phi] = \int d\phi[\sin\phi] = 0, \int d\theta[\cos\theta\sin\theta] = 0$ の関係があるためにすべて 0 となる.

5.3 下図からわかるように，極座標の面積要素は $dS = r^2 \sin\theta d\theta d\phi$, 体積要素は $d\tau = drdS = r^2 dr \sin\theta d\theta d\phi$ となる．ゆえに確率 P は

$$
P = \int_0^{a_0} \int_0^{\pi} \int_0^{2\pi} |\psi_{1s}|^2 r^2 \sin\theta dr d\theta d\phi
$$

$$
= \frac{1}{\pi a_0^3} \int_0^{a_0} r^2 e^{-2r/a_0} dr \int_0^{\pi} \sin\theta d\theta \int_0^{2\pi} d\phi
$$

$$
= \frac{1}{\pi} \int_0^1 R^2 e^{-2R} dR \int_0^{\pi} \sin\theta d\theta \int_0^{2\pi} d\phi \quad (R \equiv r/a_0)
$$

$$
\int_0^{\pi} \sin\theta d\theta = -\int_0^{\pi} (d\cos\theta) = -\cos\theta \Big|_0^{\pi} = 2
$$

$$
\int_0^{2\pi} d\phi = 2\pi
$$

$$
P = 4 \int_0^1 R^2 e^{-2R} dR = -2e^{-2R}\left(R^2 + R + \frac{1}{2}\right)\Big|_0^1 = 1 - 5e^{-2} = 0.323
$$

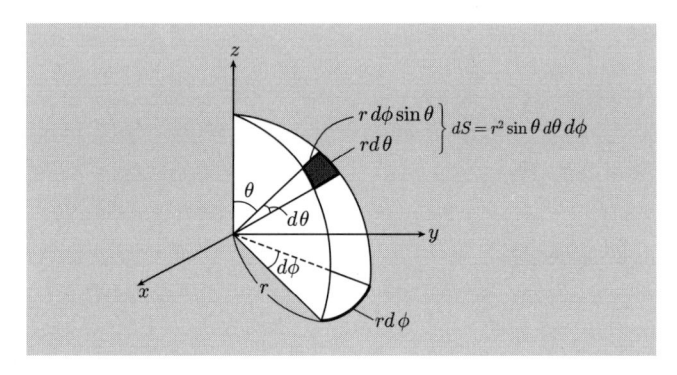

6.1 鉄原子 $_{26}$Fe の電子配置は

$$
\underbrace{(1s)^2}_{K} \underbrace{(2s)^2(2p)^6}_{L} \underbrace{(3s)^2(3p)^6(3d)^6}_{M} \underbrace{(4s)^2}_{N}
$$

である (表 9.3). これに高速の電子が衝突すると，イオン化される．高速電子により K 殻の電子も放出されることがある．そのときのイオンの電子配置は

$$
(1s)(2s)^2(2p)^6(3s)^2(3p)^6(3d)^6(4s)^2
$$

となる．空の 1s オービタルに上の準位の軌道から電子が落ちる際に放出される一連の電磁波を

K 列の特性 X 線という．このうち，2s 電子が 1s に落ちる際に放出される電磁波が最も波長が長く，K_α 線である．その間のエネルギー差は以下のとおりになる．

$$\Delta E = h\nu = ch/\lambda = 2.998 \times 10^8 \times 6.626 \times 10^{-34}/1.932 \times 10^{-10} = 1.028 \times 10^{-15} \text{ J}$$

6.2 原子の大きさは主量子数 n によってほぼきまる．非金属元素の原子は，外部から電子を取り込んで負イオンになることによって化学的な反応を行うので，電子親和力が強い (陰性が強い) ほど反応性に富むことになる．フッ素の最外殻の電子配置は $(2p)^5$ で，2p オービタルに電子を取り込む．第 2 周期ではフッ素の核電荷 z が最大であるから，電子との親和力も最大である．また，原子半径は 17 族で最小であるから，親和力は 17 族中でも最大である．したがって，フッ素原子の電子親和力があらゆる元素の中で最大で，その単体の反応性も非金属中で最大となる．その反対の極がセシウムである．セシウムの最外殻の電子配置は 6s で，6s オービタルの電子を放出して Cs^+ となることによって反応する．同じ周期ではセシウムの核電荷 z が最小であり，1 族では原子半径が最大であるから，イオン化エネルギーは (フランシウムを除く) 元素の中で最小である．したがって，セシウムが最も反応性に富む金属となる．

演習問題

1 (9.2) 式より，地球の年齢を T 年とすると

$$\exp(-\ln 2 \times T/4.468 \times 10^9)/\exp(-\ln 2 \times T/7.038 \times 10^8) = 99.275/0.720$$

$$\ln(99.275/0.720) = 0.693T(1/7.038 \times 10^8 - 1/4.468 \times 10^9)$$

$$T = 5.94 \times 10^9 \text{ y}$$

これは，現在推定されている地球の年齢 46 億年よりやや長い．このことは，地球生成の初期においても ^{238}U の方が多くあったことを意味している (恐らく宇宙塵が凝集して地球となる以前に崩壊が進んでいたため)．

2 (9.2) 式より

Sr-90 : $T_{1/10} = -\ln(0.1) \times 28.8/\ln 2 = 95.7\text{y}$, $T_{1/100} = T_{1/10} \times 2 = 191\text{y}$

Cs-137 : $T_{1/10} = -\ln(0.1) \times 30.1/\ln 2 = 100.0\text{y}$, $T_{1/100} = 200\text{y}$

I-131 : $T_{1/10} = -\ln(0.1) \times 8.04/\ln 2 = 26.7\text{d}$, $T_{1/100} = 53.4\text{d}$

Kr-85 : $T_{1/10} = -\ln(0.1) \times 10.7/\ln 2 = 35.5\text{y}$, $T_{1/100} = 71.1\text{y}$

H-3 : $T_{1/10} = -\ln(0.1) \times 12.33/\ln 2 = 41.0\text{y}$, $T_{1/100} = 81.9\text{y}$

3 2 個の陽子と 2 個の中性子から ^4_2He が生成するときの質量欠損は，原子質量単位で

$$4.00260 - (2 \times 1.00728 + 2 \times 1.00866) = -0.02928$$

質量に換算すると

$$-0.02928 \times 1.6605 \times 10^{-27} = -4.862 \times 10^{-29} \text{ kg}$$

よって，エネルギー変化は，1 原子あたり

$$\Delta E = 4.370 \times 10^{-12} \text{ J atom}^{-1}$$

1 mol あたり

$$\Delta E = 2.632 \times 10^{12} \text{ J mol}^{-1}$$

これは炭素の燃焼熱 $4 \times 10^6 \text{ J mol}^{-1}$ の 100 万倍に近い．

4 α 粒子は He の原子核であるから,その静止質量は $4\times 10^{-3}/6.023\times 10^{23} = 6.64\times 10^{-27}$ kg, 電子の静止質量は 9.1094×10^{-31} kg である.光速を c として $u = c/20$ の α 粒子の運動量は
$$p = mu = 6.64\times 10^{-27}\times 2.998\times 10^8/20 = 9.95\times 10^{-20} \text{ kg m s}^{-1}$$
$$\lambda = h/p = 6.626\times 10^{-34}/9.95\times 10^{-20} = 6.63\times 10^{-15}\text{m}$$
$$= 6.63\times 10^{-6}\text{nm}$$
10^{-3} nm 以下の電磁波は γ 線.
$u = 0.99c$ の電子の運動量は
$$p = mu = 9.1094\times 10^{-31}\times 2.998\times 10^8\times 0.99 = 2.704\times 10^{-22} \text{ kg m s}^{-1}$$
$$\lambda = h/p = 6.626\times 10^{-34}/2.704\times 10^{-22} = 2.45\times 10^{-12}\text{ m} = 2.45\times 10^{-3}\text{ nm}$$
α 粒子の方が短波長である.これは,質量が約 7000 倍と大きいためである.

5 プランクのエネルギー量子説は,光 (電磁波) の取り得るエネルギーが $h\nu$ を最小単位として不連続に変化することを意味している.この場合,光は波動として振る舞うが,その振幅が不連続に変化することになる.他方光量子説では,光は粒子のように振る舞い,そのエネルギーが $h\nu$ であることを意味している.

6 イオン化エネルギーは基底状態のエネルギー準位に等しいから
$$E_i(\text{H}) = me^4/8\varepsilon_0^2 h^2 = 9.109\times 10^{-31}\times (1.602\times 10^{-19})^4/8$$
$$\times (8.854\times 10^{-12}\times 6.626\times 10^{-34})^2 = 2.18\times 10^{-18}\text{ J} = 13.6\text{ eV}$$
He$^+$ では $z = 2$ であるから,クーロン引力は $2e^2/r^2$ となる.したがって
$$E_i(\text{He}^+) = mz^2 e^4/8\varepsilon_0^2 h^2 = 4\times E_i(\text{H}) = 8.72\times 10^{-18}\text{ J} = 54.4\text{ eV}$$
イオン化するのに必要な電磁波の最長波長は
$$\text{H} : \lambda = ch/E_i(\text{H}) = 2.998\times 10^8\times 6.626\times 10^{-34}/2.18\times 10^{-18}$$
$$= 9.11\times 10^{-8}\text{ m} = 91.1\text{ nm}\quad(\text{真空紫外線})$$
$$\text{He}^+ : \lambda = 9.11\times 10^{-8}\div 4 = 2.28\times 10^{-8}\text{ m} = 22.8\text{ nm}\quad(\text{真空紫外線})$$

7 (9.11) 式より,核電荷が $+ze$ の 1 電子系の n 状態の半径は
$$r_n = \varepsilon_0 n^2 h^2/\pi z m e^2$$
である.したがって
$$r_1(\text{H}) = 8.854\times 10^{-12}\times (6.626\times 10^{-34})^2/3.14\times 9.109\times 10^{-31}$$
$$\times (1.602\times 10^{-19})^2 = 5.29\times 10^{-11}\text{ m} = 0.0529\text{ nm}$$
$$r_2(\text{He}^+) = 2r_1(\text{H}) = 0.106\text{ nm}$$

8 $E = mc^2$ の関係があるので,光子の運動量を $p = mc = E/c$ と定義する.プランクの式 $E = h\nu$ を用いると,$p = h\nu/c = h/\lambda$ となる.

9 He 原子は $z = 2$ の核と 2 個の電子からなる 3 体系である.3 個の粒子間のクーロン相互作用によるポテンシャル関数は,右図を参考にして
$$V = -(e^2/4\pi\varepsilon_0)(2/r_{k1} + 2/r_{k2} - 1/r_{12}) \qquad (\text{a})$$

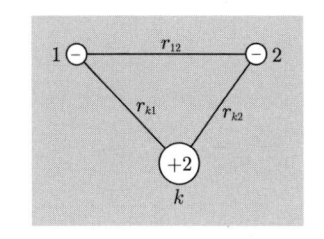

第 9 章の問題解答　　　　　　　　　　　　　　　　　　　　233

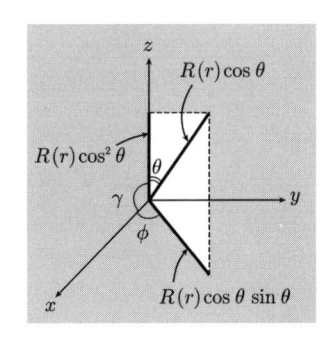

となる．ハミルトン関数は，電子の質量を m，核の質量を M として
$$H = -h^2/8\pi^2 m(\nabla_1{}^2 + \nabla_2{}^2) - (h^2/8\pi^2 M)\nabla_k{}^2 + V \tag{b}$$
となる．したがって，シュレーディンガー波動方程式 $H\psi = E\psi$ は
$$-[h^2/8\pi^2 m(\nabla_1{}^2 + \nabla_2{}^2) + (h^2/8\pi^2 M)\nabla_k{}^2]\psi - [(e^2/4\pi\varepsilon_0)(2/r_{k1} + 2/r_{k2} - 1/r_{12})]\psi = E\psi$$
となる．$M \gg m$ であるので核の運動は無視できる程度であるので，通常は $(h^2/8\pi^2 M)\nabla_k{}^2$ の項は無視する．これをボルン-オッペンハイマー近似という．

10　直交条件 $\int Y_1(\theta,\phi)Y_2(\theta,\phi)d\tau = 0$ を充たすことを角度部分の積分について示せばよい．$d\tau = r^2 dr \sin\theta d\theta d\phi$ であるから，角度部分についての積分を実行すると
$$\iint (3\cos^2\theta - 1)\sin\theta\cos\phi\sin\theta d\theta d\phi$$
$$= \int_0^\pi (3\cos^2\theta - 1)\sin^2\theta d\theta \int_0^{2\pi} \cos\phi d\phi = 0$$
となる (ϕ に関する積分は明らかに 0 である．また，θ に関する積分も 0 である)．

11　m は $-l$ から $+l$ までの $2l+1$ 個の値をとるので，1 組の (n,l) の値に対して，スピン量子状態も考慮すると $2(2l+1)$ 個の異なる量子状態がある．したがって，状態の総数は
$$2\sum_0^{n-1}(2l+1) = 2(n(n-1) + n) = 2n^2$$

12　$\psi(2s) = K(2 - r/a_0)e^{-r/2a_0}$ であるから，$r = 2a_0 = 0.106\,\text{nm}$ のところで符号が反転する．

13　量子数，縮重度，およびエネルギーは下の表のようになる．

量子数	縮重度	エネルギー
(1,1,1)	1	$3h^2/8ml^2$
(2,1,1) (1,2,1) (1,1,2)	3	$6h^2/8ml^2$
(2,2,1) (2,1,2) (1,2,2)	3	$9h^2/8ml^2$

14　$\text{p}_z, \text{p}_x, \text{p}_y$ は規格化定数を N_1, N_2 とし，動径 r に依存する部分を $R(r)$ と書くと
$$\text{p}_z = N_1 R(r)\cos\theta$$
$$\text{p}_x = N_2 R(r)\sin\theta\cos\phi$$
$$\text{p}_y = N_2 R(r)\sin\theta\sin\phi$$
となる．r 一定ならば $R(r)$ 一定だから，$R(r) = R\,(\text{一定})$ として角部分だけを取り出して考える．

いま p_z について考えると，末端の x, y, z 座標は，N を無視すると
$$\text{p}_z{}^z = R\cos\theta\cos\theta$$
$$\text{p}_z{}^x = R\cos\theta\sin\theta\cos\phi$$
$$\text{p}_z{}^y = R\cos\theta\sin\theta\sin\phi$$
となる (右図)．

中心が z 軸上 $p_z{}^z/2$ のところにある球を考えると

$$\left(p_z{}^z - \frac{R}{2}\right)^2 + (p_z{}^x)^2 + (p_z{}^y)^2 = \frac{R^2}{4} \tag{a}$$

の関係が成り立つはずである．(a) 式の左辺の計算を実行すると

$$R^2\left[\cos^4\theta\left(1-\frac{1}{2}\right)^2 + \cos^2\theta\sin^2\theta(\cos^2\phi + \sin^2\phi)\right]$$

$$= R^2\left[\cos^4\theta - \cos^2\theta + \frac{1}{4} + \cos^2\theta\sin^2\theta\right]$$

$$= R^2\left[\cos^2\theta(\cos^2\theta + \sin^2\theta) - \cos^2\theta + \frac{1}{4}\right] = \frac{R^2}{4}$$

となり (a) 式が成り立つことがわかる．すなわち p_z は中心が z 軸上で $R/2$ のところに球を形成している．

x 軸と動径とのなす角を γ とすると (前頁の図)

$$\cos\gamma = \sin\theta\cos\phi$$

したがって，p_x に関しても以上の議論がそのまま成立する．このときは中心は x 軸上で $R/2$ のところにある．p_y に関しても同様である．

第 10 章

1.1 規格化定数を無視すると，近似波動関数は，VB 法では

$$\phi_{\text{VB}} = u_{\text{H}}(1)u_{\text{Cl}}(2) + u_{\text{H}}(2)u_{\text{Cl}}(1)$$

となり，MO 法では

$$\phi_{\text{MO}} = \{u_{\text{H}}(1) + u_{\text{Cl}}(1)\}\{u_{\text{H}}(2) + u_{\text{Cl}}(2)\}$$

$$= u_{\text{H}}(1)u_{\text{Cl}}(2) + u_{\text{H}}(2)u_{\text{Cl}}(1) + u_{\text{H}}(1)u_{\text{H}}(2) + u_{\text{Cl}}(1)u_{\text{Cl}}(2)$$

となり，VB 法はイオン項を含まないが，MO 法ではイオン項を含んでいる．HCl の結合にはある程度のイオン性 (17 %) があり，基本的には MO 法の方がよりよい近似を与える可能性がある．しかし，MO 法ではイオン項を同じ比重で取り入れているので，実際的でない．このことを改善するために MO 法におけるイオン項の比重を調節できるような補正を導入するとよい．例えば

$$\phi(1) = (1/\lambda)u_{\text{H}}(1) + \lambda u_{\text{Cl}}(1), \quad \phi(2) = (1/\lambda)u_{\text{H}}(2) + \lambda u_{\text{Cl}}(2)$$

とパラメーター λ を導入してイオン項の比重を調節することができる．この式を用いると

$$\phi_{\text{MO}} = \phi(1)\phi(2)$$

$$= (1/\lambda^2)u_{\text{H}}(1)u_{\text{H}}(2) + \{u_{\text{H}}(1)u_{\text{Cl}}(2) + u_{\text{H}}(2)u_{\text{Cl}}(1)\} + \lambda^2 u_{\text{Cl}}(1)u_{\text{Cl}}(2)$$

となる．第 1 項は H^-Cl^+，第 4 項は H^+Cl^- のイオン状態に対応している．$\lambda > 1$ とすると H^-Cl^+ の項が H^+Cl^- 項よりも小さくなり，結果としてイオン状態 H^+Cl^- を適当に取り入れることになる．実際は，変分原理により，エネルギーが最小となるように λ を調節する．他方，VB 法ではこのような調節はできない．

1.2 全空間での積分を実行すると，規格化の条件は

$$\int [\phi_{\text{s}}]^2 d\tau = 1$$

である．したがって，電子 1 に関する空間積分を $\int d\tau_1$, 電子 2 に関する空間積分を $\int d\tau_2$ とすると

$$\int [\phi_s]^2 d\tau = \int K_+^2 [\{u_{1SA}(1) + u_{1SB}(1)\}\{u_{1SA}(2) + u_{1SB}(2)\}]^2 d\tau$$

$$= K_+^2 \int [\{u_{1SA}(1) + u_{1SB}(1)\}]^2 d\tau_1 \int [\{u_{1SA}(2) + u_{1SB}(2)\}]^2 d\tau_2$$

となる．簡略化して書くと

$$\int \{u_A(1) + u_B(1)\}^2 d\tau_1 = u_A(1)^2 d\tau_1 + u_B(1)^2 d\tau_1 + 2u_A(1)u_B(1) d\tau_1 = 2 + 2\Delta$$

$$\Delta \equiv \int u_A(1)u_B(1) d\tau_1$$

となる．電子 1 と電子 2 に関する積分は等価であるから，結局

$$\int [\phi_s]^2 d\tau = K_+^2 [2 + 2\Delta]^2 = 1$$

となる (H_2^+ の場合を参照)．半結合性の場合も同じようにして計算される．

1.3 電子 1, 2 の両方が同時に同じ量子状態，例えば α 状態をとったとすると $\phi = \{\alpha(1)\alpha(2) - \alpha(2)\alpha(1)\} = 0$ となる．すなわち，その状態の出現確率は 0 である．

2.1 B_2 分子には 6 個の価電子がある．すなわち，そのうち 4 個は $\sigma(2s)$, $\sigma^*(2s)$ に入る．残りの 2 個の電子が $\sigma(2p_x)$ に入るとすると分子は反磁性となる．しかし実際は常磁性であるから，2 個の電子は $\pi(2p_y)$ と $\pi(2p_z)$ にスピン平行で入っている．このことは，$\pi(2p_y)$ と $\pi(2p_z)$ のエネルギー準位の方が $\sigma(2p_x)$ のエネルギー準位よりも低いことを意味している．結合次数は 1．

C_2 分子には 8 個の価電子があり 4 個は $\sigma(2s), \sigma^*(2s)$ に入る．残りの 4 個の電子のうち 2 個が $\sigma(2p_x)$ に入るとすると残り 2 個が $\pi(2p_y)$ と $\pi(2p_z)$ にスピン平行で入ると分子は常磁性となる．しかし実際は反磁性であるから，4 個の電子が $\pi(2p_y)$ と $\pi(2p_z)$ に入っている．このことは，C_2 でも $\pi(2p_y)$ と $\pi(2p_z)$ のエネルギー準位の方が $\sigma(2p_x)$ のエネルギー準位よりも低いことを意味している．結合次数は 2．

N_2 分子には 10 個の価電子があり 6 個の電子が $\sigma(2p_x), \pi(2p_y), \pi(2p_z)$ を充たすので，反磁性という事実だけではエネルギー準位の上下関係は不明である．結合次数は 3．実際には O_2 と同じで $\sigma(2p_x)$ の準位の方が低いと考えられている．

O_2 分子には 12 個の価電子があり常磁性であるから，例題の解説のように，$\pi^*(2p_y)$ と $\pi^*(2p_z)$ のエネルギー準位の方が $\sigma^*(2p_x)$ のエネルギー準位よりも低い．したがって，反対に $\pi(2p_y)$ と $\pi(2p_z)$ のエネルギー準位は $\sigma(2p_x)$ のエネルギー準位よりも高い．エネルギー準位の関係が例題 2 の図にまとめてある．結合次数は 2．

N_2 は結合次数が 3 と大きく，したがって，結合エネルギーも 944.8 kJ mol^{-1} と大きい．それと比較して，O_2 の結合次数 2 で，結合エネルギーも 498.2 kJ mol^{-1} と N_2 の約 1/2 である．そのために，窒素分子は非常に安定で，化合物を作りにくい．窒素が呼吸などで生命活動に関与しないのはそのためである．他方，酸素は反応性に富み，生命活動の維持に不可欠となっている．

2.2 C_2^+ イオンには 11 個の電子があり，価電子は 7 個である．そのうち 4 個は $\sigma(2s), \sigma^*(2s)$

に入る．残りの 3 個の電子はエネルギー準位が $\sigma(2p_x)$ よりも低い $\pi(2p_y)$ と $\pi(2p_z)$ に入る．したがって，結合次数は 1.5 となる．スピン 1 個に相当する常磁性を示す．C_2^- イオンには 13 個の電子があり，価電子は 9 個であるので，$\sigma(2s), \sigma^*(2s)$ に 4 個，$\pi(2p_y)$ と $\pi(2p_z)$ に 4 個入り，残りの 1 個が $\sigma(2p_x)$ に入る．したがって，結合次数は 2.5 となり，スピン 1 個に相当する常磁性を示す．

3.1　(10.26) 式で電気陰性度を計算し，ポーリングとの換算係数 2.8 を用いると
$$x_F = (3.45 + 17.42)/(2 \times 2.8) = 3.73\,\text{eV}^{1/2}(4.0)$$
$$x_{Br} = (3.37 + 11.84)/(2 \times 2.8) = 2.71\,\text{eV}^{1/2}(2.8)$$
$$x_F - x_{Br} = 1.02\,\text{eV}^{1/2}$$
となる．(　) の数値はポーリング尺度による電気陰性度である．

3.2　O–H の結合モーメントを μ D とすると
$$1.85 = 2\mu \cos(104.5/2), \quad \mu = 1.51\,\text{D}$$

3.3　完全なイオン結合であると仮定したときの双極子モーメント/D は，HF, HCl, HBr, HI の順に 4.40, 6.10, 6.77, 7.68 となる．これより，結合のイオン性/% は 45.0, 16.9, 11.7, 4.95 となる．電気陰性度の差と双極子モーメントの比は，HF, HCl, HBr, HI の順に $(4.0-2.1)/1.98 = 0.99, 0.78, 0.89, 1.05$ となり，1 にかなり近い (ポーリング尺度では電気陰性度の差が結合の双極子モーメント/D の値とほぼ等しくなる)．

3.4　金属元素の特徴は
i) 最外殻軌道は s または p で最外殻の軌道に存在する電子数は 4 よりも少ない
ii) そのために最外殻軌道を放出して陽イオンとなる傾向が強い．すなわちイオン化エネルギーが低い

などである．このことからわかるように，金属元素は電子を引きつける力が弱い．つまり電気陰性度は小さい．逆に非金属元素は最外殻に 4 個以上の電子を持ち，外部から電子を取り込んで閉殻を作ろうとする傾向が強い．つまり電気陰性度が大きい．

一般にハロゲン元素の電気陰性度は大きく，アルカリ金属の電気陰性度は小さい．ハロゲン族では，電気陰性度は F > Cl > Br > I の順に大きく，アルカリ金属では Li > Na > K > Rb > Cs の順になる．

4.1　酸素原子の電子配置は $1s^2\,2s^2\,2p^4$ であるから，H_2O 分子では最外殻 2p 軌道関数の 2 個の不対電子が結合に関与していると考えられる．これを p_y, p_z とすると，両者は互いに 90° をなす方向に広がっている．一方，水素原子の 1s 軌道関数は球対称であるから，H_2O 分子における軌道関数の重なりは，2 個の H 原子が 90° の方向から O 原子に接近するときに最大となる．実際の結合角が 104.5° と 90° より大きいのは，O–H 結合の極性のために H 原子に生じる正電荷の反発のためと説明されている．

4.2　I 原子は 5p オービタルに 5 個の価電子を持っている．I_3^- には 1 個の余分な電子が加わっているが，この電子も I 原子の 5p オービタルによる MO に入ると考えられるので，全部で $3 \times 5 + 1 = 16$ 個の価電子が 5p オービタルにある．I_3^- における 3 個の I を左から順に C–A–B と符号を付けると，5p オービタルによる軸性の MO は，結合軸を x 軸としてエネルギーの順に

$$\sigma^* = p_x{}^A + (p_x{}^B + p_x{}^C)$$
$$\sigma_N = p_x{}^A + (p_x{}^B - p_x{}^C) \uparrow\downarrow$$
$$\sigma = p_x{}^A - (p_x{}^B + p_x{}^C) \uparrow\downarrow$$

となる．3個のI原子のp_x電子と外からの1個の電子(全部で4個)は，上の式の右側のように充填されるであろう．σ_NではC–A結合は結合性であるが，A–B結合は符号が逆で反結合性である．したがって，σ_Nでは電子が充填されても結合エネルギーを生じない．このようなMOを非結合性MOという．$I_3{}^-$の残りの12個の5p電子は$5p_y$と$5p_z$にスピン平行で入る．これらは非共有電子対で，結合には寄与しない．σ_Nに入った電子も結合に寄与しないので，結合性電子は全部で2個となり，これらが2本のI–I結合を形成するので，I–I結合の結合次数は1/2となる．

4.3 s, p_x, p_y, p_zは互いに直交しているから，s, p_x, p_y, p_zなどの交叉項の積分は0となる．したがって，規格化の定数を省略して

$$\int t_1 t_2 d\tau = \int (s + p_x + p_y + p_z)(s + p_x - p_y - p_z) d\tau$$
$$= \int (s^2 + p_x{}^2 - p_y{}^2 - p_z{}^2) d\tau + 交叉項の積分 = 1 + 1 - 1 - 1 = 0$$

となる．他の関数についても同様にして直交性が確かめられる．

4.4 Xe原子は最外殻に8個の電子を持っている．一方O原子の電子配置は$1s^2 2s^2 2p^4$で，最外殻に電子が2個不足している．そのために，Xe原子から電子対を受け取り，配位結合を形成する．XeO_3分子ではO原子が3個結合しているから，Xeは最外殻8個の電子のうち，p軌道の6個の電子だけを結合に用いている．したがって，アンモニアと同様のピラミッド構造をとると推定される．実際，XeO_3分子の構造は右図に示す通り，結合角103°のピラミッド型である．これは，$ClO_3{}^-$イオンや$IO_3{}^-$イオンとも同じ構造である．なお，もしXeO_4が合成されれば，その構造はsp^3混成のために，メタン型(正四面体構造)となるはずである．

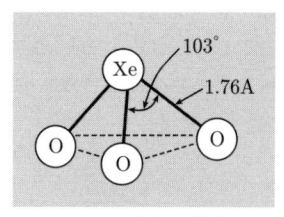

XeO_3の分子の構造

5.1 末端効果の補正を無視すると，井戸の幅はブタジエンで0.416 nm，ヘキサトリエンで0.697 nmである．エネルギー準位は，$E_n = h^2 n^2 / 8ml^2$〔9章例題4(d)式〕であるから

ブタジエン：$E_n = 0.602 \times 10^{-37} n^2 / l^2 = 3.48 \times 10^{-19} n^2$ J

π電子は4個あり，基底状態では$n = 2$の準位まで充填されているから，励起エネルギーは$\Delta E = 3.48 \times 10^{-19}(3^2 - 2^2) = 17.4 \times 10^{19}$ J．励起光の波長は$\lambda = ch/\Delta E = 19.86 \times 10^{-26}/\Delta E = 1.14 \times 10^{-7}$ m = 114 nm．

ヘキサトリエン：$E_n = 0.602 \times 10^{-37} n^2 / l^2 = 1.24 \times 10^{-19} n^2$ J

π電子は6個あるから，$\Delta E = 1.24 \times 10^{-19}(4^2 - 3^2) = 8.68 \times 10^{19}$ J．$\lambda = 19.86 \times 10^{-26}/\Delta E = 2.29 \times 10^{-7}$ m = 229 nm．

一般に，ポリエンでは

$$\Delta E_n = [0.602 \times 10^{-19}/(0.281n + 0.135)^2][(n+1)^2 - n^2]$$
$$= 0.602 \times 10^{-19}(2n+1)/(0.281n + 0.135)^2$$

となる．一般式で表すと，$\Delta E = k \times [(2n+1)/(an+b)^2]$ となり，ΔE は n の増大とともに減少する．したがって，励起光の波長は増大する．

5.2 2個の π 電子の近似波動関数を $\phi = c_1\varphi_1 + c_2\varphi_2$ とすると，電子のエネルギーは

$$E = \int \phi H \phi d\tau / \int \phi^2 d\tau$$

となる．クーロン積分を $\alpha = \int \varphi_1 H \varphi_1 d\tau = \int \varphi_2 H \varphi_2 d\tau$，隣接した原子間の共鳴積分を $\beta = \int \varphi_1 H \varphi_2 d\tau = \int \varphi_2 H \varphi_1 d\tau$，重なり積分 $\int \varphi_1 \varphi_2 d\tau = \int \varphi_2 \varphi_1 d\tau = 0$ とおくと，$\int \varphi_1 \varphi_1 d\tau = \int \varphi_2 \varphi_2 d\tau = 1$ であるから，変分原理から導かれる連立1次方程式 (10.10) 式は

$$c_1(\alpha - E) + c_2\beta = 0, \quad c_1\beta + c_2(\alpha - E) = 0$$

となる．これより係数の行列式を0とおいて，所与の永年方程式が導かれる．エネルギーは

$$(\alpha - E)^2 - \beta^2 = 0, \quad E_1 = \alpha + \beta, \quad E_2 = \alpha - \beta$$

となる．β は負であるから，E_1 が結合性 π オービタルの電子，E_2 が反結合性 π オービタルの電子のエネルギーである．結合性オービタルに2個の電子が入るから，全体としては $2E_1 = 2\alpha + 2\beta$ となる．

6.1 酸素原子の電子配置は $1s^2 2s^2 2p^4$ で，2p 軌道に電子対を受容することができる．他方，塩化物イオン Cl^- の電子配置は $1s^2 2s^2 2p^6 3s^2 3p^6$ で，M 殻に4組の非共有電子対を持っている．この4組の電子対が次々と O 原子と配位結合を形成すると，ClO^-, ClO_2^-, ClO_3^-, ClO_4^- ができる．これらの構造は，HCl, H_2O, NH_3, CH_4 に類似したものとなると考えられる．O との配位結合の形成により，電荷が O 原子へ少し移動し，Cl 原子の電荷密度が減少する．配位する O 原子の数が増大するにつれて Cl 原子の電荷密度は減少するので，Cl–O 結合のイオン性が増大し，結合エネルギーも増大する．したがって Cl–O の結合距離は O の配位数の増大とともに減少すると考えられる．実際，実測値は図に示す通りである．また，Cl 原子の電荷密度が減少するにつれて電子対を受け入れている O 原子の電荷密度も減少するので，H^+ に対するクーロン引力も減少する．そのため，O 原子の配位数が増大するにつれて酸としての強度も増大する．実際，HClO は非常に弱い酸，$HClO_2$ は弱酸，$HClO_3$ は強酸，$HClO_4$ は極めて強い酸である．

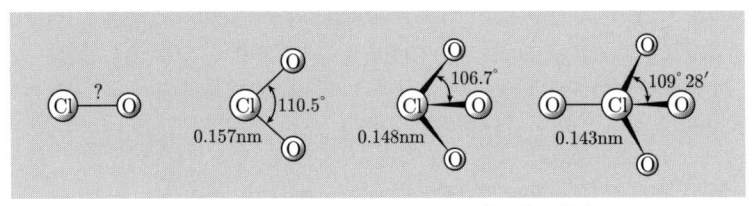

ClO^-, ClO_2^-, ClO_3^-, ClO_4^- の電子構造式と構造

演習問題

1 水素分子は 2 個の陽子と 2 個の電子からなる系で，その間のクーロン相互作用の組合せは，図のように 6 組である．核の符号を A, B, 電子の番号を 1, 2 とすると，核の運動項を省いたハミルトン演算子は

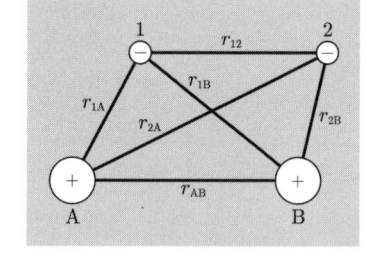

$$H = \frac{-\hbar^2}{2m_e}(\nabla_1{}^2 + \nabla_2{}^2) + \frac{e^2}{4\pi\varepsilon_0}\left(\frac{1}{r_{AB}} - \frac{1}{r_{1A}} - \frac{1}{r_{2A}} - \frac{1}{r_{1B}} - \frac{1}{r_{2B}} + \frac{1}{r_{12}}\right)$$

となる．m_e は電子の質量である．

2 ϕ を H の固有関数 [厳密解] の組 $\{\varphi_i\}$ で展開する．

$$\phi = \sum c_i \varphi_i \tag{b}$$

これを (a) 式に代入すると

$$E = \sum_i\sum_j c_i{}^* c_j \int \varphi_i{}^* H \varphi_j d\tau \Big/ \sum_j\sum_i c_i{}^* c_j \int \varphi_i{}^* \varphi_j d\tau \tag{c}$$

となる．固有関数の組 $\{\varphi_i\}$ は規格直交関数列

$$\int \varphi_i{}^* \varphi_j d\tau = \delta_{ij} = \begin{cases} 1 & (i=j) \\ 0 & (i \neq j) \end{cases}$$

をなすから，シュレーディンガーの波動方程式 $H\varphi_i = E_i \varphi_i$ の関係を用いて

$$\sum_j \int \varphi_i{}^* H \varphi_j d\tau = \sum_j E_j \int \varphi_i{}^* \varphi_j d\tau = \sum_j E_j \delta_{ij} = E_i \tag{d}$$

となる．したがって，(c) 式より

$$E = \sum_i c_i{}^* c_i E_i \Big/ \sum_i c_i{}^* c_i \tag{e}$$

となる．しかるに E_0 は $\{E\}$ の中で最小のものであるから

$$E \geq \sum_i c_i{}^* c_i E_0 \Big/ \sum_i c_i{}^* c_i = E_0 \tag{f}$$

である．

3 O_2 には 16 個の電子があり，そのうちの 12 個が L 殻の価電子である．これらの電子の MO への詰まり方は $\sigma(2s)^2\sigma^*(2s)^2\sigma(2p_x)^2\pi(2p_y)^2\pi(2p_z)^2\pi^*(2p_y)\pi^*(2p_z)$ である (例題 2)．結合性 MO に 6 個，反結合性 MO に 2 個の電子が入っているので，結合性次数は 2 である．

一方，$O_2{}^-$ には 17 個の電子があり，そのうちの 13 個が L 殻の価電子である．追加された電子は反結合性の $\pi^*(2p_y)$ または $\pi^*(2p_z)$ に入るので，結局反結合性電子は 3 個となり，結合次数は 1.5 となる．そのために結合距離が大きくなる．ちなみに，$O_2{}^+$ には反結合性電子は 1 個しかなく，結合次数は 2.5 となり，結合距離は小さくなることが予想される．

4 (1) P 原子の M 殻における電子配置は，N 原子の L 殻における電子配置と同じであるから，6 個の電子が $\sigma(2p_x), \pi(2p_y), \pi(2p_z)$ を充たすので，結合次数は 3.

(2) P_4 の原子化エネルギーは $201 \times 6 = 1206\,\text{kJ}\,\text{mol}^{-1}$ であるから，P_2 の結合エネルギー

は $E = (1206 - 283)/2 = 461.5\,\mathrm{kJ\,mol^{-1}}(P_4 \to 2P_2)$.

(3) N_2 の結合エネルギーは P_2 の結合エネルギーの 2 倍以上であるから，N_2 は非常に安定化している．そのために，N_4 において生成されるであろう 6 本の単結合の結合エネルギーの総和よりも結合エネルギーが大きくなっていると考えられている．N_4 の合成が実現しないのはそのためと考えられる．

5 水 H_2O の O 原子は 2 組の非共有電子対を持っている．オキソニウムイオン H_3O^+ は，H_2O 分子と H^+ イオンとが配位結合したもので，H_3O^+ の中に O 原子は NH_3 中の N 原子と等電子的であるから，N 原子と同じ電子配置となっている．したがって，H_3O^+ はアンモニアと同じピラミッド構造をしていると推定される．

6 メタンの双極子モーメントがゼロであることからわかるように，正四面体構造では各結合モーメントは他の 3 本の結合モーメントで相殺されている．電気陰性度は Cl > C > H の順であるから，C–H の双極子モーメントは C–Cl の双極子モーメントと逆向きである．C–H 結合でメタンの双極子モーメントがゼロで，それを C–Cl で置き換えると双極子モーメントが 1.86 D であるので，C–Cl の結合モーメントは

$$1.86 + 0.4 = 2.26\,\mathrm{D}$$

である．結合角を $\theta = 109°28'$ とすると，2 本の等価な結合モーメントのベクトル和は

$$\mu = 2\mu_{\mathrm{C-X}} \cos\left(\frac{\theta}{2}\right) = 2\mu_{\mathrm{C-X}} \times 0.5774$$

となる．したがって C–Cl 結合のベクトル和および C–H 結合のベクトル和は，それぞれ 2.61 D と 0.46 D である．これは CH_2Cl_2 分子内で逆向きとなっているので分子の双極子モーメントは

$$\mu_{\mathrm{CH_2Cl_2}} = 2.61 - 0.46 = 2.15\,\mathrm{D}$$

7 分子が正六角形で，分子の双極子モーメントはベクトル的に加算されるとすると

o-ジクロロベンゼン：$\mu = 2\mu_{\mathrm{C-Cl}} \cos(30°) = 2.68\,\mathrm{D}\,(2.25\,\mathrm{D})$

m-ジクロロベンゼン：$\mu = 2\mu_{\mathrm{C-Cl}} \cos(60°) = 1.55\,\mathrm{D}\,(1.67\,\mathrm{D})$

p-ジクロロベンゼン：$\mu = 2\mu_{\mathrm{C-Cl}} \cos(90°) = 0\,\mathrm{D}\,(0\,\mathrm{D})$

となる．実測値とは比較的よく一致する．

8 変分原理による連立 1 次方程式は

$$\sum_j c_j (H_{ij} - \Delta_{ij} E) = 0 \quad (i, j = 1, 2, 3, 4) \tag{a}$$

となる．ここで，$H_{ij} = \int \varphi_i H \varphi_j d\tau$ ($i = j$ でクーロン積分，$i \neq j$ で共鳴積分)，$\Delta_{ij} = \int \varphi_i \varphi_j d\tau$ ($i = j$ で 1，$i \neq j$ で重なり積分) である．問題 5.2 で解説したヒュッケル近似を用いると，(a) 式は

$$\begin{vmatrix} \alpha - E & \beta & 0 & 0 \\ \beta & \alpha - E & \beta & 0 \\ 0 & \beta & \alpha - E & \beta \\ 0 & 0 & \beta & \alpha - E \end{vmatrix} = 0 \tag{b}$$

となる．$x \equiv (\alpha - E)/\beta$ とおくと，(b) 式は

$$\begin{vmatrix} x & 1 & 0 & 0 \\ 1 & x & 1 & 0 \\ 0 & 1 & x & 1 \\ 0 & 0 & 1 & x \end{vmatrix} = 0 \tag{c}$$

となる．(c) 式の解は

$$x = -2\cos(j\pi/5) \quad (j = 1, 2, 3, 4) \tag{d}$$

となり

$$E_1 = \alpha + 1.62\beta, \quad E_2 = \alpha + 0.62\beta$$
$$E_3 = \alpha - 0.62\beta, \quad E_4 = \alpha - 1.62\beta$$

となる．

9 環状の分子は鎖状の分子の両端を連結したものと考えられるので，ベンゼンの炭素原子に $1, 2, \cdots, 6$ と番号を付けると，1 と 6 の原子間の共鳴積分も β となる．したがって，永年方程式は以下のようになる．

$$\begin{vmatrix} \alpha - E & \beta & 0 & 0 & 0 & \beta \\ \beta & \alpha - E & \beta & 0 & 0 & 0 \\ 0 & \beta & \alpha - E & \beta & 0 & 0 \\ 0 & 0 & \beta & \alpha - E & \beta & 0 \\ 0 & 0 & 0 & \beta & \alpha - E & \beta \\ \beta & 0 & 0 & 0 & \beta & \alpha - E \end{vmatrix} = 0$$

10 シクロヘキセン 3 mol に水素 3 mol が添加する際に放出されるエネルギーは

$$120.5 \,\text{kJ} \times 3 = 361.5 \,\text{kJ}$$

である．同じ量の水素がベンゼン 1 mol に付加する際には 208.4 kJ しか放出されない．これはベンゼンの二重結合が共役のために安定化しているからである．安定化エネルギーは，ベンゼン 1 mol あたり

$$361.5 - 208.4 = 153.1 \,\text{kJ}\,\text{mol}^{-1}$$

である．

11 混成軌道を構成している各原子オービタルは規格化されており互いに直交しているので，交差項の積分は 0 となり，2 乗の項の積分は 1 となる．したがって

$$\begin{aligned}
\int u_1 u_2 d\tau &= \int [(1/3)^{1/2} u(2\text{s}) + (2/3)^{1/2} u(2\text{p}_x)][(1/3)^{1/2} u(2\text{s}) \\
&\quad - (1/6)^{1/2} u(2\text{p}_x) + (1/2)^{1/2} u(2\text{p}_y)] d\tau \\
&= (1/3) \int u(2\text{s})^2 d\tau - (2/18)^{1/2} \int u(2\text{p}_x)^2 d\tau = (1/3) - (1/3) = 0
\end{aligned}$$

$$\int u_2 u_3 d\tau = (1/3) + (1/6) - (1/2) = 0$$

12 ベンゼン以外の化合物は水素結合を形成していると考えられるから，ベンゼンとの昇華熱の差はおよそ水素結合によると考えられる．フェノールでは 2 分子の間に 1 個の水素結合を

形成するが，安息香酸では $-\mathrm{C}\begin{smallmatrix}\mathrm{O}\cdots\cdots\mathrm{H-O}\\ \mathrm{O-H}\cdots\cdots\mathrm{O}\end{smallmatrix}\mathrm{C}-$ の 2 本の水素結合を，p-オキシ安息香酸では，–OH 基で 1 本，–COOH 基で 2 本の水素結合を形成すると考えられる．したがって，昇華熱の差とそれを水素結合の数で割った値は次のようになる．

	フェノール	安息香酸	p-オキシ安息香酸
$\Delta H_\mathrm{s}/\mathrm{kJ\,mol^{-1}}$	23.5	47.3	72.0
$\Delta H_\mathrm{s}/n$	23.5	23.7	24.0

となる．この結果からも，分子間の水素結合の数の仮定が正しいことが確かめられる．水素結合 1 本あたりの結合エネルギーはほぼ $24\,\mathrm{kJ\,mol^{-1}}$ であることもわかる．

第 11 章

1.1 単純立方格子構造では
$$l = a[(1-0)^2 + (1-0)^2 + (1-0)^2]^{1/2} = a \times 3^{1/2} = 0.582\,\mathrm{nm}$$

2.1 ブラッグの反射条件 (11.1) 式より，$n=1$ のとき格子面の間隔 d は
$$d = \lambda/2\sin\theta = 0.1540/2\sin 14°12' = 0.3139\,\mathrm{nm}$$

である．岩塩型 KCl では K^+ と Cl^- がそれぞれ面心立方格子となっているから，単位格子の長さは $2d = 0.6278\,\mathrm{nm}$．$Z=4$ であるから

$$\rho = ZM/NV = 4 \times 73.64 \times 10^{-3}/[(6.02 \times 10^{23}) \times (6.278 \times 10^{-10})^3]$$
$$= 1.98 \times 10^3\,\mathrm{kg\,m^{-3}} = 1.98\,\mathrm{g\,cm^{-3}}$$

2.2 図 11.8b は 3 個の単位格子からなる．単位格子には 8 個の隅の粒子と 1 個の中心の粒子からなるので，$Z = (1/8) \times 8 + 1 = 2$．粒子の半径を R とすると，粒子が占める体積は
$$V_\mathrm{occ} = 2(4/3\pi R^3) = 8.38 R^3$$
他方，$a = 2R$ であることを考慮すると，単位格子の体積は
$$V_\mathrm{cell} = a \times a \times c(1-\cos^2\gamma)^{1/2}$$
$$= a^2 c\sin\gamma = (2R)^2 \times (1.633 \times 2R)\sin 120° = 11.31 R^3$$

である．したがって $V_\mathrm{occ}/V_\mathrm{cell} = 8.38 R^3/11.31 R^3 = 0.741\,(74.1\,\%)$．

2.3 単位格子の 8 個の隅の座標は $(0\,0\,0)$ と等価である．中心にある原子の座標は，直方体の 3 頂点を結び中心を通る 3 角形の中心にあることを考慮すると，$\left(\dfrac{1}{3}\,\dfrac{1}{3}\,\dfrac{1}{3}\right)$ であることがわかる．面内で中心原子は 6 個の原子と接しており，上の面および下の面の 3 個の原子と接している．したがって，配位数は 12．例題 1(b) 式より

$$V = a^2 c(1-\cos^2\gamma)^{1/2} = a^2 c\sin\gamma$$
$$= (2.665 \times 10^{-10})^2 \times 4.949 \times 10^{-10}\sin 120° = 30.44 \times 10^{-30}\,\mathrm{m^3}$$

となる．$\mathrm{Zn} = 65.37$ であるから，密度は

$$\rho = 2 \times 63.57 \times 10^{-3}/(6.022 \times 10^{23} \times 30.44 \times 10^{-30}) = 7.13 \times 10^3\,\mathrm{kg\,m^{-3}}$$
$$= 7.13\,\mathrm{g\,cm^{-3}}$$

底辺の平行四辺形における原子間距離の短い方は，$l = a = 0.2665\,\text{nm}$ である．長い方はより離れた頂点間の距離で，問題 1.1(a) 式より

$$l = [a^2(1-0)^2 + a^2(0-0)^2 + c^2(0-0)^2 - 2a^2(1-0)(1-0)\cos 120° - 0 - 0]^{1/2}$$
$$= a(2 - 2\cos 120°)^{1/2} = 0.462\,\text{nm}$$

3.1 L をアボガドロ数として，1 モルの結晶について (a) 式は

$$U = -\frac{LAz_+z_-e^2}{4\pi\varepsilon_0}\frac{1}{r} + \frac{B}{r^n}$$

と書ける．A は特定の結晶構造に対応して結晶内のあらゆるイオン対の相互作用に関する和を取るために生じるマデルング定数で，結晶の幾何学的な構造できまる．平衡距離 r_0 で $dU/dr_0 = 0$ であるから

$$\frac{LAz_+z_-}{4\pi\varepsilon_0}\frac{e^2}{r_0^2} - \frac{nB}{r_0^{n+1}} = 0$$

となる．これより

$$B = \frac{r_0^{n-1}LAz_+z_-}{4\pi\varepsilon_0 n}$$

ゆえに

$$U = -\frac{LAz_+z_-e^2}{4\pi\varepsilon_0 r_0}\left(1 - \frac{1}{n}\right)$$

3.2 Li_2 分子の結合距離は結晶中 (体心立方格子) の原子間距離よりもかなり小さく，その分，結合エネルギーも大きいはずである．表で，一見金属結合の方が共有結合よりも強いように見えるのは，金属の結晶は体心立方格子構造で Li 原子は 8 個の隣接原子に囲まれてそれらと結合しているから，結合の個数が多くなっているためである．各原子あたりの結合手は 4 本となる．

3.3 ダイヤモンド中では各 C 原子は 4 個の C 原子と共有結合で結合しているので，C 原子 1 個あたりの結合は 2 本になる．したがって，結合あたりのエネルギーは $715 \div 2 = 357.5\,\text{kJ}\,\text{mol}^{-1}$ である．これは炭化水素の C–C 結合のエネルギー値 $347\,\text{kJ}\,\text{mol}^{-1}$ よりもわずかに大きい．

演習問題

1 8 隅の粒子からの寄与は $(1/8) \times 8 = 1$．中心に 1 個の粒子があるので，$Z = 2$．配位数は，中心の粒子について考えればわかる．すなわち，中心の粒子は立方体の 8 個の隅にある粒子に囲まれているので，配位数は 8．

2 面心立方格子では原点 $(0\,0\,0)$ にある粒子と面の中心 $\left(\frac{1}{2}\,\frac{1}{2}\,0\right)$ にある粒子とが接している．したがって，原点から $\left(\frac{1}{2}\,\frac{1}{2}\,0\right)$ までの距離が原子直径に等しく，その値は

$$R = a(1/2^2 + 1/2^2)^{1/2} = 0.543/\sqrt{2} = 0.383\,\text{nm}$$

3 (11.1) 式より

$$\lambda = 2 \times 0.154 \times \sin 30° = 0.154\,\text{nm}$$

4 格子エネルギー $= \Delta H_\text{f}^{\ominus}(\text{ZnCl}_2) - \Delta H_\text{f}^{\ominus}(\text{Zn}^{2+}) - 2 \times \Delta H_\text{f}^{\ominus}(\text{Cl}^-)$
$= -2706\,\text{kJ}\,\text{mol}^{-1}$

電子親和力 $= \Delta H_\text{f}^{\ominus}(\text{Cl}^-) - \Delta H_\text{f}^{\ominus}(\text{Cl}) = -368\,\text{kJ}\,\text{mol}^{-1}$

5 格子エネルギーは (11.3) 式で表される．$U = -K(1 - 1/n)$ (K は定数) と書くと，計算

値の差は
$$\Delta U = K(1/8 - 1/9.1) = K \times 0.015$$
$$\Delta U/U = 0.015/(1 - 1/8) = 0.017 = 1.7\%$$

6 (11.3) 式からわかるように，NaCl では $z_+ = z_- = 1$ であるのに対し，CaO では $z_+ = z_- = 2$ で，r も減少するために格子エネルギーは 4 倍以上になる．そのために融点は高くなる．

7 MO は下のようになる．下 2 つが結合性 MO，上 2 つが反結合性 MO である．節面の数は右端に示してある．

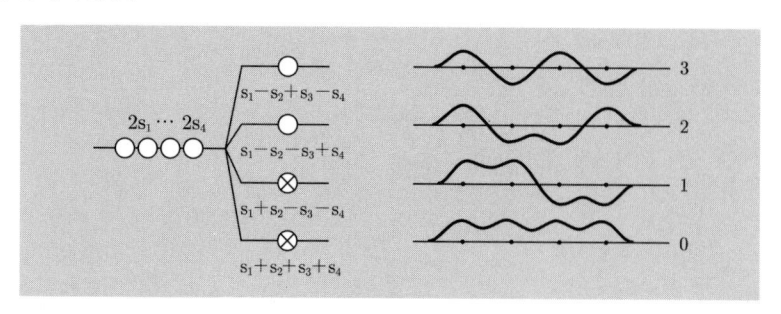

8 氷における O 原子は 2 本の水素結合で他の水分子と結合している．したがって，O 原子 1 個あたりの水素結合は 1 本であるから，水素結合のエネルギーも $51.06 \, \text{kJ mol}^{-1}$ である．

索　引

あ 行

アクセプター　168
圧縮因子　12
圧平衡定数　77
アボガドロ定数　2
アマルガム電極　95
アレニウスの式　112
イオン化傾向　97
イオン強度　92
イオン結晶　164
イオン雰囲気　92
異核2原子分子　145
1次相転移　29
1次反応　110
永久双極子モーメント　146
永年方程式　140
液相　4
液相線　65
エネルギー　13
エネルギー準位　124
エネルギー等分配則　6
エネルギーの単位　13
エネルギー保存則　13
エネルギー量子説　122
塩化セシウム型構造　164
エンタルピー　16
エントロピー　27
エントロピー増大則　35
エントロピーの計算　28
エントロピーの分子論的意味　30
オービタル　126
オキソニウムイオン　92
温度変化にともなうエントロピー変化　28

か 行

壊変定数　122
開放系の熱力学　57
外来型半導体　168
解離圧　80
解離指数　93
化学平衡の法則　77
化学ポテンシャル　57
化学量論係数　18, 77
可逆カルノーサイクル　26
可逆反応　112

可逆変化　14
殻　129
角度波動関数　126
確率振幅　125
確率密度　125
重なり積分　140
加水解離　93
加水分解　94
活性化エネルギー　112
活性化エンタルピー　114
活性化エントロピー　114
活性化ギブズエネルギー　114
活性錯体　113
活量　63, 91
活量係数　63, 91
価電子　129
下部臨界共溶温度　67
カルノーサイクル　26
カルノーの原理　26
カロメル電極　96
カロリー　13
岩塩型構造　164
換算圧力　8
換算温度　8
換算体積　8
緩衝作用　94
緩衝溶液　94
完全微分量　15
擬1次反応　111
幾何異性体　149
規格化の条件　125
気相　4
気相線　65
気体定数　4
気体電極　96
気体分子運動論　5
起電力　95
起電力と平衡定数　98
軌道関数　126
ギブズ-デュエムの式　59
ギブズ（の自由）エネルギー　43
ギブズの相律　60
ギブズ-ヘルムホルツの式　46
境界条件　125
凝固点降下度　62

凝縮曲線　65
共晶　66
共晶点　66
強電解質　90
共沸混合物　66
共鳴積分　140
共役二重結合　149
共役塩基　92
共役酸　92
共有結合結晶　165
共有結合の方向性　147
共融混合物　66
共融点　66
極座標　125
極性　145
極性分子　146
均一系　4
銀-塩化銀電極　96
禁制原理　128
金属　167
金属結合　167
金属電極　95
金属-難溶性塩電極　96
空間格子　162
クーロン積分　140
クラペイロン-クラウジウスの式　47
クラウジウスの原理　26
クラウジウスの不等式　35
グレアムの法則　7
系　4
結合次数　144
結合性分子軌道関数　142
結合の極性　145
結合モーメント　146
結晶系　162
結晶場理論　151
原子価結合法　143
原子化熱　18
元素の周期律　129
格子エネルギー　165
光子説　123
格子定数　162
光電効果　123
国際単位系　1
固相　4
固有関数　125

索引

固有値　125
固溶体　66
混成軌道関数　147
根平均2乗速度　6

さ　行

最大重なりの原理　145, 147
最密充填構造　167
錯塩　150
錯体　150
酸化・還元電極　96
3重点　48
残留エントロピー　31
示強性の量　4
磁気量子数　126
仕事　13
仕事関数　43, 123
自然変数　44
実在気体　7
実在溶液　63
質量作用の法則　77
弱電解質　90
周期律　128
自由電子　167
自由度　4
ジュール　13
ジュール-トムソン係数　21
ジュールの法則　15
主量子数　126
シュレーディンガーの波動方程式　124, 125
準静的過程　14
準静的変化　14
純相　4
昇位　148
昇華圧曲線　48
蒸気圧曲線　48
蒸気圧降下　61
常磁性　144
状態図　48
状態変数　4
状態量　4, 15
上部臨界共溶温度　67
蒸留　65
蒸留塔　65
示量性の量　4
真性半導体　168
浸透圧　62
振動条件　123

親和力　78
水素イオン指数　93
水素結合　152
水素結合性分子結晶　166
水素原子のスペクトル　122
水素電極　96
水素分子イオン　139
スピン　128
スピン量子数　126
正極　95
生成速度　110
生成体　77
絶対温度　4
節面　125
遷移元素　129
遷移状態理論　113
全微分　15
相　4
相応状態の理論　8
双極子モーメント　146
相図　48
相変化にともなうエントロピー変化　29
束一性　60
速度定数　110
速度分布則　7
束縛エネルギー　44
素反応　112

た　行

第1種永久機関不可能の原理　13
対称　142
体心立方格子　162
体心立方構造　167
第2種永久機関　27
第2種永久機関不可能の原理　27
ダニエル電池　95
単位格子　162
単位体積あたりの反応速度　110
単純反応　112
逐次反応　112
長波長端　123
定圧熱容量　16
定圧反応熱　17
定圧平衡式　81
定常状態　123

定積熱容量　16
定積反応熱　17
てこの関係　75
デバイの3乗則　39
電解質　90
電気陰性度　146
電極　95
典型元素　129
電子殻　129
電子配置　128
電池　95
電離　90
電離定数　93
透過係数　113
動径軌道関数　126
動径分布関数　127
ドナー　168
トムソンの原理　26
トルートンの規則　48

な　行

内部圧力　49
内部エネルギー　13
内部遷移元素　129
2次反応　111
熱　13
熱力学第1法則　13
熱力学第3法則　31
熱力学第2法則　26
熱力学的エントロピー　32
熱力学的温度　27
熱力学的カロリー　13
濃度増加速度　110
濃度平衡定数　77

は　行

配位化合物　150
配位結合　149
配位子　150
配位数　150
排除体積　7
排他律　128
パウリの原理　128, 143
波動関数　125
ハミルトニアン(ハミルトン演算子)　125
反結合性分子軌道関数　142
半減期　111
反磁性　144

247

反対称　142
半電池　95
半導体　168
反応機構　112
反応座標　113
反応次数　110
反応進行度　77
反応体　77
反応中間体　112
反応熱　17
反応熱の温度依存性　19
ヒートポンプ　37
非共有電子対　149
非補償熱　35
標準圧平衡定数　79
標準ギブズエネルギー変化　79
標準原子生成熱　19
標準水素電極　96
標準生成エンタルピー　18
標準生成エントロピー　33
標準生成ギブズエネルギー　80
標準生成熱　18
標準電極電位　96, 97
標準反応熱　18
標準沸点　48
ビリアル (virial) 展開　11
非理想混合系　58
頻度因子　113, 114
ファン・デル・ワールス状態式　7
ファン・デル・ワールス定数　7
ファント・ホッフ係数　90
ファント・ホッフの法則　62
不可逆変化　14
不完全微分量　15
負極　95
不均一系　4
副殻　129
複合反応　112
物質の波動性　124
物質波　124
物質量　2
沸点上昇　61
沸点図　65
沸騰曲線　65
部分モル体積　59

ブラヴェ格子　162
ブラッグの反射条件　164
プランク関数　133
プランク定数　122
分圧の法則　4
分解圧　80
分子結晶　166
分子性　60
分子の立体構造　147
ブンゼンの吸収係数　61
フントの規則　128
分配係数　63
分留　65
平均 2 乗速度　6
平均寿命　111
平衡定数の温度依存性　81
並発反応　112
ヘスの法則　18
ヘルムホルツ (の自由) エネルギー　43
偏導関数　15
ヘンリーの定数　61
ヘンリーの法則　60
ポアソンの式　17
方位量子数　126
放射性元素　122
放射能　122
ボーア半径　123
ボーア模型　123
ボルツマン定数　6, 30
ボルン指数　165
ボルン-ハーバーサイクル　171

ま 行

マーデルング定数　165
マイヤーの関係式　21
マクスウェルの関係式　45
水のイオン積　93
水の電離　92
無極性分子　146
面心立方格子　162
モル　2
モル凝固点降下定数　62
モル熱容量　16
モル沸点上昇定数　61
モル分率　30

や 行

融解曲線　48

誘起双極子モーメント　146
溶解度積　94
陽子供与体　92
陽子受容体　92
溶相　4

ら 行

ラウールの法則　58
ラプラス演算子　125
乱雑さの増大　30
理想気体温度　4
理想気体の混合にともなうエントロピー変化　29
理想気体の定温変化にともなうエントロピー変化　29
理想混合系　58
律速段階　112
立方最密構造　167
リュードベリ定数　122
リュードベリの式　122
量子条件　123
量子数　123
臨界圧力　8
臨界温度　8
臨界共溶温度　67
臨界共溶点　67
臨界現象　7
臨界体積　8
臨界蛋白光　67
臨界定数　8
臨界点　8
臨界乳光　7
ル・シャトリエの原理　81
ルジャンドル変換　45
冷却効果　37
連鎖反応　112
六方最密構造　167

欧 字

LCAO-MO 法　139, 142
pH　92
π 結合　145, 148
π 電子　149
SI 基本単位　1
SI 組立単位　1
SI 単位　1
X 線回折　164

著者略歴

渡　辺　　　啓
わた　なべ　　　　ひろし

1956 年　東京大学理学部化学科卒業
現　　在　東京大学名誉教授　　　理学博士

主要著書

化学熱力学 [新訂版]（サイエンス社）
概説物理化学（共立出版，共著）
演習物理化学（共立出版，共著）
情報とエントロピー（共立出版，共著）
日常の化学（サイエンス社）
読切科学史（F ＆ K 科学出版，共著）
物理化学（サイエンス社）
現代の化学（サイエンス社）
現代化学の基礎（サイエンス社）
演習基礎化学（サイエンス社）
演習化学熱力学 [新訂版]（サイエンス社）
エントロピーから化学ポテンシャルまで（裳華房）
化学平衡（裳華房）
基礎物理化学（裳華房，共著）

セミナーライブラリ　化　学＝7

演習 物理化学 [新訂版]

1994 年 2 月 25 日　ⓒ		初 版 発 行
2003 年 9 月 10 日		初版第10刷発行
2004 年 7 月 10 日　ⓒ		新訂第 1 刷発行
2022 年 4 月 25 日		新訂第11刷発行

著　者　渡　辺　　　啓　　　発行者　森平敏孝
　　　　　　　　　　　　　　　印刷者　篠倉奈緒美
　　　　　　　　　　　　　　　製本者　小西惠介

発行所　　株式会社　サイエンス社
〒 151–0051　東京都渋谷区千駄ヶ谷 1 丁目 3 番 25 号
営業☎（03）5474–8500（代）　振替 00170–7–2387
編集☎（03）5474–8600（代）　FAX ☎（03）5474–8900

印刷　　（株）ディグ　　　　製本　ブックアート

《検印省略》
本書の内容を無断で複写複製することは，著作者および
出版者の権利を侵害することがありますので，その場合
にはあらかじめ小社あて許諾をお求め下さい．

ISBN4–7819–1070–X

PRINTED IN JAPAN

サイエンス社のホームページのご案内
http://www.saiensu.co.jp
ご意見・ご要望は
rikei@saiensu.co.jp　まで．

外国人名表

アイリング	H.Eyring	ヒュッケル	E.A.J. Hückel
アインシュタイン	A.Einstein	ファン・デル・ワールス	J.D. van der Waals
アボガドロ	A.C.Avogadro	ファント・ホッフ	J.H.van't Hoff
アレニウス	S.A.Arrhenius	ブラッグ	W.L. Bragg
ウェストン	E.Weston	ブラヴェ	A. Bravais
オイラー	L.Euler	プランク	M.K.E.L. Planck
オッペンハイマー	J.R.Oppenheimer	ブレーンステッド	J.N. Brønsted
カルノー	N.L.S.Carnot	ブンゼン	R.W. Bunsen
ギブズ	J.W.Gibbs	フント	F. Hund
クラウジウス	R.J.E.Clausius	ヘス	V.F. Hess
クラペイロン	B.P.E Clapeyron	ヘルムホルツ	H.L.F von Helmholtz
グレアム	T.Graham	ヘンリー	W. Henry
クローン	C.A. Coulomb	ボーア	N.H.D.Bohr
ジュール	J.P. Joule	ポアソン	S.D. Poisson
シュレーディンガー	E.Schrödinger	ポーリング	L.C. Pauling
スターリング	J.Stirling	ボルツマン	L. Boltzmann
スミス	F.E.Smyth	ボルン	M. Born
セルシウス	A. Celsius	マイヤー	J.R. von Mayer
ダニエル	J.F.Daniell	マクスウェル	J.C. Maxwell
デバイ	P.J.W.Debye	マーデルング	E. Madelung
デュエム	P.M.M.Duhem	マリケン	R.S. Mullkin
ド・ブロイ	L.V. de Broglie	ミハエリス	L. Michaelis
トムソン	C.P. Thomson	メンテン	M.L. Menten
トリチェリ	E. Torricelli	ラウール	F.M. Raoult
ドルトン	J. Dalton	ランデ	A. Lande
ハイゼンベルグ	W.K. Heisenberg	リュードベリ	J.R. Rydberg
ハイトラー	W. Heitler	ルイス	G.N. Lewis
パウリ	W. Pauli	ルシャトリエ	H.L. Le Chatelier
ハーバー	F. Harber	ル・ジャンドル	A.M. Legendre
ハネー	N.B. Hannay	ロンドン	F. London
ハミルトン	W.R. Hamilton		